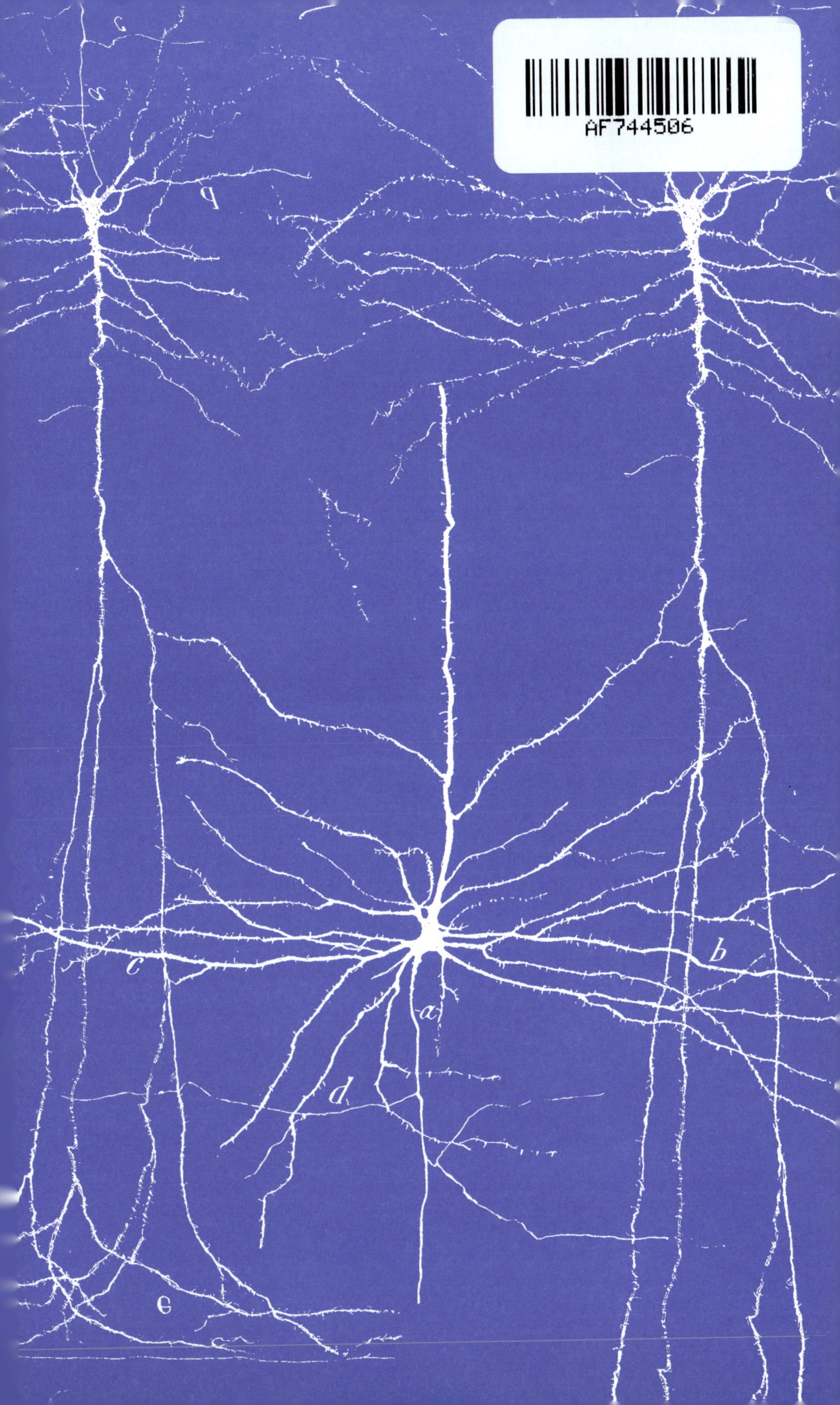
a
b
c
d

El telar mágico de la mente

JOAQUÍN M. FUSTER

El telar mágico de la mente

Mi vida en neurociencia

Prólogo de José Antonio Marina

Ariel

Primera edición: octubre de 2020

Derechos exclusivos de edición en español:
© Editorial Planeta, S. A.
Avda. Diagonal, 662-664, 08034 Barcelona
Editorial Ariel es un sello editorial de Planeta, S. A.
www.ariel.es

ISBN: 978-84-344-3297-0
Depósito legal: B. 14.969-2020

Impreso en España

El papel utilizado para la impresión de este libro está calificado
como papel ecológico y procede de bosques gestionados de manera sostenible.

A mi sobrina Mónica

Prólogo

Escribo este prólogo con una doble finalidad: explicar por qué este libro me parece excepcional y animar al lector a leerlo. Lo primero que llama la atención es la originalidad del proyecto. Es una autobiografía, pero, como en las buenas narraciones, se entrelazan en ella varios hilos argumentales, diferentes historias. En este caso, el primer hilo es la biografía del protagonista, un niño barcelonés, miembro de una familia ilustrada, que vive la Guerra Civil, estudia medicina —porque le impresionó la muerte desangrado de Manolete—, nunca pierde su pasión por la música y por los idiomas, y desarrolla una larga e intensa actividad profesional. Antes de decidirse por la medicina, había pensado estudiar ingeniería de telecomunicaciones, lo que es importante porque el interés por la electrónica le fue de gran ayuda en un campo, como la neurología, donde los avances van ligados a la tecnología. De hecho, Fuster inventó diversas herramientas para progresar en sus investigaciones. Fue un logro técnicamente espectacular poder entrar en una neurona para medir su potencial de membrana. O ser capaz de desactivar reversiblemente un área cerebral enfriándola. Investigar es obra de la razón, pero también del ingenio y la astucia.

Pero este libro es asimismo —y este es el segundo hilo argumental— la biografía de un verdadero científico, que es siempre la historia de una gran tenacidad, del esfuerzo de una vocación por imponerse a las circunstancias y aprovechar las oportunidades. Una serie de acontecimientos, encuentros y casualidades fueron perfilando el contenido de sus investigaciones. Fuster ha contado que empezó a estudiar el córtex prefrontal sin saber que iba a dedicar a ese tema cuarenta años de su vida. Pero en este caso ocurre como en el enamoramiento. Resulta difícil admitir que el encuentro con la persona amada fue una casualidad, porque parece que algo tan importante tuvo que estar regido por la necesidad. Esto es, en parte, verdad, porque, como dijo el viejo Heráclito, «si no esperas lo inesperado, no lo reconocerás cuando llegue». En el caso del flechazo de Fuster por la parte jerárquicamente más alta del cerebro, su autobiografía nos permite rastrear la genealogía de su destino.

El tercer hilo argumental, y aquí es donde culmina la ambición de este libro, es que, además de lo dicho, es una «biografía de la neurociencia cognitiva», contada desde dentro, por una persona que la vivió desde que comenzó a perfilarse como ciencia independiente y multidisciplinar, y que ha sido protagonista de su éxito. Quisiera insistir en la importancia de contar la ciencia desde dentro, como un acontecimiento vital, y no sólo desde fuera, como conocimientos objetivos que se pueden resumir en un artículo o en un libro de texto. Si contamos sólo los resultados, sin explicar su génesis, es difícil que comprendamos la creación científica y que seamos capaces de despertar la vocación investigadora. El trenzado narrativo de estos tres hilos argumentales es lo que resulta sorprendente y magnífico en este libro.

Pero, además, la forma de contar la historia de la neurociencia revela la personalidad de Fuster, porque es en realidad una demostración de admiración y gratitud hacia todos los investigadores que le precedieron. En un mundo que se ha vuelto duro y competitivo, su empeño en reconocer la influencia que tuvieron en su obra otros científicos, en elogiar el valor de sus descubrimientos, da un aire generoso, estimulante y cordial a su libro. Recuerdo que hace años, en una de nuestras primeras conversaciones, apareció el nombre de Friedrich Hayek, premio Nobel de Economía. Fuster me confesó con entusiasmo que su obra *The Sensory Order* era uno de sus libros de cabecera. En esta obra menciona el impacto que le produjo leer *Cerebro interno y mundo emocional*, de Juan Rof Carballo, un extraordinario personaje, al que tuve mucho afecto, y que fue maltratado por la ciencia oficial española. Creo que la gratitud es una de las virtudes del científico, y Fuster la demuestra en este libro.

Pienso que este es un buen momento para seguir su ejemplo y agradecer la influencia que en mis libros han tenido los descubrimientos de Joaquín. He estudiado su obra con gran detenimiento durante tres décadas y reconozco que he utilizado muchas de sus ideas como herramientas conceptuales para avanzar en mis investigaciones. Resumiré algunas de ellas: 1) La memoria es una propiedad de todo el sistema nervioso. 2) La memoria humana tiende al futuro. 3) No podemos señalar el comienzo de una acción, porque toda conducta está incluida en el círculo percepción-acción, en lo que he llamado el «bucle prodigioso». 4) La unidad neuronal básica es la red neuronal y su correlato es el «cógnito», algo así como un concepto complejo, que incluye cogniciones, emociones e instrucciones ejecutivas. 5) El papel de la educación es formar esas redes neuronales en jerarquías cada vez más complejas y eficientes. 6) Las funciones ejecutivas transforman todas las funciones mentales. 7) Debemos admitir la existencia de un inconsciente neuronal. 8) El individuo no es libre, pero su cerebro lo es.

Uno de los ensayos de Fuster se titula «Past Makes the Future». Estudia la manera como el córtex prefrontal interviene en la organización del comportamiento dirigido a metas, pero creo que podría haber sido el título de esta autobiografía. Un ejemplo es la anécdota escolar que cuenta. El padre Sánchez, un jesuita alto y barrigudo, que enseñaba psicología y latín, escribe en el encerado una frase de Juan Luis Vives, sin duda con el buen propósito pedagógico de matar dos pájaros de un tiro: *Quae simult sunt a phantasia comprehensa si alterutrum occurrat, solet secum alterum representare* (Si dos cosas han sido aprehendidas simultáneamente, la aparición de una de ellas generalmente evoca la representación de la otra). Esa frase, comenta Fuster, fue su introducción formal al asociacionismo psicológico, que tanta importancia iba a tener después en su trabajo. Juan Luis Vives fue un adelantado de la neurociencia cognitiva.

A lo largo del libro de Fuster aparecen las grandes figuras de la neurología que estaban descubriendo un continente nuevo. Cuando los primeros conquistadores llegaron a América iban dibujando los mapas de lo que veían, dejando la mayor parte en blanco como *terra incognita* que debía ser explorada. Lo mismo sucedió en neurología, y Fuster va presentándonos a esos esforzados cartógrafos. Aparece, claro está, la imponente figura de Cajal, con su teoría de la neurona como unidad anatómica del cerebro —frente a la teoría de una red continua— y sus ideas de la naturaleza sináptica del aprendizaje. Y John Hughlings Jackson, que descubrió la estructura jerárquica del cerebro, y Sherrington, que esbozó el ciclo percepción-acción, tan importante en la obra de Fuster. También la figura de Hermann von Helmholtz y su idea de que la percepción era una función activa. Dando un salto en el tiempo, recuerda las reuniones del Club Helmholtz, organizado por Francis Crick, uno de los descubridores de la estructura helicoidal del ADN, del que formaban parte Fuster, Shaw, Ramachandran y Allman. Aparecen asimismo los psicólogos de la Gestalt, por su descubrimiento de las cualidades de la forma, más allá del mero estímulo puntual; Claude Bernard y Walter Cannon, por la importancia que dieron a la noción de homeostasis, que fue fundamental en el enfoque de Fuster: «Siempre me interesaron las raíces biológicas del ser humano con su entorno», comenta. Ross Ashby aplicó los descubrimientos de la cibernética a la neurología, y Ludwig von Bertalanffy estudiaba los sistemas complejos que tanta importancia tendrían en la obra de Fuster. Estos investigadores, y muchos más, estaban creando sin saberlo el apasionante dominio de la neurociencia como ciencia interdisciplinar, el «máximo reto que tiene la biología», según Eric Kandel. En 1969 se fundó la Society for Neuroscience, y a finales de los setenta apareció el concepto de «neurociencia cognitiva».

Un gran neurólogo —por el que siento una enorme admiración— jugó un papel importante en la vida de Fuster: Horace Magoun. Junto a Giuseppe Moruzzi había descubierto el sistema reticular ascendente, que se encarga de mantener despierto al cerebro. Fuster, que una vez acabada la carrera de medicina se especializaba en psiquiatría con una beca en Innsbruck, escribió a Magoun preguntándole si la «hiperactivación del sistema reticular» podría tener relación con la hipervigilancia del enfermo maníaco. Magoun le respondió que no lo sabía, pero que podía ir a estudiar el tema en su laboratorio. Resulta conmovedora la generosidad y la curiosidad de un científico ya consagrado ante la consulta de un principiante. Esa invitación marcó la vida de Fuster, que consiguió una beca de la Fundación del Amo para ir a estudiar a Estados Unidos, país que le acogerá y protegerá su tarea investigadora.

A partir de ese momento, el hilo biográfico personal va siendo sustituido por la biografía de su proyecto científico. Trabajar en el laboratorio de Magoun le permitió estudiar si la activación del sistema reticular ascendente mejoraba la atención. Al estudiar la atención se introducía en uno de los temas centrales y más complicados de la neurociencia. Ha habido neurocientíficos que han negado que sea una facultad autónoma, otros que la identifican con toda la vida mental, con la memoria de trabajo o con la voluntad. Para Fuster es una de las funciones ejecutivas del cerebro. El deseo de no quedarse en la neurología básica sino de ir descubriendo la arquitectura cerebral le fue llevando hacia el córtex prefrontal, la parte jerárquicamente superior y más evolucionada del cerebro humano, encargada de guiar la acción orientada a metas, es decir, la inteligencia que puede anticipar, prever, planificar, proyectar, realizar. Todo esto significa que la función principal del córtex prefrontal es la organización temporal del futuro. Fuster confiesa la sorpresa que le produjo descubrir esa «memoria de lo porvenir». ¿Qué ocurre cuando aplazamos una respuesta? ¿Cómo funciona la «memoria del futuro» cuando, por ejemplo, me digo a mí mismo: «Mañana tengo que acordarme de pagar los impuestos»? Fuster consiguió medir la activación de esas neuronas en espera, lo que me parece un hallazgo formidable.

Por mi parte, toda mi formación filosófica me había preparado para aceptar con entusiasmo esa idea. Había estudiado la *durée* en el pensamiento de Bergson; había navegado por la fenomenología de la conciencia inmanente del tiempo, de mi admirado Husserl, y había aprendido de los existencialistas la importancia del proyecto en la vida humana. Fuster daba un fundamento neurológico a esas descripciones conceptuales. Pero iba más allá. He repetido muchas veces que «la memoria hizo al hombre», en un intento de reivindicar el papel de la memoria, facultad que ha sido denigrada en favor de la creatividad, olvidando que la creatividad nace de la memoria. Fuster me proporcionaba un gran argumento al hablar de la «memoria filética», es decir, de la memoria de la especie humana, que ha ido guardando su experiencia milenaria en el mismo diseño de sus estructuras cerebrales.

En el penúltimo capítulo, Joaquín Fuster habla de educación. En un momento en que el prefijo «neuro» está de moda, y que se utiliza a troche y moche, sin rigor, tengo la convicción de que el sistema conceptual de Fuster abre grandes posibilidades educativas. De eso hemos hablado en muchas ocasiones —por ejemplo, en el diálogo que se publicó en la revista del Consejo Escolar del Estado—, y creo que sus ideas están orientando importantes proyectos educativos en España.

Podría seguir exponiéndoles los aspectos interesantes de este libro, pero la sensatez me impone acabar. Ya es hora de que comiencen a leerlo. Eso sí, espero que, cuando lo hayan hecho, agradezcan aunque sea un instante mi consejo.

J. A. M.

1

Niño feliz mientras España sufre

Mi infancia en Pedralbes

Empezó antes del amanecer con un ronroneo distante. Me despertó como a la madre un sollozo o al marinero un motor que se detiene. Salí de la cama de un brinco y me apresuré, descalzo, a abrir la ventana de mi cuarto en el desván. De puntillas y apoyando mis codos sobre el marco de la ventana, el aire fresco acarició mi rostro soñoliento. Ante mí, el panorama de Barcelona entera se extendía desde las colinas de Pedralbes hasta el mar. Las sirenas sonaban a lo lejos y los faros reflectores barrían el horizonte. De repente, comenzaron los fuegos artificiales: los tanques de petróleo gigantes de la Campsa, alineados junto al litoral, explotaron uno tras otro, lanzando enormes llamas al aire contra el cielo del este que empezaba a clarear. Desde mi atalaya vi otras explosiones en el centro de la ciudad.

Cuando terminó el espectáculo, eché un vistazo a la copa de la morera del jardín en la que sabía que había un nido de gorriones. Después de mi magro desayuno —mi madre no tenía para más— me encaramaría para ver si habían salido los pajaritos del huevo. Antes de bajar del árbol cogería unas hojas para alimentar a mis gusanos de seda en la caja de zapatos con agujeros en la tapa. No sabía que una bomba había caído en el piso que estaba al lado del de mis abuelos.

En marzo de 1938, yo tenía siete años, el bombardeo de Barcelona se repitió varias veces. Aviones alemanes Helnkel con insignias españolas y pilotos italianos venían de Mallorca, territorio nacional, para sembrar terror y destrucción en nuestra ciudad. A excepción de los depósitos de petróleo —mi deleite—, no atacaron ningún objetivo de importancia militar. Era una *reprise* de lo que habían hecho el año anterior en la aldea vasca de Guernica. En todo caso, Barcelona era con mucho la ciudad más industrial e industriosa de la República española.

Poco después del levantamiento nacional de Franco del 18 de julio de 1936, mi familia se había trasladado al suburbio de Pedralbes, al pie del cerro de Collserola que de norte a sur abraza a Barcelona contra el mar. El traslado fue en buena parte defensivo, pues nuestro piso del Ensanche barcelonés, donde yo nací (calle Mallorca, entre Balmes y Rambla de Cataluña), estaba situado justo enfrente del convento de monjas que se había convertido en la residencia de Companys, el presidente de Cataluña y la *bête noire* de Franco. Mis padres juiciosamente temían que el edificio de enfrente fuera un blanco apetecible para los bombarderos del Eje.

En Pedralbes alquilaron una torre enorme de tres pisos y sótano, propiedad del señor Perera, un adinerado fabricante de tejidos que la había construido como vivienda de verano para él y su familia. Estaba situada a cien metros del monasterio de Pedralbes, fundado en el siglo XIII por la reina Elisenda, viuda de Jaime II de Aragón, con su recinto de clausura para religiosas de la orden de Santa Clara. La iglesia y el claustro son maravillas del gótico primerizo catalán. El lugar y sus apacibles contornos ajardinados se convertirían en el escenario de mis ensueños de infancia, adolescencia y juventud. Es indescriptible la profunda nostalgia que me invade cada vez que recuerdo o visito mi querido Pedralbes. Me cuesta pensar que allí pasé años tan felices en medio de la miseria, el sufrimiento y la muerte que afectaban a tantos en mi familia. ¿Por qué será que los niños ven la guerra con ojos distintos a los de los adultos, o que no la ven?

En julio de 1936, con la República en guerra y la hostilidad popular reinante contra los ricos, Perera pensó que ni él ni su familia estaban para veraneos y que su casa de Pedralbes estaría bien cuidada si la alquilaba a un médico joven como mi padre, con ideas liberales, y su pequeña familia. Y así lo hizo. Para mí el lugar era Jauja, con su espacioso jardín repleto de arboleda, setos espesos y rincones recónditos. Con el tácito permiso de mis padres, lo hice todo mío, pues mi hermano Gerardo, de tres años, era demasiado pequeño para disputármelo.

Un día memorable me pasé, como se dice, con una travesura infantil que tal vez podría llamarse mi primer encuentro con la ley. Sin que nadie me viera, corté un montón de ramas de unas palmeras bajas, valiosísimas, que había en medio del jardín de delante, y con ingenio y entusiasmo construí con ellas una tienda de campaña, de las que, en mi fantasía, usaban los indios americanos. El escándalo no se hizo esperar, pues, a los dos o tres días, el señor Perera vino a hacer una de las periódicas visitas a su finca. Entre las ramas, desde el interior de mi tienda, le vi acercarse gesticulando y hablando airadamente en voz más alta que de costumbre (era hombre serio y de pocas palabras, a quien nunca vi sonreír). Venía acompañado de mis padres. Me hicieron salir de la tienda, y la bronca que recibí fue literalmente de padre y muy señor mío.

Pero había otro problema con la vivienda de Pedralbes con el cual yo no tenía nada que ver. Parece ser que, desde nuestra casa, alguien vio en la terraza de la casa de al lado un *mosso d'esquadra* con su gorro de franja roja, característico de la policía de la Generalitat, el gobierno de Cataluña. Esto alarmó a mis padres de tal manera que se pusieron a indagar ansiosamente en el vecindario. Hicieron un hallazgo devastador: ¡Companys se había mudado a la casa de al lado y era de nuevo vecino nuestro, el blanco de las bombas! La ironía aumentó más tarde, cuando el hijo de Companys cayó enfermo de esquizofrenia y su padre lo trajo a ver al mío para que lo tratara.

Excepto por mi libertad en aquel jardín paradisíaco, mi vida seguía su curso normal. Continuaba acudiendo a la misma escuela primaria de cuando vivíamos en la calle Mallorca, el Institut Tècnic Eulàlia (figura 1.1). En realidad, esta escuela estaba situada entre Sarriá y Pedralbes, más cerca de nuestra casa que de nuestra vivienda anterior. Edificado en 1925 en estilo neogótico, el instituto albergaba una escuela progresista, cuyos métodos educativos eran semejantes a los del sistema Montessori.

Figura 1.1. El Institut Tècnic Eulàlia.

Allí es donde aprendí a leer y escribir el catalán, entonces la lengua oficial de Cataluña, la cual hablábamos habitualmente en mi familia, además del castellano. Como sabe toda persona culta, el catalán es una lengua romance derivada del latín vulgar. Aunque hay controversia sobre el tema, parece ser que el catalán se desarrolló como idioma autóctono en los primeros siglos de nuestra era a lo largo del litoral mediterráneo de la Península Ibérica y de la Vía

Augusta, la ruta mercantil de Roma. En el siglo IX se expandió hacia el oeste, tierra adentro, y a las islas Baleares, como consecuencia de conquistas militares sobre los moros. A principios del siglo XX, el gramático e ingeniero Pompeu Fabra, tío abuelo de mi esposa, modernizó y puso al día la gramática y la ortografía del catalán. Su diccionario de la lengua catalana tiene la particularidad de ser, para términos técnicos, más preciso que el de la Real Academia Española. La Universitat Pompeu Fabra es hoy uno de los centros de investigación y enseñanza tecnológicas más prestigiosos de Europa.

Como dije, a lo largo de aquellos tres años de guerra, la mansión alquilada por mi familia en Pedralbes era para mí el cielo en la tierra, aunque estaba cerca del infierno para todos los demás a mi alrededor. A pesar de los registros por parte de milicias incontroladas, que se llevaban todo objeto de valor que encontraban, a pesar de las noticias susurradas de asesinatos en la familia, a pesar de la escasez de alimentos (tortillas de un huevo partidas para dos, los hurtos de mi madre en hortaliza ajena, el pan de maíz racionado, etc.), y a pesar de la tensión general que percibía alrededor mío, yo era un niño feliz. En mi ático, con aquel jardín inmenso a mis pies, me sentía dueño del mundo. Además, mi padre había sido reclutado por el cuerpo de Sanidad del Ejército de la República y fue enviado al frente, con lo que yo me convertí en el objeto de las atenciones de mi madre.

En enero de 1939, después de la decisiva y horrible batalla del Ebro, los nacionales cruzaron el río y entraron en Cataluña por el sur. Pocos días más tarde, entraban en Barcelona por Pedralbes en su marcha hacia el centro de la ciudad, que fue abandonada sin oposición por el ejército republicano. Encaramado en una silla y a través de una mirilla en la entrada del sótano, yo miraba curioso la marcha lenta y desordenada de los soldados nacionales cargados de bártulos de guerra. Cansinos y cabizbajos, el casco colgando del cinto, el fusil en bandolera y la manta enroscada sobre los hombros, parecían pertenecer a un ejército derrotado en retirada más que a un ejército victorioso. Algunos de sus oficiales pidieron alojamiento en nuestra casa. Se portaron muy cortésmente con nosotros y nos obsequiaron con buena comida. Recuerdo con fruición los «chuscos» navarros de los soldados, ¡por fin pan de trigo! Mi madre seguía preocupada por la suerte de mi padre, cuyo paradero desconocía.

Casi todas las autoridades civiles y militares de la ciudad huyeron hacia el norte y entraron en Francia a través de los Pirineos. Con ellos huyeron interminables columnas de soldados derrotados, ciudadanos de todo género, familias enteras de refugiados, muchos afines a causas democráticas, intelectuales y artistas de izquierda, obreros y artesanos, todos ellos temerosos de la tiranía franquista. El éxodo de fugitivos durante aquel crudo invierno fue masivo, del orden de los cuatrocientos mil; y su recepción en Francia, cruel y despiadada. Recién llegados, las autoridades francesas los internaron en infames campos de concentración en pésimas condiciones. Cuando Francia, bajo el régimen del mariscal Pétain, cayó en manos de los nazis, muchos de los refugiados con antecedentes anarquistas o comunistas fueron deportados al campo de Mauthausen (Austria), donde perecieron.

Pocos días después de la conquista de Barcelona por los nacionales, mi padre volvió a casa. A través de un frente prácticamente inexistente entre los dos bandos, había entrado a pie en territorio nacional. Retrasó su regreso hasta que se cercioró de que, como médico, no tenía que temer a las nuevas autoridades. Poco después de su regreso, sin embargo, tuvo que someterse a una depuración política antes de volver a su trabajo en el Instituto Mental de la Santa Cruz, el manicomio en el que ya desde antes de la guerra había iniciado su especialización en psiquiatría. Posiblemente su depuración política fue difícil a causa de sus bien conocidas simpatías republicanas. En cualquier caso, perdió su cargo oficial de médico asistente en la universidad.

Ramón y Cajal y la dama del unicornio

En nuestra mansión alquilada de Pedralbes, mi padre continuó su práctica privada de la psiquiatría. Tenía un amplio despacho lujosamente amueblado, con las ventanas cubiertas con pesados cortinajes y las paredes con no menos pesados tapices. El plano de la habitación, de techo alto, se parecía un poco al de una iglesia, con la mesa de trabajo en su centro, a modo de altar, frente a un «ábside» semicircular con ventanas elevadas. Dos pesados sillones, un armario-librería y un diván clínico completaban el mobiliario.

De vez en cuando, si mi padre estaba ausente, yo entraba a hurtadillas en su despacho para curiosear. Siempre me impresionó la severidad del lugar, lo cual por algún motivo aumentaba mi curiosidad. Uno tras otro, examinaba y tocaba con cuidado los objetos de su gran mesa: los tinteros dorados, la regla azul de vidrio translúcido con un nombre de fármaco grabado en ella, el grueso lápiz con dos puntas, una roja y la otra azul. Y luego el retrato de aquel señor barbudo en un ladrillito sobre un pie de madera (figura 1.2). Un día mi padre me diría que aquel señor se llamaba Ramón y Cajal, y que era un gran sabio. Ochenta años más tarde, aquí lo tengo, en mi casa de California.

Un día, a principios de los años cuarenta, apareció entre dos de las altas ventanas, en el ábside detrás de la mesa de trabajo de mi padre, un cuadro enorme de una mujer medio desnuda con la mano sobre la cabeza de un caballo con un cuerno. Era *La Dama del Unicornio* (figura 1.3), pintado por Pere Pruna, un famoso artista catalán que había sido paciente de mi padre. Pruna había estado en París estrechamente asociado con Picasso cuando el pintor cultivó, aunque durante poco tiempo, el estilo neoclásico. Mi padre encargó a Pruna el cuadro —seguramente como pago por sus servicios médicos— y le proporcionó ideas para que expresara en él un rico simbolismo. La diosa virgen, que sin duda representa a la ciencia psiquiátrica, domina los oscuros impulsos del unicornio por medio

▲ **Figura 1.2.** Fotografía de Cajal en un ladrillito distribuido a médicos españoles en 1935 por el fabricante de Ceregumil, un jarabe de hierbas y vitaminas que se nos administraba a los niños como tónico reconstituyente del sistema nervioso.

▶ **Figura 1.3.** *La Dama del Unicornio,* pintura de Pere Pruna.

del conocimiento de la naturaleza, que se simboliza con el libro abierto bajo sus pies.

Un búho, símbolo de la sabiduría, observa la escena, mientras que la silueta del monasterio de Pedralbes —situado a doscientos metros de donde colgaba el cuadro— representa la espiritualidad. Sobre la serena escena de la dama y el unicornio, nubes oscuras adoptan la forma de monstruos, que recuerdan a ciertas obras de Goya, y que tal vez representan alucinaciones y delirios tremebundos.

El unicornio es un animal mítico oriundo de la civilización del valle del río Indo (2.500 a.C.). Durante la Edad Media y el Renacimiento se creía que podía ser domado sólo por una virgen. C. G. Jung atribuye al unicornio el papel arquetípico del Logos, penetrando en el conocimiento de la Naturaleza gracias a su cuerno en espiral. Es probable que mi padre pensara en ambos atributos del animal, el instintivo y el cognitivo, cuando encargó el cuadro al artista.

Es asombroso que un cuadro pintado en 1943, cuando yo tenía trece años, sugiera tantos conceptos neurológicos y psicológicos que tarde o temprano tendrían impacto en mis investigaciones y actividad profesional. En primer lugar, ahí está la mente racional que somete los impulsos irracionales al control inhibitorio que surgirá de la corteza frontal en el adulto. Dominando la escena, se impone el poder de la razón, capaz de sacar a la luz los misterios de la mente humana y librarla de la locura. Incluso se adivina el poder curativo de la espiritualidad, representado por el monasterio de Pedralbes en el fondo.

La familia y el abuelo Carulla

Desde finales del siglo XIX hasta 1936, cuando comenzó la Guerra Civil, España sufrió una continua crisis económica, social y política. La crisis comenzó con la pérdida de las colonias de ultramar y culminó con la independencia de Cuba.

La caída de Cuba fue especialmente dolorosa porque, por espacio de muchos años, aquella isla del Caribe había atraído a muchos inmigrantes y comercios españoles. La independencia fue el resultado de tres guerras sucesivas, iniciadas por insurrecciones locales y separadas por breves intervalos de paz. La segunda fue la más larga: la guerra de los Diez Años (1868-1878). Durante la misma, Cajal estuvo por un tiempo del servicio militar como oficial sanitario en una guarnición española (figura 1.4). Allí contrajo paludismo, con lo que fue dispensado del servicio y regresó a España.

Figura 1.4. *Cajal en Cuba* (1874), pintura de Izquierdo Vives.

Después de la independencia de Cuba, y bajo la monarquía de Alfonso XIII y una serie de gobiernos conservadores, España entró en un largo período de depresión y conflicto laboral. Ambos fueron exacerbados por medidas gubernamentales represivas, promovidas por la burguesía y algunos sectores de la Iglesia católica. La sociedad española estaba lamentablemente escindida y polarizada. Con la pérdida de Cuba y las Filipinas, algunos de los disturbios laborales más intensos se debieron a la determinación del gobierno de retener las posesiones del norte de África.

En 1913, en medio de aquellos tiempos turbulentos, Valentín Carulla Margenat, padre de mi madre, fue nombrado rector de la Universidad de Barcelona. Era un hombre excepcional, una gran figura de la medicina académica española. Nacido en una familia de clase media modesta, estudió y se graduó en farmacia y medicina, pagándose sus estudios trabajando como mozo auxiliar de farmacia. En 1904 fue nombrado catedrático de farmacología clínica en la Facultad de Medicina de la Universidad de Barcelona. En el mismo año inició la fundación del Hospital Clínico de la universidad, que administró durante diecisiete años, aun después de haber sido nombrado rector. Durante aquel tiempo nombró a Cajal miembro de honor de la Real Academia de Medicina de Cataluña. El hospital estaba dedicado primordialmente al cuidado de enfermos indigentes. Durante la Guerra Civil era el único centro médico para asistir a las víctimas de los bombardeos de Barcelona. Una característica entrañable de mi abuelo Carulla era su profundo interés por la educación primaria, a la que dedicó intensos esfuerzos y muchas campañas públicas. Incluso después de entrar en posesión de su cargo de rector de la universidad, se le podía ver algunos fines de semana visitando a lomo de mulo los remotos pueblos de los Pirineos para inaugurar escuelas primarias y promocionar en ellas la buena educación de los niños. Por sus esfuerzos en apoyo de la educación pública, el rey Alfonso XIII le confirió el título de marqués. En la universidad, sin embargo, los últimos años de su rectorado fueron tumultuosos. Como en otras partes del mundo, los estudiantes promovieron algaradas políticas en solidaridad con los obreros, algunas de ellas violentas. Mi abuelo salió a menudo a defender a los estudiantes frente a las embestidas de la policía.

Otra fuente de conflicto en la enseñanza superior era el uso del catalán en lugar del castellano. Esto causó mucha tensión con el gobierno central de Madrid y provocó una serie interminable de reformas, regulaciones y frágiles compromisos con el mundo universitario. Debido a su interés en promocionar ambos idiomas, el catalán y el castellano, mi abuelo sufrió repetidamente de estrés, el cual, según mi madre, le causó la muerte en 1923. En aquel mismo año, tanto mi padre como mi suegro terminaron sus estudios de medicina.

Mi abuelo paterno era también médico. Nació en Palma de Mallorca, pero durante su niñez emigró con su familia a Barcelona, donde cursó estudios de medicina. Lo recuerdo como un hombre algo adusto y de pocas palabras, pero de trato afable. Ejercía de médico internista y tenía una clientela privada que, sin ser muy extensa, era selecta e incluía a algunas personas de alto rango, entre ellas el obispo de Barcelona. Su *hobby* favorito era coleccionar sellos, y ya de pequeño me inició en él. Me regaló, en sucesivas entregas, una considerable colección que todavía conservo por su valor sentimental y por lo singular de algunos ejemplares. Incluye sellos, que ahora supongo que son relativamente raros, de los países europeos antes de la Primera Guerra Mundial.

La abuela Fuster era una mujer de carácter enérgico y decidido, más bien seria. La recuerdo alta y flaca, con gafas *pince-nez*. Siempre me trató con un cariño comedido que dejaba entrever que esperaba buenos modales por mi parte. Se le atribuían dichos notables por su agudeza y, a veces, cierta mordacidad: «Los niños, a callar, escuchar y aprender...», «No hay nada más peligroso que un tonto con iniciativa…». Aunque mis abuelos Carulla fallecieron antes de que yo naciera, mis abuelos Fuster murieron durante mi adolescencia.

En 1923, el mismo año en que murió mi abuelo Carulla y se licenciaron en medicina mi padre y mi suegro, tuvo lugar el relativamente pacífico golpe militar del general Primo de Rivera, con el apoyo del rey, el ejército y la Iglesia católica. La subsiguiente dictadura coincidió con siete años (1923-1930) de prosperidad mundial (Roaring Twenties), a pesar de la creciente amenaza de Hitler y Mussolini en Europa. Económicamente, el país estaba bastante bien, aunque los conflictos laborales continuaban.

Mis padres se casaron durante aquel período (figura 1.5). En 1929 Barcelona acogió la Exposición Universal, un grandioso despliegue industrial y comercial en el flamante Palacio Nacional de Montjuïc y edificios circundantes, cuyo conjunto se inauguró para la ocasión. Al año siguiente, nací yo.

Entretanto, la situación política era cada vez más inestable. En 1930 Primo de Rivera dimitió ante el rey, con lo que quedó abierto el paso a la Constitución de 1876 y nuevas elecciones. Después Alfonso XIII abdicó y partió a su exilio en Roma. Sólo mucho más tarde, después de la Guerra Civil, me di cuenta de los efectos emocionales que los eventos políticos de mi primer año de vida habían tenido sobre mis padres. Mi madre, hija del marqués de Carulla, quedó muy dolida por el fin de la monarquía. Mi padre, intelectual liberal, se alegró mucho de ello.

Figura 1.5. Boda de mis padres en 1929.

La influencia de Santiago Ramón y Cajal

En 1957, cuando contraje matrimonio con Elisabeth, su padre, el doctor Baladía, me regaló su copia de *Textura del sistema nervioso del hombre y de los vertebrados* (figura 1.6), el más famoso libro escrito por Cajal, el «sabio» de la mesa de mi padre. Este libro, en dos volúmenes, cubre la anatomía microscópica de casi cualquier parte del sistema nervioso de varias especies animales, en el desarrollo inicial y en el adulto.

En términos de precisión, amplitud y cobertura del tema, no se ha publicado nada semejante nunca en ninguna parte, aunque los métodos modernos permiten mayor resolución que el microscopio óptico que utilizó Cajal. Una de las características más notables del libro son sus esmeradas ilustraciones, que consisten casi siempre en dibujos a mano.

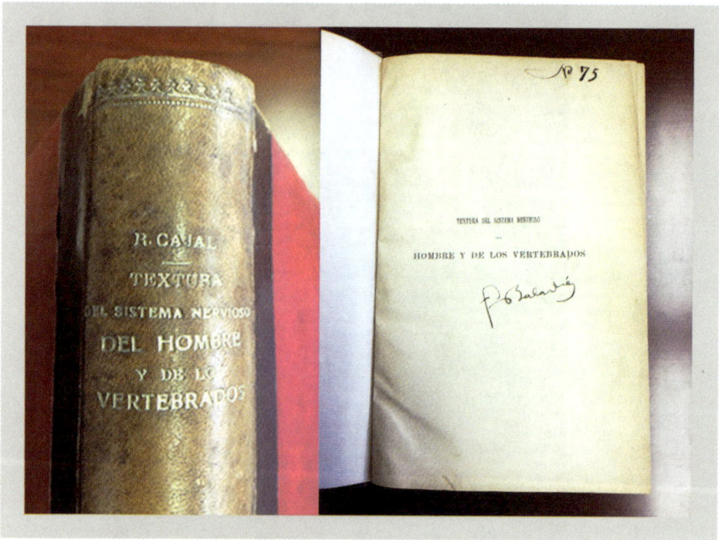

Figura 1.6. El libro de Cajal *Textura del sistema nervioso del hombre y de los vertebrados*, Madrid, Moya, 1899.

Desde que mi suegro me los entregó como regalo de bodas, he atesorado los dos volúmenes. Los he protegido con celo de mis ávidos amigos anatomistas, quienes, a veces, en broma, me han hablado de su intención de robarlos. El segundo volumen siempre me ha sido especialmente querido, ya que trata de la corteza cerebral, a la que he dedicado casi toda mi vida como científico. La figura 1.7, tomada de ese volumen, ilustra el dibujo de una sección histológica transversal de la corteza frontal humana y embellece la cubierta de las últimas ediciones de mi libro sobre la corteza prefrontal.

Cajal no sólo fue un gran científico, sino también un gran artista. Sus representaciones de la estructura microscópica del sistema nervioso son una reminiscencia del arte de otros observadores de la naturaleza, como Leonardo da Vinci, Linneo, Durero y Darwin. Todos retrataban la naturaleza de forma nítida y hermosa. Mi amigo Javier DeFelipe, director del Instituto Cajal en Madrid, publicó hace no mucho un magnífico volumen dedicado en gran parte a las ilustraciones de Cajal: *El jardín de la neurología.*

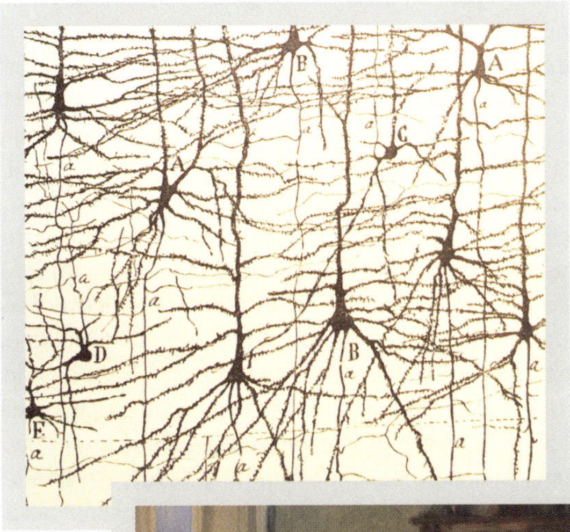

Figura 1.7. Dibujo de Cajal que ilustra una sección histológica de la corteza frontal humana.

Figura 1.8. Simarro muestra a los observadores cómo usar el método de Golgi, en una pintura de Joaquín Sorolla (1897).

SANTIAGO RAMÓN Y CAJAL (1852-1934)

Santiago Ramón y Cajal (comúnmente conocido por el apellido materno, Cajal) nació en 1852 en Petilla de Aragón, un humilde pueblo del norte de España, hijo de un profesor de anatomía en la Universidad de Zaragoza. Era un niño rebelde, problemático y juguetón, muy aficionado a las bromas. Al principio, tuvo trabajos temporales como aprendiz de barbero y zapatero. Ya en su juventud, sin embargo, demostró una habilidad excepcional como dibujante. En la Escuela de Medicina de Zaragoza, a la que su padre lo persuadió para que asistiera, Santiago lo ayudó dibujando especímenes para sus clases y un atlas de anatomía, que nunca se publicó a falta en esa ciudad de un editor técnicamente competente para ese tipo de trabajo. Mientras estudiaba medicina, Santiago pasó un tiempo considerable leyendo filosofía y practicando gimnasia; construyó una mente versátil y enormes músculos.

En 1883, por medio de oposiciones ganó la plaza de Profesor de Anatomía en la Facultad de Medicina de Valencia. Dos años después, hubo una epidemia de cólera en aquella ciudad. Durante la misma, Cajal prestó sus servicios desinteresados como patólogo al gobierno municipal investigando problemas de inmunidad cruzada entre el cólera y la tuberculosis. En agradecimiento por sus servicios, el Consejo Municipal le regaló un microscopio Zeiss. Con ese instrumento lanzó su carrera como histólogo del sistema nervioso.

El desencadenante decisivo de su carrera como neurocientífico parece haber sido una visita a Madrid en 1887, cuando fue nombrado miembro de un comité de revisión académica. Aprovechó la oportunidad para visitar a varios científicos dedicados al estudio de la anatomía, el desarrollo y la patología del sistema nervioso. Entre ellos, el que más le influyó fue Luis Simarro, un neurólogo, psiquiatra y psicólogo, conocido pensador liberal y devoto de Charles Darwin. Simarro enseñó a Cajal cómo teñir las preparaciones microscópicas de tejido nervioso mediante el método de plata, desarrollado por el italiano Camillo Golgi, un histólogo de Pavía (figura 1.8). La sustancia crítica que Golgi y Cajal utilizaban para la tinción era una solución de sal de plata (botella grande en la figura). Ese mismo año (1887), Cajal fue nombrado catedrático del recién creado Departamento de Histología de la Facultad de Medicina de la Universidad de Barcelona, donde permaneció hasta 1892.

Armado con su Zeiss y el método Golgi, que mejoró considerablemente, esos cinco años fueron, según nos dice, los más exitosos y productivos de su vida. Allí, en mi ciudad natal, Cajal reveló la fina estructura de innumerables partes del sistema nervioso, desde la retina y la médula espinal hasta la corteza cerebral. Con dedicación meticulosa y tenaz, estudió especímenes de diversas especies de animales en diversas etapas de desarrollo. En Barcelona fundó su propia revista y abrió públicamente su trabajo a la comunidad científica internacional. Desde allí viajó a otros países europeos, especialmente Alemania, donde compartió su trabajo con algunos de los histólogos más conocidos de su época (Kölliker, Waldeyer, His y Forel). Al mismo tiempo, comenzó a publicar sus trabajos en francés y alemán.

—

Los comienzos de la neurociencia cognitiva

A partir de su investigación en Barcelona, y de lo que se sabía en aquel momento acerca del funcionamiento del cerebro, Cajal desarrolló dos principios teóricos trascendentales relacionados con la función nerviosa, que la investigación fisiológica posterior demostró que eran correctos. El primero fue la teoría de la neurona, que discrepaba de la llamada «teoría reticular», o de red, defendida por Golgi. En lo esencial, sin embargo, tanto Golgi como Cajal tenían razón en un aspecto: el sistema nervioso es de hecho una gran red. Sin embargo, mientras que Golgi sostuvo que la red estaba hecha de tejido celular continuo, Cajal sostenía, correctamente, que estaba hecha de células nerviosas contiguas, a saber, neuronas (el nombre acuñado por Waldeyer). La clave de su fisiología, propuso, tenían que ser los contactos entre ellas, que los fisiólogos ingleses Foster y Sherrington llamaron «sinapsis».

El otro principio propuesto por Cajal fue el de la naturaleza sináptica del aprendizaje y la memoria. Como relata en sus memorias, presentó su hipótesis por primera vez en 1894, en una reunión de neurólogos en Roma. Quizás basándose en las observaciones contemporáneas de Sherrington sobre el arco reflejo motor, Cajal usa la memoria motora para defender su hipótesis. Estas son sus palabras:

> La mejora funcional resultante del ejercicio (educación física, hablar, escribir, tocar el piano, esgrima, etc.) (...) [se puede atribuir a] la creación de nuevos apéndices celulares (...) susceptibles al ajuste y la extensión de contactos, e incluso el establecimiento de relaciones completamente nuevas entre neuronas que no están conectadas originalmente.

Implícito en lo anterior estaría la afirmación de que las diferentes habilidades o hábitos motores consistirían en diferentes redes neuronales. Transcurrirían varias décadas antes de que esas palabras proféticas se convirtieran en un hecho comprobado y que la idea de red se extendiera a todo tipo de memoria, no sólo a la del sistema motor. Sin embargo, sólo pasaría una década antes de que Cajal, en 1906, recibiera el Premio Nobel, junto con Golgi.

Los dos principios de Cajal marcan el comienzo de la neurociencia cognitiva: el primer principio estableció que las redes neuronales están hechas de neuronas en contacto; el segundo principio, que dedujo del primero, es que los contactos entre las neuronas de una red pueden cambiar, crecer y proliferar con el aprendizaje y la adquisición de memoria. Aquella fue la primera declaración explícita del papel de la plasticidad sináptica en la cognición.

Hasta entonces, no existía ningún principio funcional de la neurociencia cognitiva. La única evidencia de la cognición neuronal era «por defecto». Era la evidencia, señalada por primera vez por Broca y Wernicke, a mediados del siglo XIX, de que la lesión de ciertas áreas corticales producía trastornos en el lenguaje (afasias).

En 1893 Sherrington persuadió a la Royal Society para invitar a Cajal a pronunciar la prestigiosa Conferencia Croonian, en la que podría presentar sus hallazgos e ideas. Durante su estancia en Londres, Cajal fue el invitado de Sherrington en su casa. Convirtió su habitación de invitados en un laboratorio temporal y ayudó a Cajal a preparar su conferencia y algunos de los dibujos de diapositivas histológicas, para presentarlos en una llamada «cámara lúcida». Ese encuentro entre Cajal y Sherrington consolidaría su amistad e inspiraría las investigaciones de ambos.

Lo más notable es que Cajal eligió la adquisición del aprendizaje motor, es decir, la memoria ejecutiva, para hacer hincapié en la plasticidad neuronal. Con eso, insinuaba las redes del lóbulo frontal y su capacidad para sustentar la imaginación y la creatividad de acciones. En sus *Charlas de café* dice:

> La Naturaleza nos ha otorgado una dotación limitada de células cerebrales. Por compensación feliz, se nos ha concedido el inestimable privilegio de modelar, ramificar y complicar las expansiones de estos elementos para combinar casi hasta el infinito las asociaciones reflejas y las creaciones ideales.

Ya sea que se estuviera refiriendo al lóbulo frontal o no, ¿no es esta una clara declaración del aspecto relacional en la memoria ejecutiva, de su naturaleza asociativa y, en general, de la existencia de las redes de conocimiento en el sistema nervioso, que un día llamaríamos «redes cognitivas»?

La evolución y la corteza prefrontal

«Nada en biología tiene sentido si no es a la luz de la evolución.» Este es el título que Theodosius Dobzhansky, un genetista evolucionista ruso, inmigrante en Estados Unidos, dio a un controvertido ensayo que hizo historia.

A partir de finales del siglo XIX, muchos científicos europeos se dejaron influir por la teoría de Darwin, y los neurocientíficos más destacados de la época no fueron la excepción. Pero el papel de la evolución en el desarrollo del sistema nervioso era oscuro, por lo que durante mucho tiempo fue objeto de intensa especulación por parte de neuroanatomistas comparativos, incluido Cajal, quien sin duda se inspiró en el ferviente darwinismo de su antiguo mentor Simarro.

ERNST HAECKEL: LA ONTOGENIA Y LA FILOGENIA

Uno de los conceptos más antiguos y poderosos derivados de la teoría de la evolución fue la relación entre el desarrollo filogenético de la especie y el desarrollo ontogenético del individuo. Haeckel (1834-1919), un biólogo alemán, basándose en el estudio de la embriología de animales de múltiples especies, tuvo la idea de que el embrión de un animal determinado atraviesa etapas que replican las etapas de evolución de las especies anteriores. La idea tomó el nombre de «hipótesis de recapitulación»: la ontogenia recapitula la filogenia.

Haeckel pronto fue desacreditado y sus métodos se criticaron duramente. Pero lo que quedó de la controversia que originó fue el concepto plausible de que existe un grado de paralelismo temporal entre el desarrollo ontogenético de algunas partes del cuerpo y la evolución de esas partes en especies animales precedentes. El sector del organismo donde esto era más obvio es el sistema nervioso. Esto llevó a los neurobiólogos a extender el paralelismo al desarrollo de las funciones nerviosas y cognitivas; tales funciones, pensaban, se desarrollarían *pari passu* con el desarrollo anatómico de las estructuras nerviosas. Junto con esto, casi como un corolario, surgió el concepto de una jerarquía de funciones nerviosas que se desarrolla progresivamente hacia arriba a lo largo del neuroeje, tanto en la ontogenia como en la filogenia, para integrar de manera progresiva funciones cada vez más complejas. En esa jerarquía funcional, las estructuras y funciones inferiores permanecerían bajo el control de las superiores durante toda la vida.

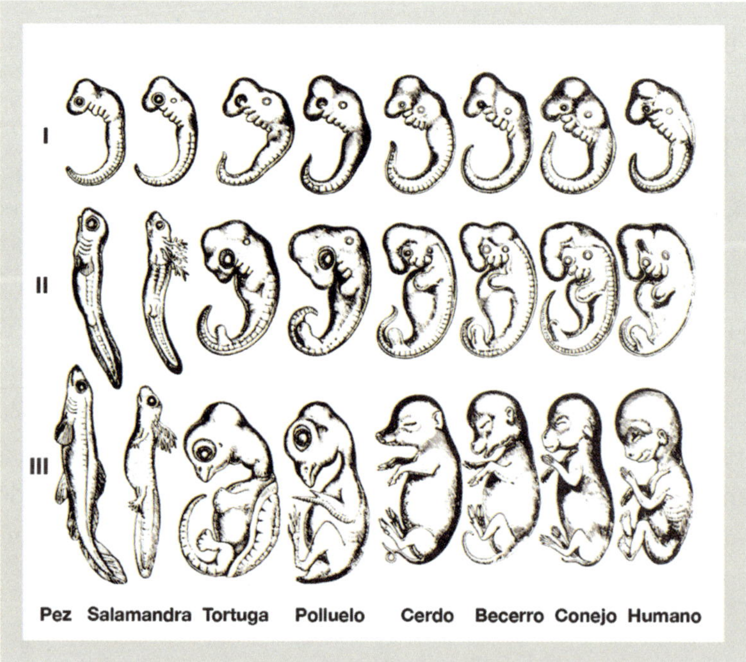

Figura 1.9. La frase «la ontogenia recapitula la filogenia» da a entender que la transformación de un embrión hasta su desarrollo final como individuo (ontogenia) contendría la historia evolutiva de esa especie (filogenia). Es decir que el embrión pasaría por todas las fases que ha pasado la especie: organismo unicelular, invertebrado, pez, reptil, etc.

—

El primero en formular la jerarquía funcional del sistema nervioso y colocar en su cima la corteza frontal,* que es una de las últimas estructuras del cerebro en desarrollarse, fue el neurólogo Hughlings Jackson (figura 1.10), un contemporáneo de Cajal y Sherrington, y los evolucionistas Darwin y Spencer.

Tanto el concepto jerárquico como la supremacía frontal en la jerarquía del sistema nervioso han sido ampliamente verificados. Maduraron lentamente en mi mente después de mi llegada a América y contribuyeron de manera poderosa a mis ideas e investigaciones sobre la corteza prefrontal.

Figura 1.10.
John Hughlings Jackson, pintado por Lance Calkin (1895).

Jackson es ampliamente considerado el padre de la neurología clínica británica. Curiosamente, conceptualizó la evolución del sistema nervioso central «por defecto»; es decir, lo hizo a partir de lo que él llamó «disolución» clínica, deduciendo las funciones de estructuras nerviosas a partir de los efectos de lesiones de esas estructuras. El curso de su búsqueda es una historia interesante.

* El lector puede consultar la doble ilustración de las páginas 150-151 sobre la ubicación de las principales estructuras cerebrales mencionadas a lo largo del libro.

John Hughlings Jackson nació en el condado de Yorkshire y fue hijo de un rico agricultor y cervecero. A los quince años, el joven John se convirtió en aprendiz residente de los Anderson, padre e hijo, dos prósperos médicos privados de la ciudad de York. Después de dos años en su hogar, comenzó a tomar clases en la Escuela de Medicina de York, donde el doctor Anderson padre era conferencista. En 1855-1856, John continuó su educación como asistente en el Hospital Saint Bartholomew de Londres. En 1859 completó su educación médica con la intención de continuar con la neurología, una especialidad clínica que en ese momento era casi inexistente.

En 1862 fue nombrado médico asistente en el Hospital Nacional de Paralizados y Epilépticos, Queen Square, donde ingresó bajo la poderosa influencia de Édouard Brown-Séquard, un neurofisiólogo de fama mundial. Este inculcó a Hughlings Jackson un vivo interés en la fisiología del sistema nervioso central, y así Jackson se convirtió en el primer neurofisiólogo clínico. Como ávido lector de literatura fisiológica, quedó muy impresionado por un estudio seminal de dos fisiólogos alemanes en 1870: Fritsch y Hitzig. En el perro descubrieron que la estimulación eléctrica de diferentes puntos de lo que consideraban la corteza motora provocaba movimientos discretos en diferentes partes del cuerpo. De esa manera esbozaron un «mapa motor» en esa corteza.

A partir de lo anterior, Jackson razonó que la excitación local de un área cortical, por cualquier medio, tenía el efecto opuesto a la ablación local de la misma área. Por lo tanto, parecía que el área que producía un movimiento era la misma área que representaba ese movimiento, como podría inferirse además de la parálisis que resultaba de la lesión del área. Fundamentando ese razonamiento con un gran número de casos clínicos, estableció el principio de la colocalización de la representación (memoria, ampliamente definida) y la acción, el cual puede aplicarse a prácticamente la totalidad del cerebro.

La colocalización de la representación (memoria del movimiento) y la función (ejecución del movimiento) que estableció Jackson ha sido uno de los principios rectores de mis investigaciones. No menos influyentes en mi trabajo futuro serían las ideas de Hughlings Jackson sobre la organización jerárquica del sistema nervioso central y sus funciones. Visualizó el eje neural como una jerarquía de estructuras y funciones, desde la médula espinal, los músculos y los órganos de los sentidos en su nivel más bajo, hasta la corteza cerebral en la parte más alta. Esa jerarquía se estableció con la evolución, que, para usar sus palabras, consistía en el «paso de lo más pequeño a lo más grande, de lo más simple a lo más complejo, de lo más automático a lo más voluntario». En esa luz, consideraba que los trastornos nerviosos, especialmente los de alto rango en la jerarquía, eran el reverso de la evolución, o, para usar un término acuñado por primera vez por Spencer, la «disolución». La disolución causa síntomas negativos (por ejemplo, parálisis) como resultado del daño en niveles más altos de la jerarquía y, al mismo tiempo, causa síntomas positivos (por ejemplo, automatismos) por la liberación o desinhibición de niveles más bajos.

Un ejemplo típico de disolución es una lesión de la corteza motora, la corteza a cargo de los movimientos voluntarios. Tal lesión produce una «regresión de la evolución»: una parálisis de una extremidad o la mitad del cuerpo y, al mismo tiempo, la aparición de movimientos automáticos o involuntarios y primitivos como resultado de la liberación de estructuras motoras subcorticales, como son los ganglios basales. Con la recuperación, ya sea espontánea o inducida por el tratamiento, todos los síntomas desaparecen.

En los últimos años, las formas de disolución que más me han interesado son las que afectan al habla, posiblemente la función cognitiva más alta del ser humano, como consecuencia de lesiones del lóbulo frontal. La corteza del lóbulo frontal, especialmente en el hemisferio izquierdo, alberga una jerarquía de áreas dedicadas a la elocución del habla y el lenguaje de señas. Las áreas jerárquicamente más bajas se encuentran en la parte posterior del lóbulo, cerca de la corteza motora primaria, que controla la musculatura voluntaria de todo el cuerpo. En el lóbulo frontal izquierdo, muy cerca del área para el movimiento de la boca y la lengua, se encuentra el área de Broca, encargada de articular palabras y oraciones simples.

Por encima del área de Broca en la jerarquía frontal (más adelante en espacio cerebral) está la corteza prefrontal, a cargo de las oraciones verbales más elaboradas y del habla proposicional. Los pacientes con lesiones en esa parte del cerebro tienen dificultad para «proposicionar» (una expresión jacksoniana). He ampliado el significado de esa capacidad prefrontal no sólo para incluir la construcción de un lenguaje proposicional elaborado, sino también la capacidad de «proponer», es decir, de formular planes y propósitos verbales. Esa dimensión futura es fundamental para todas las funciones ejecutivas prefrontales, permitiendo al humano crear, preadaptarse y liberarse del aquí y el ahora.

Sin embargo, Jackson a lo largo de su vida mantuvo una visión cartesiana y dualista del problema mente-cuerpo. Nunca llegó a un acuerdo con lo que consideraba una cuestión metafísica que no podía conciliar con su visión del cerebro y, de hecho, con todo el sistema nervioso como una máquina sensorio-motora. A pesar de sus especulaciones sobre lo que él llamaba «concomitancia», una especie de paralelismo entre mente y cerebro sin interacciones causales entre ellos, nunca fue capaz de incorporar la primera en el segundo. Después de él, la idea de la concomitancia paralela (que tuvo su origen en Leibnitz, Spencer y Stuart Mill) permaneció arraigada en la neurociencia durante más de un siglo.

—

Cajal, Sherrington y la red neuronal

> El cerebro está despertando y con él regresa la mente. Es como si la Vía Láctea entrara en una danza cósmica. Rápidamente, la masa cerebral se convierte en un telar encantado donde millones de centelleantes lanzaderas tejen una tenue imagen, una imagen siempre elocuente aunque nunca permanente.
>
> CHARLES SHERRINGTON

Sherrington (figura 1.11) es universalmente reconocido como el fundador de la neurofisiología, un campo que desarrolló atribuyendo funciones fisiológicas a las estructuras nerviosas descritas por Cajal y otros. Sobre todo, adoptó el principio fundamental de Cajal de la red neuronal (constituida por neuronas en contacto unas con otras) y lo aplicó a la totalidad del sistema nervioso. De esta manera, llegó a la idea holística de la integración nerviosa. Una pequeña anécdota sobre él refleja de manera metafórica la inevitabilidad de esa idea.

Figura 1.11. Charles Sherrington.

Una noche en una institución de Londres, Sherrington estaba trabajando hasta tarde en su oficina. Le gustaba el lugar y la hora por el silencio y la ausencia de distracciones, aunque esa noche en particular, bajo ese techo elevado, la habitación estaba fría. Al final del pasillo estaban su laboratorio y una habitación donde guardaba un gorila con fines experimentales. Fuera de la oficina, todo estaba sumido en la oscuridad excepto la habitación del mono: una raya de luz se podía ver bajo la puerta. En un momento dado, Sherrington sintió ganas de levantarse y de caminar por el pasillo para calentarse. De repente, mientras se acercaba a la sala de los monos, le atrapó la curiosidad: ¿qué hacía esa criatura cuando no la miraban los humanos? Muy lentamente y en silencio caminó hacia la puerta y miró a través del ojo de la cerradura. Como sir Charles relató más tarde: «Lo único que pude ver fue un pequeño ojo que me devolvía la mirada».

Esta deliciosa anécdota muestra que los simios pueden ser tan curiosos como los humanos. Más allá de eso, sin embargo, hay un mensaje que resuena hasta el día de hoy: no se puede inferir ni la mente ni el comportamiento simplemente mirando a un órgano sensorial o estudiando lo que está directamente detrás de él en el cerebro. Tanto la mente como el comportamiento son fenómenos holísticos, causados por las interacciones entre los órganos de los sentidos, entre el sensorio y la memoria, y entre la percepción y la acción. En otras palabras, entre las partes del cerebro que sostienen a cada uno de ellos. El cerebro, como Sherrington fue probablemente el primer fisiólogo en declarar, es, de hecho, una red, y sus funciones no pueden deducirse de la función de cada una de sus partes de manera aislada, por muy conocida que sea esa función.

CHARLES SHERRINGTON (1827-1952)

Hijo de un médico, Charles Sherrington nació en el distrito londinense de Islington. En la década de 1860, su familia se mudó a Ipswich, donde ingresó en una escuela local para su educación primaria y secundaria. Mientras estaba en la escuela, desarrolló un gran interés en la poesía y los clásicos. Inspirado por Thomas Ashe, un famoso poeta que enseñaba allí, escribió varios poemas originales. A lo largo de su vida, mantuvo una profunda afición por la expresión poética y la metáfora, incluso al abordar cuestiones científicas. De ahí surgió la metáfora de la red cognitiva cerebral.

En 1876 Sherrington inició sus estudios de medicina en el Hospital Saint Thomas de Cambridge. Allí estudió fisiología con el famoso sir Michael Foster, eventual cocreador, con Sherrington, de la palabra «sinapsis» para designar el contacto entre neuronas. En 1885, poco después de graduarse en medicina y cirugía en la Universidad de Cambridge, viajó a varios países con objetivos científicos. Bajo los auspicios de la universidad y la Royal Society, viajó a España como parte de una comisión para investigar un brote de cólera en Toledo (más o menos al mismo tiempo en el que Cajal realizó una investigación similar en Valencia); luego visitó a Virchow en Berlín para estudiar los especímenes patológicos de España. Esa visita fue seguida por una estancia de un año para estudiar bacteriología en el laboratorio de Robert Koch. Una visita a Italia en 1886 encendió su interés por el arte y allí comenzó a coleccionar libros raros y manuscritos, lo cual a partir de entonces se convirtió casi en una adicción.

A fines de la década de 1880, mientras Sherrington todavía estaba en Cambridge, realizó junto con Roy una serie de experimentos diseñados para dilucidar los mecanismos que regulan el suministro de sangre al cerebro. Aplicaron pequeñas cámaras ingeniosamente construidas a la superficie de la corteza cerebral de animales, lo cual permitía la medición del flujo sanguíneo a la misma. En estas condiciones realizaron varios procedimientos que, según creían, modificarían la circulación cortical: a saber, estimularon los nervios sensoriales o la médula, provocando movimientos musculares, y estimularon el nervio vago, cambiando así el nivel de anestesia general, entre otros. Implementando cuidadosamente estos procedimientos y registrando las medidas apropiadas, llegaron a la conclusión de que los cambios observados en el flujo sanguíneo cortical reflejaban en gran medida los cambios generales en la presión arterial o venosa. En ciertas condiciones, sin embargo, descartaron esos cambios generales y concluyeron, acertadamente, que algunos eran «intrínsecos», causados por la actividad nerviosa local.

Hoy sabemos que esos cambios intrínsecos en el flujo sanguíneo y la oxigenación del tejido cortical se producen a causa de las fluctuaciones locales en la descarga neuronal. Recientemente hemos empezado a comprender la biofísica del llamado «acoplamiento neural-hemodinámico», es decir, el mecanismo de los cambios de perfusión sanguínea producidos por la descarga neuronal. En cualquier caso, las observaciones que Roy y Sherrington publicaron en 1890 están en la raíz misma de la imagen magnética funcional del cerebro. En tiempos modernos, el método y sus variantes nos han permitido aclarar las funciones ejecutivas de la corteza prefrontal, especialmente la llamada «memoria de trabajo» u «operante», en el hombre y el mono.

Entre 1886 y 1891 Sherrington trabajó principalmente como patólogo en el Laboratorio de Anatomía Patológica de la Universidad de Cambridge, aunque participó también en importantes investigaciones fisiológicas sobre el sistema nervioso. Parte de esa investigación la realizó en colaboración con C. S. Roy, con quien Sherrington estableció una amistad duradera. Roy era un personaje pintoresco, muy extrovertido y «maníaco». Acompañó a Sherrington en la expedición de cólera en Toledo, donde, a pesar de lo lúgubre de su tarea, los dos parecen haber pasado buenos ratos, gracias en gran parte a la jovialidad de Roy.

En 1891 Sherrington fue designado para dirigir el Instituto Brown de Investigación Fisiológica y Patológica de la Universidad de Londres. Allí estudió la segmentación de las raíces de la médula espinal y descubrió que el reflejo de estiramiento se iniciaba por la contracción de los husos musculares. También fue allí donde tuvo lugar el gracioso incidente de la mutua observación entre Sherrington y el gorila.

Sin embargo, fue en la Universidad de Liverpool, donde Sherrington había sido nombrado profesor de fisiología en 1895, donde realizó su trabajo más importante en neurofisiología y realizó sus descubrimientos científicos más relevantes. Esos descubrimientos y los principios derivados de ellos se describen en detalle en *The Integrative Action of the Nervous System* (1906), una compilación de conferencias que pronunció en la Universidad de Yale nueve años después.

Ese libro es una maravilla de erudición no sólo por sus datos científicos, sino también por la visión del autor sobre los principios fundamentales de la función nerviosa. Los aspectos más básicos del libro tratan de la investigación de Sherrington sobre los reflejos nerviosos en la médula espinal. Allí estableció el principio de la inervación recíproca: un movimiento resulta de la coordinación de la excitación de algunos músculos y la inhibición de sus antagonistas. Ese principio, ahora lo sabemos, se aplica en todos los niveles del sistema nervioso, desde la médula espinal hasta la corteza cerebral. Sherrington intuyó que se aplicaba a la atención, una de las funciones cognitivas más elevadas. Estas son sus palabras: «La interferencia mutua de reflejos distintos y la alianza de reflejos similares en su acción sobre sus eferentes comunes parece estar en la raíz misma del singular proceso psíquico de la "atención"».

—

La inervación recíproca y el arco reflejo

El proceso psíquico de la atención, por el que se interesó en su momento Sherrington, fue la primera función que me dediqué a investigar electrofisiológicamente a poco de llegar a California en 1957.

Algo más en el libro de Sherrington inspiraría mi pensamiento e investigaciones futuras. Él vio en el arco reflejo el componente más elemental de los procesos interactivos que adaptan al organismo a sí mismo y a su entorno. Esa sería la esencia de mi ciclo de percepción-acción y de los mecanismos cibernéticos que lo sustentan en la corteza cerebral.

Todos los reflejos tienen un objetivo general determinado por la evolución, que consiste en la adaptación del organismo a los cambios que se producen en el entorno y a la satisfacción de las necesidades biológicas básicas, ya sea que se trate de un reflejo adaptativo postural, defensivo o que sirva para cualquier otro objetivo natural o instintivo. Por lo tanto, todos los reflejos están biológicamente arraigados, aunque en los niveles más altos de integración nerviosa su objetivo trasciende la biología simple y se convierte en lo que Sherrington llama sin dudarlo «propósito». Un día atribuiría yo el propósito, con su dimensión futura, a la corteza del lóbulo frontal, que se encuentra en la vanguardia de la evolución y que representa en las especies superiores el nivel más elevado de integración neural con respecto a la acción futura.

La retroalimentación entre el organismo y el medio

Al estudiar el reflejo de estiramiento, Sherrington llegó a un principio adicional de gran importancia, que tiene mucho que ver con la atención, la intención y el propósito. Ese principio dice que todos los reflejos, sea cual sea su objetivo, se modulan por retroalimentación, es decir, por los *inputs* que reciben desde los receptores sensoriales o desde el interior de los músculos y los tendones. A eso lo llamó Sherrington «propiocepción». Debido a esas aportaciones de la retroalimentación, las sensaciones internas o externas se convierten en parte de la acción. Por lo tanto, si hablamos de manera estricta, la sensación y la acción son inseparables en el aspecto funcional. De hecho, la retroalimentación adopta el papel de un «controlador» de la acción, cerrando, de esta manera, el ciclo cibernético.

Dos décadas después de que Sherrington publicara su libro clásico, el biólogo alemán Jakob von Uexküll propuso que en el cerebro de las especies animales superiores actuaba la retroalimentación interna, que operaba desde el «órgano de acción» (o cerebro de acción) hasta el cerebro sensorial, que él llamó *mark organ* (órgano sensorial) (figura 1.12). Esta retroalimentación interna, que Sherrington había descrito como originada en los sensores de posición y movimiento (propiocepción), Uexküll la extendió a la acción adaptativa sobre todo tipo de analizadores cerebrales de sensaciones. Además, al igual que Sherrington, le otorgó el control sobre los reflejos simples.

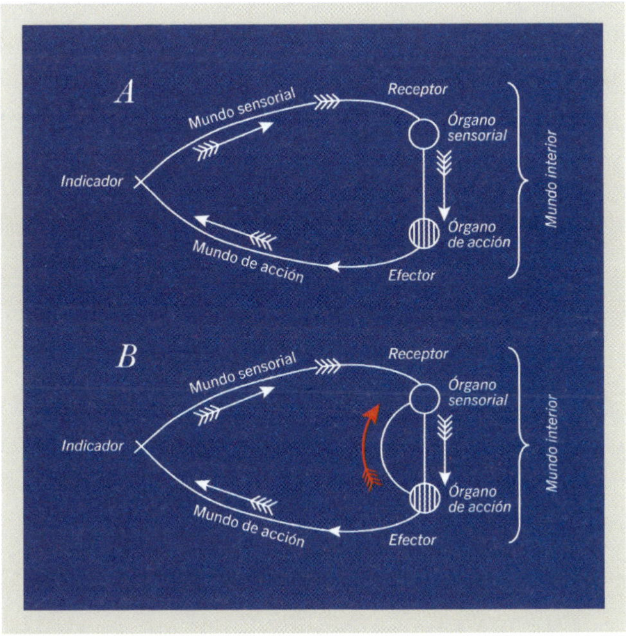

Figura 1.12. Circuito reflejo elemental de Uexküll: «En los animales superiores (B), la regla de acción (flecha roja) penetra profundamente en el mundo de la sensación y allí asume la dirección y el control. Aparece, pues, un nuevo circuito en el cerebro para apoyar el circuito externo, y todo esto conecta el órgano de acción con el *mark organ* (órgano sensorial)».

Pasarían muchos años antes de que la retroalimentación interna se identificara como «copia eferente», «reaferencia» o «descarga corolario», es decir, que se considerara como una copia interna de una acción motora prevista, a punto de ejecutarse. Esa señal interna es la que prepara a los sistemas sensoriales y motores para las consecuencias de esa acción (al anticiparlas) y para su corrección si es necesario (la corrección del «error de predicción»). El elemento clave para ese control es la perspectiva futura, por breve que sea esta previsión en especies inferiores a los primates.

Con el tiempo, llegaríamos a extender esa función de control al futuro del organismo, atribuyéndola además a la corteza del lóbulo frontal. Más adelante tendré ocasión de destacar el hecho de que la evolución —que es esencialmente ciencia *a posteriori*, ya que trata del pasado biológico— haya desarrollado en el cerebro humano una estructura como la corteza prefrontal, que es en esencia predictiva del futuro y creadora de la agenda humana.

2

Educación en la «Nueva España»

Educación con los jesuitas

Lunes por la mañana. En uniforme escolar y formación militar, todos los niños de los siete grados de bachillerato, de nueve a dieciséis años de edad, llenan las dos rampas de acceso que convergen en la entrada principal del Colegio de San Ignacio (figura 2.1), la institución jesuita en la que inicié mi educación secundaria después de la guerra. A través de los altavoces, suena el himno nacional y después, con el brazo derecho extendido en saludo fascista, cantamos todos al unísono el «Cara al sol», el himno de la Falange. Es una forma digna y solemne de comenzar la semana escolar en la «Nueva España», el término que a menudo usan los apologistas de Franco: espíritu militar en un ambiente religioso. La educación tiene que ser al mismo tiempo patriótica y católica.

Figura 2.1. El Colegio de San Ignacio.

La escena también simbolizaba el renacimiento del poder de los jesuitas después de su desaparición durante la Guerra Civil en la parte del país bajo dominio de la República. Porque la orden de los jesuitas se estableció en el siglo XVI precisamente basándose en el espíritu militar. Ignacio de Loyola, un noble militar del País Vasco, fundó la orden cuando se apoderó de él el espíritu religioso después de haber sido herido en el campo de batalla. A partir de entonces, los «soldados de Dios», como se llamaba a sus miembros, se extendieron por ciento catorce países. Adquirieron influencia política y marcaron de manera indeleble la educación de muchas generaciones de hombres jóvenes (sólo en los últimos tiempos se han abierto sus escuelas a las mujeres).

No era la primera vez en la historia que los jesuitas españoles regresaban del destierro. Su represión más larga y dura, de casi cincuenta años, tuvo lugar en el siglo XVIII. Entonces Carlos III los desterró de la totalidad del Imperio español, con severas penas para obstructores y objetores. Se suponía que la razón era la oposición del rey a la ideología teológica de los jesuitas y a su influencia oscurantista en la educación pública, pero lo más probable es que el soberano temiera el poder político de la Iglesia y de los jesuitas en particular. En cualquier caso, el rey Carlos era un devoto entusiasta de la Ilustración o Siglo de las Luces, y muchos lo consideran el soberano más progresista de la Europa de su tiempo. Contribuyó poderosamente al florecimiento de las artes y las ciencias en España y fundó y apoyó varios museos (por ejemplo, el Museo del Prado en Madrid) y una veintena de universidades. También promovió las academias españolas, incluida la Real Academia Nacional de Medicina, de la cual algún día sería yo elegido miembro honorario.

En el San Ignacio, yo era un estudiante algo superior a la media, pero obtuve calificaciones más altas en las materias que más me gustaban, como la geometría, la física, la química y las ciencias naturales, para las que los jesuitas tenían buenos maestros. También aprendí latín y griego clásico, que en años posteriores olvidé casi por completo, y dos idiomas modernos, francés y alemán, que años más tarde volví a aprender, pues me encantan las lenguas modernas. ¿Hay alguien que realmente aprenda a dominar un idioma solamente en la escuela? En los jesuitas, por supuesto, el catalán era ilegal y reprimido.

Para la música teníamos al señor Tomás, un hombre afable, muy buen maestro en un conservatorio local. Barcelona siempre ha tenido una fuerte tradición de música clásica, con su distintivo auditorio de estilo modernista (Palau de la Música) y el Teatro de la Ópera (Teatre del Liceu), además de una rica lista nativa de solistas y cantantes de fama mundial (Pau Casals, Victoria de los Ángeles, Plácido Domingo, Montserrat Caballé o José Carreras). Mi esposa siguió su carrera de piano con Alicia de Larrocha y su esposo, el señor Torras, en la Academia de Música Marshall de Barcelona. Marshall era, a su vez, discípulo de Enrique Granados, el gran compositor que en 1916 murió en el Canal de la Mancha cuando el buque transbordador *Sussex* en el que viajaba de Inglaterra a Francia fue torpedeado por un submarino alemán.

Para la historia y las humanidades, San Ignacio era un ambiente pedagógico desolador. La historia se enseñaba a partir de textos aprobados por el Ministerio de Educación del régimen franquista. En ellos se glorificaban aspectos escogidos de la historia de España, en especial el reciente Movimiento Nacional. Apenas se tocaban las infames Cruzadas y la Inquisición, en las que España jugó un papel importante, aunque podría argüirse que ambas se originaron en Francia y no en España. La enseñanza de la filosofía sufría del descuido de casi todo lo que tuviera que ver con la Ilustración europea y sus escritores (Descartes, Locke, Kant, Goethe, Voltaire, Rousseau, Adam Smith). Como se podía esperar de una escuela secundaria católica en aquel momento, la filosofía que se enseñaba allí era la escolástica aristotélico-tomista. Tuvo un impacto mínimo en mi mente joven, lo suficiente como para aprobar los exámenes. Sin embargo, algo de aquella filosofía entró de manera sutil en mi formación cultural para, en un día distante, influenciar mi pensamiento en la neurociencia cognitiva.

El asociacionismo desde Platón a Hebb

Tanto la filosofía escolástica como la psicología relacionada con ella tuvieron un origen temprano. En los siglos V y IV a.C., los filósofos griegos Platón y Aristóteles fueron los pensadores pioneros de la mente humana. Ellos inauguraron casi todos los campos de la psicología, desde la emoción a la lógica, desde el instinto a la inteligencia. También ellos, pero cada uno a su manera, crearon la teoría del asociacionismo, que fue duradera, aunque asediada a lo largo de los siglos. El asociacionismo sostiene que al nacer la mente es una pizarra en blanco (*tabula rasa*) sobre la cual todas las funciones mentales y los fenómenos se forman (se «inscriben») mediante asociaciones entre entidades como sensaciones, sentimientos, ideas, estados mentales, recuerdos, etc. Las asociaciones obedecen a ciertas leyes básicas, especialmente las de contigüidad, similitud y repetición de eventos asociados.

El asociacionismo sobrevivió a una Edad Media intelectualmente árida gracias a dos de los Doctores de la Iglesia, Alberto Magno y Tomás de Aquino. Los comentarios de este último sobre la filosofía de Aristóteles fueron objeto de reconsideraciones modernas y reivindicaciones del asociacionismo por parte de psicólogos ingleses y alemanes durante los siglos XVIII y XIX.

Antes de ellos, sin embargo, fue el humanista español Juan Luis Vives quien introdujo el asociacionismo en la psicología del Renacimiento. Con respecto a la facultad mental de la memoria, el asociacionismo descubriría su infraestructura en el cerebro gracias a Cajal, Hayek, Hebb y los conexionistas modernos. Esa infraestructura sería finalmente verificada por la neurociencia cognitiva y la neuroimagen. Con el tiempo llegaría a ser clave para el desarrollo de mi carrera científica.

De la escolástica a la neurociencia

Aquel mismo lunes por la mañana, después del acto patriótico en el Colegio de San Ignacio, tuvimos psicología con el padre Sánchez, quien también nos enseñaba latín. Se trataba de un jesuita alto y barrigudo con hábito negro y pelo también negro y rizado, y gafas con montura negra: el hombre tenía un aspecto formidable. Para aumentar su autoridad, llevaba en el bolsillo un palo de madera grueso y corto con el que golpeaba imperiosamente su mesa para imponer silencio y atraer nuestra atención. Ese día comenzó la clase escribiendo en la pizarra una oración latina, tanto para enseñarnos un principio psicológico como para poner a prueba nuestro latín:

> *Quae simul sunt a phantasia comprehensa si alterutrum occurrat, solet secum alterum representare.* (Si dos cosas han sido aprehendidas simultáneamente, la aparición de una de ellas generalmente evoca la representación de la otra.)

El padre Sánchez dijo que la frase era de Vives, a quien algunos llamaban, como supe más tarde, el «padre de la psicología moderna». Yo no entendí ni la frase ni la idea. Sin embargo, esa fue mi introducción formal al asociacionismo y, a su debido tiempo, a mis ideas sobre el funcionamiento cognitivo de la corteza cerebral.

A través de la escolástica de la Edad Media, que se conservó en su mayor parte en los monasterios europeos y en las primeras universidades, la filosofía griega llegó a los tres grandes humanistas de la Edad Moderna: Erasmo de Rotterdam, Tomás Moro y Juan Luis Vives. Ninguno estudió y escribió con tanta profundidad sobre la mente humana como Vives. Por esa razón ha sido llamado el «padre de la psicología moderna» y por eso a continuación me extiendo, tal vez más de lo necesario, en la vida de este hombre extraordinario. Es a través de sus obras como entró en la psicología la teoría asociacionista de la mente y posteriormente en la neurociencia cognitiva y el conexionismo modernos.

JUAN LUIS VIVES (1492-1540)

Nació en Valencia en una familia de ricos comerciantes de telas. Una década antes de su nacimiento, la familia se había convertido al cristianismo desde el judaísmo para eludir la Inquisición y salvar sus negocios. Sin embargo, después de su conversión, se descubrió que los Vives continuaban practicando su antigua religión en una sinagoga privada, en su casa. Esto llevó a un largo juicio por parte de la Inquisición, que finalmente terminó, unos treinta años después, con la condena y ejecución del cabeza de familia. El proceso y la discriminación social que lo acompañaba afectaron mucho al joven Vives y marcaron el curso de su vida.

Después de su educación primaria, el joven Vives ingresó en la Universidad de Valencia, cinco años después de su fundación. Tras la graduación, el anciano Vives decidió enviar a su hijo a estudiar en el extranjero, y así, a los diecisiete años, el joven Vives empezó a estudiar filosofía en la Universidad de la Sorbona en París. En 1514 se fue a los Países Bajos, donde pasó casi todo el resto de su vida.

A partir de 1517 enseñó filosofía en Lovaina. Allí estableció una fuerte relación con Erasmo de Rotterdam, el «príncipe de los humanistas». Además, conoció a Tomás Moro, quien en esa ciudad había publicado su *Utopía*. Moro era el secretario y asesor personal del rey Enrique VIII y el alto comisario de las universidades de Oxford y Cambridge. Ofreció a Luis Vives un puesto de profesor en el Corpus Christi College de Oxford, que fue el inicio de una estadía de cinco años en Inglaterra.

Presentado por Moro y el cardenal Wolsey, Vives ingresó en la corte real, donde se hizo amigo del rey y la reina, especialmente de ella, Catalina, hija de los soberanos españoles Fernando e Isabel, los Reyes Católicos. Vives y el rey se admiraban mutuamente y mantuvieron correspondencia.

Los acontecimientos que sacudieron Inglaterra y afectaron profundamente a Vives comenzaron en 1522, un año antes de su llegada a aquel país. Ana Bolena había llegado a la corte como una de las damas de honor de la reina, y el rey Enrique se enamoró de ella. Había estado casado con Catalina durante varios años con la esperanza de tener un hijo para la sucesión real en la Casa de Tudor. Sin embargo, ella estaba envejeciendo, a punto de pasar la edad de procrear, y sólo uno de sus seis hijos había sobrevivido al nacimiento o la enfermedad: una hija, María, nacida en 1516. Su padre temía que estuviera en peligro el dominio de los Tudor sobre Inglaterra, ya que a su muerte su poder recaería sobre un hombre fuera de la Casa de Tudor. En consecuencia, el amor y las razones de Estado conspiraron para provocar una de las mayores convulsiones en la civilización occidental.

Vives se enredó en los problemas matrimoniales de la pareja real. Intentó actuar como un mediador amistoso entre las partes, pero perdió su influencia cuando las cosas llegaron a un punto crítico en 1527, cuando Enrique decidió divorciarse de Catalina y casarse con Ana Bolena. Para obtener el divorcio y la anulación de su matrimonio con Catalina, necesitaba el permiso del papa, Clemente VII. Un obstáculo importante para eso fue que Carlos V, rey de España y sobrino de Catalina, había conquistado Roma recientemente y había presionado al papa para que no concediera el permiso. Vives intervino escribiendo cartas al papa y a Carlos V. Su estrategia enojó tanto a Catalina como a Enrique. Así perdió de inmediato el favor del rey y su posición oficial. Después de permanecer seis semanas bajo arresto domiciliario, fue expulsado del país en 1528. Regresó a Brujas, donde vivió hasta su muerte y escribió sus obras psicológicas más importantes.

Vives fue un escritor prolífico. Escribió unos cincuenta tratados o ensayos, todos en latín, el lenguaje de los humanistas del Renacimiento. Después de la Edad Media, el Renacimiento fue literalmente el renacimiento del interés intelectual en la naturaleza humana. Tras el declive de la hegemonía filosófica griega, el conocimiento del hombre había sido preservado y cultivado por los eruditos romanos y cristianos. De ahí el uso universal del latín entre los escritores del Renacimiento.

—

Figura 2.2. Juan Luis Vives.

La originalidad de Juan Luis Vives

Para Vives, como para Aristóteles y otros filósofos antiguos, la mente era el «alma» (*anima*). El problema para la psicología moderna es que el *alma*, tal como la entendían algunos filósofos como Platón, y más tarde sus seguidores de la escolástica, tenía connotaciones inmateriales e inmortales, que la sacaban de la ciencia natural. Sin embargo, Vives veía y estudiaba la mente humana como parte de la naturaleza.

Vives es claramente original y se aparta tanto de Aristóteles como de la escolástica por su uso del método inductivo introspectivo. Aplica principios psicológicos a la educación y a las instituciones sociales, en lo que fue el precursor de Bacon, Descartes, Locke, Hume y otros empiristas ingleses. Sus trabajos sobre pedagogía fueron fundamentales, ya que enfatizaban la personalidad del maestro y del alumno, la importancia del entorno en el aula y la elección juiciosa de las lecturas. Los jesuitas, incluido el reverendo Sánchez del Colegio de San Ignacio, fueron fieles seguidores de los métodos pedagógicos de Vives.

Vives discute su psicología de manera completa en los tres volúmenes de su *De anima et vita* (*El alma y la vida*), publicado por Robert Winter en Basilea en 1538. El primer volumen de *De anima et vita* trata del alma vegetativa, el segundo del alma racional y el tercero de las emociones. La mente inductiva y experimental de Vives lo lleva a analizar cada uno de esos temas por separado con la ayuda de una enorme abundancia de observaciones. En repetidas ocasiones reconoce que la mente funciona como un todo y que sus diversas «facultades» no pueden separarse una de la otra sin degradarlas o privarlas de manera artificial de su verdadera función. El ejemplo más claro de la interconexión de las funciones mentales se puede ver en su análisis de la memoria, que, en su opinión, es central para todas las demás. La memoria es, en efecto, fundamental para el aprendizaje, la retención de experiencias, la imaginación, el recuerdo, el razonamiento, la emoción, la educación, las artes y la vida social con otros seres humanos.

Para Vives, la memoria es central para todas las funciones mentales, y la asociación es central para la memoria. La memoria se forma, almacena y recupera mediante asociaciones entre estímulos, tanto internos como externos; entre ideas, entre emociones, entre estímulos y emociones, y entre ideas y emociones. Aristóteles situó la similitud, el contraste y la contigüidad en la raíz de la memoria asociativa. Vives hace de la simultaneidad (*simul*, la segunda palabra en la oración en la pizarra del padre Sánchez), la clave para todas las operaciones de la memoria y, por extensión, para todas las operaciones mentales. No sería hasta la segunda mitad del siglo XX que la coincidencia temporal entre las entradas (*inputs*) y entre las salidas (*outputs*) de las células cerebrales se demostraría como la base neuronal de la memoria.

Siempre con principios pragmáticos y pedagógicos en mente, Vives señala con énfasis que la memoria depende de manera especial de la atención y que, además, puede ser entrenada. También hace repetidas referencias a la importancia de las emociones en la formación y recuperación de los recuerdos. Según él, podemos aprender de las emociones negativas.

Vives es el primer psicólogo de la historia que describe la aversión condicionada al sentido del gusto. Escribe que una vez en Valencia, cuando era niño, comió cerezas mientras tenía fiebre, debida a una enfermedad transitoria. Años más tarde, cada vez que comía cerezas se sentía enfermo y como si tuviera fiebre. Dice que la asociación entre las cerezas y la enfermedad se mantuvo en su memoria inconsciente. Hoy llamamos a esa asociación el «efecto García».

En la década de 1950, mi colega de la Universidad de California en Los Ángeles, John García, descubrió que las ratas que habían probado cierto alimento durante una enfermedad producida por drogas o radiación evitaban comer esa comida para siempre. Antes de ocuparse de la psicología, John había sido agricultor y estaba al tanto del problema que los granjeros del sudoeste de Estados Unidos tenían para ahuyentar a los coyotes que atacaban a sus ovejas. John les ayudó a poner en práctica su famoso «efecto»: colocó trozos de carne de cordero mezclados con litio sobre piedras estratégicamente distribuidas alrededor de una granja. Por la noche, los coyotes que comían la carne experimentaban a continuación intensas náuseas. Después de eso, evitaban la carne de oveja, ¡viva o muerta! Recuerdo una conversación con John en mi casa, en la que expuso ese tema y mencionó a Juan Luis Vives como el observador pionero de la aversión al gusto, producto de la asociación inconsciente entre las sensaciones sensoriales y viscerales innatas.

Estas sensaciones no son sólo la base de asociaciones en el nivel visceral, como es el efecto García, sino que también son la base de otras asociaciones en niveles más altos, como describe Vives en los dos volúmenes finales de *De anima et vita*. Me parece obvio que, al tratar el más bajo de esos niveles, Vives se refiere a lo que he llamado «memoria filética». No es tan obvia como puede parecernos ahora la noción implícita de que la mente está estructurada jerárquicamente, desde lo innato hasta lo racional. No sería hasta muchos años después de Vives que Hughlings Jackson descubriría en el cerebro esa jerarquía, anclada en una base evolutiva o filética.

En todos los niveles de la mentalidad, el mecanismo general para Vives es la asociación por coincidencia temporal. La asociación puede vincular las ideas y sensaciones más distantes y dispares si se han producido de manera simultánea. La memoria asociativa, tal como él la describe, parece estar señalando a las redes cognitivas ampliamente distribuidas, que ahora sabemos que la albergan.

La recuperación de viejos recuerdos, en especial si han permanecido almacenados durante mucho tiempo en el inconsciente, puede ser difícil y tortuosa. De dificultad extrema es el acceso a recuerdos que están inconscientemente ligados a emociones negativas. Para descubrir estas relaciones tan distantes, Vives realizó extensas entrevistas con individuos que eran propensos a expresar emociones fuertes sin un origen claro. En esencia, empleó asociaciones libres para llegar así a asociaciones emocionales con la biografía pasada de esos individuos. Además, Vives era un devoto estudioso de los sueños, que consideraba un proceso mental activo, y los considera como un medio para alcanzar esos vínculos distantes. Por todas estas razones, el historiador médico Gregory Zilboorg llamó a Vives el «abuelo del psicoanálisis», aunque no hay evidencia de que Freud lo conociera.

Al enfatizar el elemento de simultaneidad en la teoría de la «asociación de ideas», Vives anticipó nuestra comprensión actual de la neurociencia de la memoria. Por supuesto, la simultaneidad se puede ver como una variante de la contigüidad espacial, y como tal ha sido considerada por muchos otros filósofos desde la antigua Grecia. Pero al situar la simultaneidad, así como la temporalidad, en el centro de los procesos mentales de la memoria asociativa, Vives formuló originalmente el marco psicológico más razonable (ahora validado científicamente) para explicar los mecanismos cerebrales de las funciones de la memoria. Mi concepto de la red de memoria cortical, así como los de la formación de la memoria y la recuperación de la memoria, no pueden entenderse sin ubicar en ese marco temporal la plétora de datos cerebrales con los que contamos en la actualidad. Volveremos a ello.

Existe otra línea del pensamiento de Vives que conecta con mi neurociencia: sus ideas sobre la percepción, que él relaciona estrechamente con la memoria. Al igual que la memoria y cualquier otra función mental, Vives trata la percepción como una función activa, es decir, activa desde el individuo hacia el mundo. Y al igual que sucede con la memoria, la percepción depende mucho de la atención, otra función activa. En este aspecto, los empiristas británicos, como John Locke, a quienes Vives anticipa con su asociacionismo, se separaron de él. Pero pensadores como Immanuel Kant recuperaron el carácter activo de la percepción.

JOHN LOCKE (1632-1704)

—

Universalmente considerado el fundador del empirismo, fue un ávido defensor del asociacionismo, como Vives. Sin embargo, afirmó que todas las asociaciones, incluidas las asociaciones de ideas, procedían de una sola fuente fundamental: la sensación. Todo el conocimiento se basa en la sensación, incluso el conocimiento que él caracterizó como reflejo, una elaboración simple o compleja de una sensación primaria. Para él, la mente humana era la *tabula rasa* aristotélica, o «libro en blanco», como él lo llamaba, en el que se registra toda la experiencia y se transforma pasivamente en conceptos y percepciones. No parecía haber lugar en la mente humana para ideas innatas. Tal lugar lo encontrarían los racionalistas, como Kant. Empiristas como Locke, que negaban las ideas innatas, fueron el obispo George Berkeley (1685-1753) y David Hume (1711-1776), aunque cada uno con su razonamiento particular y extrayendo de su teoría implicaciones o corolarios distintos.

—

IMMANUEL KANT (1724-1804)

—

Este gigante del racionalismo europeo rechaza la *tabula rasa* de la percepción sostenida por Aristóteles y los empiristas británicos. Él agrega a la sensación una fuente mental activa para la percepción, a la que hoy llamaríamos una influencia «de arriba abajo», como es la atención, que lo lleva más allá de la visión de aquellos filósofos. Esa fuente interna activa es similar al «reflejo» de Locke, pero no del todo, ya que consiste en verdades innatas *a priori,* además de la imaginación. Ambos elementos, según Kant, son necesarios para comprender el mundo real, aunque el conocimiento *a posteriori* no puede adquirirse independientemente de los sentidos. No obstante, no parece reconocer que ese complemento interno de la percepción sensorial se basa en la experiencia previa; en otras palabras, en una interpretación activa de la realidad basada en la memoria. No fue sino hasta el advenimiento de la psicofísica y la psicología de la Gestalt que los principios organizadores (de arriba abajo) de la percepción serían aceptados por la ciencia cognitiva y, por lo tanto, entrarían en la neurociencia cognitiva de la atención, la percepción y la memoria.

—

La psicofísica

En ninguna parte está demostrado experimentalmente de manera más clara el poder de las asociaciones y de la memoria sobre la percepción como en la psicofísica, la ciencia que examina de manera cuantitativa la relación entre los estímulos físicos y las percepciones sensoriales que estos inducen. Weber y Fechner fueron los pioneros indiscutibles de esta ciencia, pero fue Helmholtz quien puso en evidencia que la percepción es el resultado de la integración de la sensación pura con inferencias inconscientes derivadas de la memoria.

HERMANN VON HELMHOLTZ (1821-1894)

Nacido en Potsdam (Prusia), era hijo de un maestro de escuela que estudió y enseñó filología y filosofía. Aunque los intereses de Hermann se inclinaron desde el principio hacia las ciencias naturales, su padre lo persuadió de que estudiara medicina, lo cual hizo entre 1838 y 1842 en la Universidad de Berlín. Allí estuvo bajo la influencia de Johannes Müller, el famoso fisiólogo, con quien sostuvo animadas discusiones sobre la naturaleza de varias funciones psicológicas, especialmente la percepción. Johannes Müller había formulado la ley de la energía específica de los nervios. Dijo que cada nervio sensorial es capaz de recibir información de una calidad y modalidad específicas, y ninguna otra; por ejemplo, el nervio óptico puede manejar información específicamente visual, pero no la de cualquier otra modalidad sensorial. Esta ley es universalmente aceptada, aunque completada por la evidencia comprobada de que, después de una lesión en un sistema sensorial dado, otro puede hacerse cargo de su función. En consecuencia, por ejemplo, mediante la readaptación, los ciegos pueden «ver» utilizando su sentido táctil.

Posteriormente, terminados sus estudios de medicina, Helmholtz ocupó cargos académicos, como el de profesor de fisiología en Königsberg, Bonn y Heidelberg.

Su último puesto académico fue el de profesor de física en la Universidad de Berlín. Trabajó extensamente en física teórica y se ocupó de temas tales como la conservación de la energía, la dinámica de fluidos, el electromagnetismo y la termodinámica. En 1850 recibió singular reconocimiento por inventar el oftalmoscopio, el instrumento clínico que ahora se utiliza universalmente para examinar la retina a través de la pupila.

Helmholtz no contradijo la ley de la especificidad del nervio sensorial formulada por Johannes Müller, pero declaró que era insuficiente para explicar de qué modo la sensación se convierte en percepción. Indiscutiblemente, dijo, la modalidad y la calidad de lo que se siente determina la modalidad y la calidad de lo que se está percibiendo. Sin embargo, sus experimentos psicofísicos lo llevaron a lo que llamó la «teoría de las señales de la percepción»: los estímulos sensoriales son símbolos de la realidad, que el organismo traduce en la percepción de la realidad. Existen ciertas fuerzas intuitivas en el cerebro que organizan los estímulos y las señales en percepciones. Aquí Helmholtz invoca la intervención activa de señales desde adentro, que son similares a las intuiciones trascendentales (categóricas) que Kant había propuesto, es decir, el espacio y el tiempo nos sirven para interpretar cada estímulo del mundo exterior.

Pero había dos cosas que la teoría de las señales no explicaba, aunque eran muy obvias en los experimentos de Helmholtz. Una era la constancia perceptual, es decir, que un objeto visual sigue siendo el mismo, a pesar de que se produzcan cambios en la perspectiva, el tamaño, el color u otras cualidades; o que una melodía siga siendo la misma en otra clave. La otra cosa por explicar era el hecho de que la experiencia previa determina de qué manera percibimos las impresiones sensoriales.

Para explicar la constancia perceptual, Helmholtz invocó la traducción de las impresiones sensoriales a conceptos o ideas, al igual que lo hizo John Locke. Para explicar el papel de la experiencia previa, recurrió a lo que denominaba «inferencias intuitivas inconscientes», que se basan en la memoria y en la exposición previa repetida a impresiones concretas similares. Cita como ejemplo el aprendizaje de la lengua materna. Un niño aprende a usar palabras (signos, símbolos) al aprender su significado a través de la exposición repetida a ellos en diversos contextos. Aquí Helmholtz se revela claramente como un empirista, pero «activo», pues toma en consideración el papel activo de la percepción. De este modo, se acerca mucho a Hayek, quien más tarde definió la percepción como la clasificación activa de la realidad guiada por la memoria. También se acerca a Hayek al sugerir uno de mis dichos favoritos: recordamos lo que percibimos y percibimos lo que recordamos (Helmholtz pudo haberlo dicho antes con palabras semejantes).

—

El papel activo de la percepción, desde la mente hacia el mundo, es obvio en el pensamiento de Vives, Kant y Helmholtz. Sus ideas han influido en mi investigación sobre la percepción en los primates sin que yo haya sido plenamente consciente de ello. Creo que el problema con gran parte de la neurociencia cognitiva contemporánea es que sus practicantes desconocen las verdades que esos gigantes de la psicología establecieron sobre el funcionamiento de la mente humana. Se dice que Friedrich Hayek solía decir «sin una teoría, los hechos guardan silencio». La teoría puede ser antigua, pero es necesaria para comprender los nuevos hechos. Es sorprendente lo útiles que son esos viejos conceptos de percepción para comprender los nuevos datos sobre la fisiología sensorial y perceptual, las redes neuronales, la memoria y los datos de la neuroimagen cognitiva.

Mi ingreso en el Club Helmholtz

En la primavera de 1982, Francis Crick, el biólogo molecular y premio Nobel, famoso por haber codescubierto la «doble hélice», la clave de la genética, tuvo la idea de formar un grupo de discusión de científicos interesados en la psicofísica visual y la cognición. Un día me llamó por teléfono desde el Instituto Salk de San Diego, donde trabajaba después de haberse jubilado en Cambridge. Quería saber si yo estaba interesado en formar parte del grupo. Lo mismo hizo con Gordon Shaw, un físico de UC Irvine, con Vilayanur Ramachandran, un neurólogo conductual del Instituto Tecnológico de Pasadena (Caltech), y con John Allman, un neurobiólogo, también de Caltech. Los cinco nos convertimos en los miembros fundadores del grupo, al que llamamos Club Helmholtz en honor al insigne psicofísico alemán. El grupo pronto creció alrededor de una docena, todos procedentes de los principales centros y universidades del sur de California. Durante más de un cuarto de siglo, nos reuníamos una vez al mes en el centro de la facultad del campus de UC Irvine, más o menos equidistante entre Los Ángeles y San Diego. Cada reunión consistía en una presentación de un orador invitado, ordinariamente un científico de fama mundial, seguida de una discusión libre de tres a cuatro horas acerca de la investigación presentada y otros asuntos relacionados. La presentación era precedida por un almuerzo y seguida por una cena, que servían para agasajar al orador y fomentar la convivialidad de los científicos presentes.

Era una experiencia gratificante para todos y pocas reuniones científicas han tenido tanto impacto en mi propia vida científica como las reuniones del Club Helmholtz. Los temas discutidos en esas reuniones variaban ampliamente y dependían del campo de investigación del orador invitado. Sin embargo, debido a que la percepción visual era el tema central de interés de la mayoría de los miembros, los oradores invitados eran con frecuencia autoridades internacionales en la investigación de la visión. En consecuencia, los psicofísicos de la visión predominaban entre los oradores y asistentes. Al fin y al cabo, esa había sido la razón para nombrar el club en honor a Helmholtz. Ahora bien, el foco sobre la visión siempre contribuyó a respaldar y ensanchar nuestro interés acerca de la percepción en general y de los mecanismos cerebrales de la cognición.

La Gestalt o psicología de la forma

En la década que precedió a la muerte de Helmholtz, surgió en Viena una nueva y poderosa corriente de pensamiento psicológico basado en la experimentación psicofísica de la percepción de imágenes complejas. Era la psicología de la forma o, en alemán, *Gestalt.* Con el tiempo, el impacto de aquel movimiento fue más allá de la percepción y se extendió a todas las funciones cognitivas. Por varias razones, la Gestalt ha influido en mis trabajos de neurociencia cognitiva. Mi interés comenzó en la década de 1980 cuando leí *El orden sensorial* de Hayek, que había sido inspirado en gran parte por la psicología de la Gestalt. En ese momento, yo estaba tratando de enmarcar mis hallazgos sobre la percepción visual y la memoria dentro de una visión más holística de esas funciones que la que sugería la neurofisiología visual, que entonces avanzaba con rapidez. Pensé que los avances espectaculares de la investigación de la visión a nivel de la neurona aislada, iniciados por los premios Nobel Hubel y Wiesel, nos conducían a una ruta reduccionista centrada en los aspectos cada vez más diminutos de la sensación y alejándonos de la mente y del resto del cerebro.

Estaba convencido de que el sustrato neural para la memoria visual tenía que ser mucho más extenso, en el manto cerebral, que los pequeños campos de la corteza estriada dedicados a la sensación visual, que ya habían sido identificado con microelectrodos. También estaba convencido de que la percepción visual tenía que ser el resultado de la activación de redes neuronales ampliamente distribuidas y que, como nuestra investigación comenzaba a mostrar, la memoria de trabajo visual dependía de la activación sostenida de estas redes bajo el control —«de arriba abajo»— de la corteza frontal. Se trataba de la hipotética estructura asociativa (relacional) de esas redes y del control activo sobre ellas desde arriba, tanto en la percepción como en la memoria. Eso fue lo que reforzó mi interés en la Gestalt.

Al igual que los filósofos racionalistas, la Gestalt propone influencias de la mente sobre el mundo para aprehender lo que sentimos y, de este modo, determinar cómo lo percibimos. Estas influencias activas, desde adentro hacia fuera, organizan la realidad en *gestalts* percibidas como totalidades indivisibles, en virtud de las relaciones entre sus componentes sensoriales o estímulos. En lugar de las verdades o intuiciones *a priori* de Kant, la Gestalt postula el poder organizador de la percepción que se basaría en gran parte, como había dicho Vives, en la memoria. La percepción produce activamente la forma compleja, primero como un todo: la *gestalt* primaria «emergente», la cual, de manera secundaria, puede entonces conducir a la percepción y discriminación de sus partes.

Esta forma de pensar es lo que llevó a los psicólogos de la Gestalt a afirmar que el todo es distinto de la suma de las partes, que es el primer principio de su filosofía. Afirman que el todo, a saber, la percepción emergente, se define por las relaciones espaciales y temporales entre sus partes, así como, por ejemplo, un triángulo se define por las relaciones entre tres ángulos. Afirman además que el todo y sus relaciones internas están modulados, si no determinados, por la memoria. En mis escritos, he extendido esos principios a toda la cognición, es decir, a todas las operaciones de la memoria y el conocimiento, en el lenguaje, el razonamiento y el comportamiento. Sin esos conceptos, a mi modo de ver, no podemos entender la estructura y dinámica de una red cerebral cognitiva.

Los filósofos y psicólogos Christian von Ehrenfels y Max Wertheimer fundaron el movimiento Gestalt en torno a la transición entre los siglos XIX y XX. Kant, Goethe, Husserl y Mach fueron algunas de sus fuentes de inspiración. En 1890 Ehrenfels, el creador del término *Gestalt*, publicó su estudio seminal, *Sobre las cualidades de la forma*, donde describe una observación común, pero a la vez profunda, que ilustra vívidamente el principio básico de la Gestalt: una melodía puede ser transpuesta de una clave a otra, pero sigue siendo reconocible como la misma melodía. Sin embargo, si alteramos el orden de las notas, la melodía pierde su identidad. Lo que define esa identidad y hace que la melodía sea única son las relaciones entre las notas. La melodía es obviamente diferente de la suma de sus partes, es decir, la suma de las notas. Allí, en el dominio de la audición, está el primer principio de la Gestalt.

A pesar de su agudeza intelectual, Ehrenfels era una persona controvertida y excéntrica. Sus radicales puntos de vista frecuentemente salieron a relucir en la prensa. Solía decir y escribir que la poligamia era superior a la monogamia. Además era un darwinista social. Estas opiniones y creencias levantaron enormes tormentas en la opinión pública austríaca. Tal vez debido a ellas sufrió su prestigio como científico.

Menos controvertido fue Wertheimer, oriundo de Praga. Su contribución más singular fue la de una Gestalt temporal de movimiento en el dominio visual. Usando un taquistoscopio, demostró que si una serie de imágenes estacionarias se iluminan sucesivamente en una pantalla, a ciertos intervalos críticos en el espacio y el tiempo se perciben las imágenes como moviéndose rápidamente de una a la siguiente. Llamó a la experiencia el «fenómeno *phi*», mediante el cual demostró que el movimiento se percibe como una Gestalt primaria, como cualquier otra percepción sensorial. Ese es, de hecho, el principio básico de la cinematografía y, por lo tanto, fue la base de toda una industria.

Wertheimer tuvo dos discípulos favoritos que lo ayudaron en su investigación sobre el fenómeno *phi*: Kurt Koffka y Wolfgang Köhler. Eventualmente ambos emigraron a América, donde divulgaron la Gestalt en círculos académicos. Koffka escribió un buen compendio al respecto que yo cito con frecuencia.

Köhler comenzó su carrera como asistente de Wertheimer en el Instituto de Psicología de Frankfurt am Main. En 1913 la Academia de Ciencias de Prusia nombró a Köhler director de una estación de investigación de antropoides recientemente establecida en las islas Canarias (Tenerife), probablemente el primer centro de primates del mundo. Allí realizó una serie de experimentos de comportamiento con grandes simios, diseñados para probar sus capacidades intelectuales. Demostró que los chimpancés podían resolver problemas mediante la planificación y el razonamiento inductivo y deductivo. Uno de los procedimientos que utilizó fue colocar unos plátanos fuera del alcance —por ejemplo, colgando del techo— y los medios para posiblemente alcanzarlos.

Sultán, un animal singularmente inteligente, reunió cajas de madera esparcidas por el suelo, las apiló una encima de la otra y subió a la pila para alcanzar el cebo. En otro experimento, el animal usó un palo largo para hacerlo: construyó el palo telescopando piezas de bambú de diferentes tamaños.

Köhler describió su investigación con los primates en una famosa monografía titulada *The Mentality of Apes*. Unos ochenta años después, con motivo de una conferencia en la Universidad de La Laguna, en Tenerife, visité la Casa Amarilla, el edificio que albergaba el laboratorio de Köhler. El lugar estaba en gran parte abandonado, aunque se lo consideraba un lugar de interés cultural nacional.

Köhler se hospedó en la Casa Amarilla durante la Primera Guerra Mundial. En 1920 regresó a Alemania, donde fue nombrado director del Instituto de Psicología de la Universidad de Berlín. Allí cofundó una nueva revista sobre psicología perceptual *(Psychologische Forschung)* y escribió otro libro, *Gestalt Psychology* (1929). Con el ascenso de Hitler al poder, tuvo serios problemas políticos. Junto con otros profesores universitarios, incluyendo Max Planck, tomó una posición pública contra las políticas antisemitas del régimen con respecto a los intelectuales y se negó a comenzar sus clases con el saludo nazi obligatorio. En abril de 1933, publicó un artículo antinazi en el *Deutsche Allgemeine Zeitung*, por el cual esperaba terminar en la cárcel. Sorprendentemente, no fue así, tal vez debido a la impotencia del régimen para contrarrestar la enorme simpatía pública que atrajo el artículo; muchas personas admiraban el coraje y la convicción de Köhler. Sin embargo, dos años más tarde se fue disgustado a América, donde tomó un puesto académico en Swarthmore College.

—

El amor a la música clásica

La clase había terminado. El padre Sánchez golpeó la mesa dos veces con su bastón de bolsillo y salimos del aula en doble fila hacia el patio de recreo para el descanso de media mañana. Juan Luis Vives y su frase en latín se esfumaron rápidamente de mi cabeza. Mucho tiempo después supe que los jesuitas habían instituido en sus escuelas métodos pedagógicos semejantes a los que adoptó ese ilustre filósofo. También supe que él había creído firmemente que la educación de los niños debería estar en manos de maestros seculares y consideró que no era una buena idea poner al clero a cargo de ella.

Mientras bajaba las escaleras hacia el patio con mis compañeros de clase, tarareaba en voz baja el concierto de violín de Beethoven.

La noche anterior, mi padre me había llevado a mi primer concierto público, en el Palau de la Música (figura 2.3), la espléndida sala de conciertos en estilo modernista construida en 1908 por Domènech i Montaner, discípulo de Gaudí. La orquesta había sido la Municipal de Barcelona, y el solista de violín Henri Lewkowicz, un joven emigrante polaco (la Segunda Guerra Mundial continuaba fuera de España) que para sobrevivir solía tocar en un club nocturno, antes de convertirse en una celebridad internacional. El concierto y su entorno tuvieron un impacto enorme en mi mente de adolescente.

Figura 2.3. Palau de la Música Catalana.

Mi interés hacia la música clásica había comenzado en mi infancia, con las frecuentes visitas a la tía de mi madre, tía Dolores, mi madrina. Su marido ciego, Pepe, tenía una extensa colección de discos de gramófono, que escuchaba con asiduidad. Después de varias visitas, comencé a pedirle que pusiera mis discos favoritos, lo que él hacía con gusto, aunque no me dejaba tocar los discos, por miedo a mis torpes manos. Después de escuchar una de mis peticiones, escaneaba en silencio con sus dedos las etiquetas en relieve de los álbumes y las cubiertas de los discos en busca de mi selección, entre cientos de discos codificados en braille. Su habilidosa búsqueda siempre me fascinó y tal vez tuvo algo que ver con mi interés en la investigación futura acerca de la transferencia entre las modalidades sensoriales visual y táctil.

Después de aquel concierto en el Palau, le dije a mi padre que quería tocar el violín. Con mucho gusto, procedió a buscarme un violín y un maestro. El maestro fue bueno: el señor Altimira, un maestro de mi escuela que se ofreció a darme clases particulares. Pero el violín resultó ser varios órdenes de magnitud inferior a un Stradivarius. Aunque mi padre era aficionado a la música de violín, sabía muy poco de violines. Buscando uno, recurrió al consejo y ayuda de Enrique, el compañero-guía del ciego tío Pepe. Era un hombre ya mayor que tocaba el piano bastante bien, pero que sabía poco acerca de otros instrumentos. Por otra parte, era un hombre de firmes opiniones políticas, pronazis y profascistas, mientras que mi padre era un ferviente anglófilo. Recuerdo que los dos mantenían acaloradas discusiones políticas en torno a los acontecimientos de la Segunda Guerra Mundial.

A pesar de sus desavenencias, mi padre le encargó buscar un violín para mí. Fue un grave error. Enrique encontró uno en una tienda de música de las Ramblas de Barcelona, y convenció a mi padre de que era de buena calidad a un precio razonable. ¡Y estaba fabricado en Francia! (un aliado de Inglaterra, mi padre tenía que estar contento). Por supuesto, ninguno de los dos sabía tocarlo. Todo el mundo sabe que tocar el violín es difícil, en especial al comienzo del aprendizaje: para mí fue una tortura. ¡Mi frustración llegó a su límite cuando me di cuenta de que ni siquiera mi maestro podía hacer sonar bien mi violín! No pasó mucho tiempo antes de que renunciara por completo a seguir las clases, aunque sí transcurrió algún tiempo antes de que me diese cuenta de las posibles razones políticas, aunque remotas, del fracaso.

No obstante, mi amor por la música clásica siguió creciendo, y también mi asistencia a los conciertos. Barcelona, con el Liceu y el Palau, atraía a un flujo constante de grandes artistas. Empecé a coleccionar autógrafos de muchos de ellos, y tengo un par de álbumes con las firmas de los mejores artistas que escuché en mi adolescencia y después (Menuhin, Rubinstein, Thibaud, Cortot, Casals, Bernstein, Poulenc, Villalobos, Karajan, Flagstad...). Junto con otros jóvenes amigos y primos formamos una asociación privada (Asociación Beethoven), dedicada a la apreciación de la música. Mi futura esposa Elisabeth, una estudiante de piano en ese momento, era una de sus miembros.

Mucho se ha escrito acerca de la psicología de la música, y bastante menos acerca del papel del cerebro en la composición, interpretación y apreciación de la música. Ambos temas me fascinan. Es indudable que la música, como el lenguaje, es un medio de expresión exclusivo de la raza humana. Esto no quiere decir que otras especies no sean capaces de producir melodías de alto valor expresivo para sus congéneres. Para muestra, los cantos de cortejo de una multitud de aves. Pero ningún sonido en la naturaleza se puede comparar con la música en originalidad, latitud, expresividad, atractivo estético y función social.

La música posee dos atributos complementarios fundamentales: la melodía y el ritmo. Cualquiera que sea la instrumentación, desde la voz humana —el instrumento musical más antiguo— hasta la orquesta moderna, la música está dotada de esos dos atributos esenciales. Naturalmente, la danza añade a ellos el movimiento del cuerpo, y la ópera el teatro.

En muchos aspectos, la música se asemeja al lenguaje, teniendo en cuenta que también posee una «sintaxis» y un orden temporal de «palabras» (notas y acordes). Puede, además, como el lenguaje, expresar emociones, incluso, como dicen algunos, todavía mejor que aquel. La música es sin duda un lenguaje emocional y despierta una extensa gama de emociones, ya sean románticas, tristes, eufóricas, patrióticas, religiosas o simplemente estéticas. Bien conocido es el hecho de que los tonos mayores evocan sentimientos asertivos y optimistas, mientras que los menores evocan sentimientos tristes, melancólicos o nostálgicos. La relación entre el estado emocional del compositor y la música que produce es también un hecho conocido. Ciertos compositores, como Beethoven, Schumann y Mahler, son en este sentido más explícitos que otros.

Según los estudios históricos y psiquiátricos más fiables, más de una tercera parte de los más famosos compositores occidentales han sufrido enfermedades mentales de carácter afectivo o emocional, aunque apenas ninguno esquizofrenia. Algunos, como Schumann, sufrieron trastornos bipolares, con alternancia de humor, alto y bajo. Sus composiciones suelen reflejar el uno o el otro. En un período de depresión, Schumann se echó al río tratando de suicidarse y fue rescatado por pescadores.

Por otra parte, desde Aristóteles, la música ha sido utilizada como medio terapéutico para mejorar el estado de ánimo y alejar las preocupaciones y la ansiedad. Así pues, la llamada «musicoterapia» tiene una larga historia y ha sido utilizada a través de los siglos con mayor o menor rigor científico. Sus métodos varían en distintas culturas, así como su efecto terapéutico varía entre los diversos individuos.

Quedan por establecer con firmeza las funciones del cerebro en la producción y apreciación de la música. De todos modos, a la luz de las últimas investigaciones, algunos hechos parecen indudables. En primer lugar, sabemos que mientras escuchamos y apreciamos música, entran en estado de excitación, por encima de la norma en silencio, varias regiones de nuestro cerebro. Estas incluyen la corteza auditiva y las regiones que constituyen el «cerebro emocional», las más atávicas (cerebro límbico) en el desarrollo evolutivo cerebral. Entre ellas está la amígdala, en el interior del lóbulo temporal y la corteza frontal orbitaria de ambos hemisferios. En segundo lugar, sabemos que, a diferencia del lenguaje, el cual activa mayormente el hemisferio cerebral izquierdo, la música activa mayormente el hemisferio derecho.

Tal como una frase o proposición de lenguaje hablado, la melodía musical constituye una estructura en el tiempo, una *gestalt* temporal. Esta estructura está definida por el orden, a saber, las *relaciones temporales* entre sus partes, las notas y los acordes. Son el orden y el tempo, no la suma de esas partes, los que definen de manera crucial la melodía. Con razón los psicólogos de la Gestalt usan la melodía musical como ejemplo de la constancia perceptual. La melodía mantiene su identidad a pesar de los cambios de tono, de clave, de volumen o incluso en las «variaciones sobre el tema» de la melodía.

Esto pone la melodía de manera ineludible bajo el control de las regiones del cerebro que organizan sonidos y acciones en el tiempo en forma de conjuntos armónicos o melódicos. En la cumbre de estas regiones, que forman parte del ciclo percepción-acción, está la corteza prefrontal. Esta corteza ha sido denominada metafóricamente «el director de orquesta». En ningún caso es la analogía más apta que en la composición y audición de música.

Pero existe otro motivo más sutil para sugerir un papel de la corteza frontal en la música. Se trata de su aspecto predictivo, tanto en la composición como en la audición. El compositor no sólo mantiene su memoria operativa de lo que acaba de escribir, sino que también *predice* en su mente lo que va a escribir acto seguido, para continuar o completar la obra musical. Se trata del factor predictivo en la estructuración no sólo de la música, sino también del lenguaje, del razonamiento y de la conducta, que forma parte de las funciones ejecutivas del cerebro en las que la corteza prefrontal desempeña un papel fundamental, literalmente decisivo.

Es más, también nosotros, cuando escuchamos música, predecimos lo que ha de venir, y cuanto más lejano esté en el futuro, más decisiva es la intervención de nuestra corteza prefrontal para completar la Gestalt temporal de la sinfonía, el movimiento o el aria. Es experiencia común, al terminar un movimiento, el «oír» en nuestra mente el comienzo del siguiente. En este elemento predictivo reside mucho del placer musical, y ahí se encuentra precisamente la razón por la que disfrutamos más al escuchar una melodía conocida que una que escuchamos por vez primera.

3

Otro médico en la familia

La muerte de Manolete marca mi destino

Es la tarde del domingo, el último día de agosto de 1947. Mientras el sol se pone sobre el País Vasco, estoy sentado bajo las ramas centelleantes de un álamo blanco junto al río Irati, cerca de Burguete. Hemingway vino aquí a menudo a pescar truchas antes de escribir *Muerte en la tarde*, su epopeya de la corrida de toros («no es un deporte, sino una tragedia»). Sobre mis rodillas está la edición de fin de semana de *La Vanguardia* de Barcelona, que hoy trae noticias sombrías. El jueves pasado, en Linares, *Islero*, el poderoso toro, había corneado al pequeño Manolete, el torero más grande de la historia.

El año pasado, en una de sus corridas inolvidables, yo lo había visto en la Plaza Monumental exhibiendo los graciosos «floreos» de su capa, increíblemente cerca de la bestia. Esta vez los había hecho demasiado cerca. El cuerno de *Islero* había penetrado su ingle y rasgado uno de los grandes vasos sanguíneos que por allí pasan. A pesar de los esfuerzos de los cirujanos, descritos con detalle en el artículo, Manolete se había desangrado hasta perder la vida. Después de leer la descripción médica, doblo el periódico y me digo con la ingenuidad del ignorante: «Si yo fuera médico, podría haberlo hecho mejor que ellos y haberle salvado la vida».

Ese año de 1947 mis padres habían decidido pasar las vacaciones familiares de verano en Burguete, un pueblecito encantador en el extremo sur español del valle de Roncesvalles, el paso de montaña que cruza los Pirineos entre Francia y Navarra. Ese valle idílico tiene una rica historia. Justo allí, en el año 778, los partisanos vascos emboscaron y derrotaron al ejército de Carlomagno liderado por su sobrino, el legendario Rolando. Además, a lo largo de la Edad Media, Roncesvalles era un lugar estratégico en la etapa francesa del camino de Santiago, que comenzaba en París (rue Saint-Jacques) y que conducía a los peregrinos a la catedral de Santiago de Compostela, donde se dice que yacen enterrados los restos del apóstol Santiago. El «camino» francés cruzaba los Pirineos en Roncesvalles, cerca del río Irati y del lugar donde leí las tristes noticias sobre Manolete.

En septiembre tenía que volver a Barcelona para inscribirme en la universidad, porque en la primavera me había graduado del bachillerato pasando el Examen de Estado. Tenía la intención de ir a Madrid para comenzar estudios en la Escuela de Ingeniería de Telecomunicaciones. Aquel tenía que haber sido el curso futuro de mis estudios hasta ese verano, a pesar de que mantuve siempre un interés semiconsciente en la medicina. Pero me fascinaba cualquier cosa que tuviera que ver con radios, teléfonos y conexiones (curiosamente, mis futuros intereses en el cerebro estarían en esa misma línea). Uno de mis pasatiempos favoritos consistía en construir aparatos de radio de galena, que utilizaba con auriculares para escuchar música clásica en la cama. Mi futuro, sentía, estaba en el mundo de las comunicaciones, con cables o sin ellos. Pero la muerte de Manolete cambió las cosas. Regresando al hotel, les dije a mis padres que quería ser médico.

Cuando cuento esa historia a mis amigos o familiares, me encuentro a menudo con divertidos escepticismos y alusiones a las estrellas y los genes. Después de todo, era una realidad ineludible que mis dos abuelos, mi padre y una legión de otros parientes fueran médicos. Tal vez la muerte de Manolete tan sólo despejó el camino predeterminado hacia mi futura profesión. Por lo tanto, en septiembre ingresaría en la Facultad de Medicina de la Universidad de Barcelona. Eso significaba para mí que podía quedarme en casa para comer y dormir, e ir a la universidad en tranvía.

Vida en el sanatorio y estudios de medicina

Cuando terminó la Guerra Civil española, mis padres renovaron el alquiler de nuestra mansión (figura 3.1) y, con el permiso del propietario, abrieron en ese edificio un sanatorio privado para enfermos mentales. Durante casi cuatro décadas funcionó bajo la dirección médica de mi padre, aunque no sólo albergaba a algunos de sus pacientes privados, sino también a los de otros psiquiatras de Barcelona. Mi familia, poco después de la guerra, se mudó a un piso al otro lado de la calle del sanatorio, pero durante un tiempo vivimos bajo el mismo techo que los pacientes y durante muchos años compartimos su cocina, incluso cuando vivíamos en el piso de enfrente. El Sanatorio de Pedralbes era en muchos sentidos una institución única, con instalaciones para acomodar hasta veinte pacientes y personal de enfermería. Ofrecía la mejor atención psiquiátrica entonces disponible para la burguesía de Barcelona.

Las principales fuentes de ingresos de mi familia eran el sanatorio y la práctica privada que mi padre llevaba a cabo en el mismo. Mi madre contribuyó poderosamente a la administración del lugar. La mujer trabajadora, encantadora e ingeniosa que era, se ocupaba de prácticamente todo lo relacionado con cuestiones de personal, contabilidad, alimentación y suministros. Todos sabíamos, mi padre mejor que nadie, que, sin su eficiencia y frugalidad, el sanatorio no habría durado tanto como lo hizo como una institución psiquiátrica privada de primer orden (desde 1943 a 1980).

Además del Sanatorio de Pedralbes, mi padre dirigió, sucesiva o simultáneamente, dos instituciones psiquiátricas públicas: el Instituto Mental de la Santa Cruz (en San Andrés de Palomar, cerca de Barcelona) y un centro de urgencias psiquiátricas del Ayuntamiento de Barcelona que se llamaba Preventorio Municipal de Psiquiatría. El primero acogía a ochocientos enfermos crónicos. El segundo a una masa transitoria y cambiante de casos agudos de todo género que día y noche la policía y las ambulancias recogían de todos los entornos de la populosa ciudad y de su activo puerto: psicóticos,

Figura 3.1. Sanatorio de Pedralbes.

drogadictos, suicidas, borrachos y sociópatas delincuentes. Cuando la escuadra americana del Mediterráneo visitaba el puerto, como lo hacía a menudo, muchos de los asistidos eran de la Navy. Cuando estuve de médico residente en el Preventorio, me atrevo a decir que aprendí más psiquiatría que en ninguna otra parte.

El tranvía n.° 64, que comenzaba su ruta a una manzana de mi casa y del sanatorio, tardaba cerca de media hora en llegar a la Facultad de Medicina y al Hospital Clínico universitario que había fundado mi abuelo. Los dos primeros años del plan de estudios de seis años se dedicaban casi por completo a materias básicas, preclínicas, mientras que los últimos cuatro se dedicaban a temas clínicos. Mis temas favoritos eran la anatomía, especialmente neuroanatomía, la fisiología, la farmacología, la medicina interna y la psiquiatría. En casi todas las materias obtuve las calificaciones de sobresaliente con matrícula de honor, a diferencia de mi casi mediocre historial de bachillerato.

Hans Seyle y el estrés

Un día el profesor Nadal, nuestro maestro de patología general y semiología clínica, había invitado a un científico extranjero para que nos diera una conferencia en su clase. El científico era Hans Selye (1907-1982), un húngaro naturalizado canadiense que nos iba a hablar del concepto de «estrés», un fenómeno a la vez fisiológico y patológico. Seis años más tarde, Seyle publicaría su aclamado libro *The Stress of Life*. En su conferencia, nos ofreció un resumen avanzado de su investigación y de las ideas que aparecerían en ese libro. Me impresionó enormemente esa conferencia y despertó mi interés hacia la relación biológica del organismo humano con su entorno. El papel del sistema nervioso en esa relación sólo llegaría más tarde a mi mente de joven estudiante.

Esencialmente, Selye presentaba el estrés como una reacción defensiva del organismo frente a una lesión o enfermedad. Cuando dura mucho, dijo, el estrés puede generar por sí mismo enfermedades, con una gran variedad de manifestaciones patológicas en numerosos órganos del cuerpo. El estrés, nos explicó, es una enfermedad crónica producida por una defensa natural excesiva y anormal contra el daño. Llamó a esa enfermedad el «síndrome de adaptación general» (SAG). En él, la anormalidad se manifiesta en forma de cambios patológicos en los vasos sanguíneos, el corazón, los pulmones y las glándulas suprarrenales, entre otros. Así pues, el SAG puede causar úlceras estomacales, asma, artritis, inflamación en varios órganos, hemorragia interna, etc. Selye basaba sus conclusiones en los resultados de una multitud de experimentos con animales.

Hoy en día, el significado de la palabra «estrés» se extiende más allá de la defensa fisiológica para incluir sus múltiples causas, tanto psicológicas como físicas. En general, asociamos la palabra con la vida bajo presión y la agitación emocional. Está bien demostrado que ambos factores conducen a los trastornos que Selye describió en su síndrome de adaptación general. Desde el comienzo de su investigación consideró que los sistemas hormonales, en especial el eje pituitario-adrenal, estaban involucrados de manera crucial en el estrés. En los últimos años, sin embargo, los neurotransmisores, que son las «hormonas» intrínsecas del cerebro, se han visto implicados en los aspectos cognitivos y emocionales del estrés. Por ejemplo, es bien sabido que las catecolaminas, en especial la noradrenalina, se liberan profusamente en los circuitos corticales y subcorticales durante todo tipo de estrés, lo cual provoca ansiedad y trastornos psicosomáticos y psicosociales.

También es bien sabido que el estrés en su primera fase («alarma»), después de una lesión o amenaza de lesión, puede conducir a respuestas fisiológicas preadaptativas beneficiosas, y que niveles moderados de catecolaminas cerebrales pueden facilitar los procesos cognitivos. De ahí los efectos positivos bien reconocidos del estrés ligero o, en otras palabras, lo que se ha llamado «eustrés». El eustrés es una especie de entrenamiento fisiológico o gimnasia neurohumoral que prepara al organismo para defenderse contra una gran variedad de agentes perjudiciales.

El estrés libera no sólo catecolaminas, sino también otras hormonas cerebrales que provocan reacciones de adaptación beneficiosas. Entre esas hormonas se encuentra la oxitocina, ahora universalmente aceptada como promotora de los vínculos sociales y de la actitud humanitaria. El estrés fisiológico positivo se convierte así en un garante de la homeostasis, es decir, un estabilizador del medio interno y, más allá de eso, un estabilizador dinámico de las relaciones entre ese medio interno y el mundo externo, incluidos otros seres humanos.

Esa dinámica estabilizadora está en la raíz del ajuste social. A su vez, su fracaso está en la raíz de la patología psicosocial y de la enfermedad psicosomática. De hecho, la dinámica de la homeostasis, un concepto que Selye tomó prestado de Bernard y Cannon, es en buena medida parte de la biología de mi ciclo percepción-acción, fundamental para el razonamiento en torno al lóbulo frontal y sus trastornos cognitivos y emocionales.

CLAUDE BERNARD (1813-1878)

—

Nació en Saint-Julien, en el valle del Ródano, donde recibió una educación primaria en una escuela jesuita. Después de sus estudios en la universidad en Lyon, trabajó en esa ciudad por un tiempo, como asistente de un farmacéutico. A lo largo de su juventud fue extremadamente aficionado al teatro y dedicó casi la totalidad de su tiempo libre a la escritura de comedias y dramas de vodevil. A los veintiún años viajó a París para mostrar su obra *Arthur de Bretagne* a Girardin, un famoso crítico teatral. Después de una lectura superficial, Girardin persuadió a Bernard para que abandonara la dramaturgia, ya que no parecía ser su camino hacia el éxito, y en su lugar buscara otra ocupación, como la medicina.

Sin demasiado entusiasmo, Bernard siguió estudios de medicina y finalmente se hizo pasante en el hospital parisino Hôtel-Dieu. Allí conoció al famoso fisiólogo Magendie, a quien sirvió de asistente. Magendie tuvo una enorme influencia en su carrera como científico en el prestigioso Collège de France, donde permaneció por el resto de su vida. Bernard fue el sucesor de Magendie como profesor de fisiología (figura 3.2). Debido a sus logros independientes en ese campo, y bajo los auspicios de Napoleón III, se le concedió un laboratorio especial en el Museo de Historia Natural, que a su debido tiempo se convirtió en una especie de santuario científico. Como uno de los mejores científicos de Francia, Bernard murió gozando de la gloria pública a los sesenta y cuatro años.

Su vida privada, sin embargo, estuvo constantemente plagada de problemas. Su esposa se quejaba de sus bajos ingresos como investigador, ya que nunca practicó la medicina. Además, objetó enérgicamente a sus experimentos con animales vivos. Después de que la pareja se separara, debido a sus conflictos matrimoniales, ella y su hija lideraron una campaña antiviviseccionista.

Magendie precedió a Bernard en el uso del método experimental en animales, principalmente gatos y conejos, para investigar funciones fisiológicas. Uno de sus descubrimientos más notables fue la segregación entre las funciones sensoriales y motoras en las raíces nerviosas de la médula espinal. Confirmó que las raíces posteriores (como Bell había señalado previamente) se dedicaban a la función sensorial, mientras que, como Bernard estableció, las raíces anteriores tenían función motora.

Figura 3.2. Claude Bernard enseñando. Pintura de Léon Lhermitte, 1889.

El ciclo percepción-acción y las dos cortezas

Uno de los hechos más trascendentales de la neurociencia, que se halla sin duda anclado en la evolución, es que la corteza cerebral, situada en la parte superior del neuroeje, y que fue la última estructura del sistema nervioso en evolucionar, conserva la dicotomía posterior-anterior: el córtex posterior procesa fundamentalmente información sensorial, mientras que el córtex frontal procesa, por su parte, información y ejecución motoras. Mis investigaciones me llevaron a ampliar esa dicotomía hasta las funciones cognitivas, perceptuales y ejecutivas. En conclusión, las dos cortezas, tanto la frontal como la posterior, participan dinámicamente en el ciclo percepción-acción.

Bernard aplicó el método experimental al estudio de una prodigiosa variedad de funciones corporales. En todas sus investigaciones empleó un juicio crítico ejemplar (excepto en bioética) y desafió de manera implacable la sabiduría convencional, sometiéndose constantemente a severas críticas. Fue uno de los primeros biólogos, si no el primero, en realizar experimentos «a ciegas», con objeto de verificar con confianza sus datos.

Entre sus logros clave se encuentra el descubrimiento del papel del páncreas, con sus secreciones, en la digestión. Otro de sus hallazgos fue la función glucogénica del hígado, es decir, la capacidad de este órgano para verter glucosa en el torrente sanguíneo y, de este modo, satisfacer las necesidades energéticas de otros órganos, en especial del sistema nervioso y la musculatura. Otro descubrimiento trascendental fue el papel de los nervios autónomos, de manera notable el vago, en el control vasomotor de los vasos sanguíneos, el corazón y la temperatura corporal.

Claude Bernard concibió todas esas funciones fisiológicas como mecanismos físicos y químicos para estabilizar el entorno interno del cuerpo (el medio interno), frente a los cambios externos:

> La fijeza del medio supone una perfección del organismo tal que las variaciones externas son compensadas y equilibradas a cada instante... Todos los mecanismos vitales, por variados que sean, siempre tienen un objetivo: mantener la uniformidad de las condiciones de vida en el ambiente interno. La estabilidad del ambiente interno es la condición para la vida libre e independiente.

Todos los mecanismos para estabilizar el medio interno incluyen la retroalimentación reguladora química o nerviosa. Por lo tanto, se ajustan a los principios de la cibernética, según el concepto y el vocablo introducido por Norbert Wiener en 1948 para caracterizar el control y la regulación de los sistemas de comunicación en máquinas y animales.

WALTER CANNON (1871-1945)

—

Profesor y catedrático estadounidense de fisiología en la Universidad de Harvard, era un científico modesto y metódico con profundos conocimientos. Comenzó su carrera científica con Henry Pickering Bowditch, el jefe del laboratorio de fisiología de Harvard, quien había sido alumno de Claude Bernard. Bowditch hizo contribuciones importantes para aclarar el control autónomo de una variedad de funciones fisiológicas. En particular, se centró en las reacciones fisiológicas que acompañan la expresión y la experiencia de las emociones, como el dolor, el hambre, el miedo y la ira. Según él, la lucha y la huida, con todas sus manifestaciones conductuales, autónomas y químicas, tipifican las dos manifestaciones básicas de defensa contra el peligro o la amenaza.

En general, Cannon, como Bernard, veía todos los mecanismos fisiológicos como los medios para asegurar la estabilidad del medio interno, un estado del organismo para el que acuñó la palabra «homeostasis». Extendió ese concepto a los dominios psicológicos y sociales. Habiendo experimentado de primera mano la depresión económica estadounidense, abogó por la institución de medidas públicas para garantizar la homeostasis de las personas con necesidades.

—

He recordado aquí las obras de Selye, Bernard y Cannon por dos razones principales. La primera, porque ya en la Facultad de Medicina desarrollé un profundo interés en las raíces biológicas de las relaciones del ser humano con su entorno, tanto en la salud como en la enfermedad. El concepto de homeostasis me fascinaba, pues me maravillaban los mecanismos fisiológicos mediante los que el organismo se defiende de cualquier cosa que altere la estabilidad de su medio interno: inflamación, reacción al estrés, respuesta neurovascular autónoma, inmunidad, comportamiento emocional, etc.

La segunda razón es porque en mi carrera me reencontraría con las ideas y con esos mecanismos propuestos por Selye, Bernard y Cannon, pero ahora aplicados en la psiquiatría y en mi investigación sobre el sistema nervioso. Sería incorrecto decir que desde el principio inspiraron mi profesión médica o mi investigación futura. Por el contrario, a medida que mi profesión e investigación se desarrollaban, volví a encontrar esas viejas ideas y mecanismos fisiológicos, como si volviera a encontrarme con viejos amigos que me ayudaban a crear y dar forma a nuevas ideas y nuevas investigaciones. Las ideas de Selye, Bernard y Cannon se convirtieron en poderosos *déjà vu* que me ayudaron a formular mis conceptos sobre los trastornos psicosomáticos, la memoria filética, el ciclo percepción-acción y las funciones preadaptativas de la corteza prefrontal.

La tortuga de Ashby

En mis últimos años en la Facultad de Medicina, hice una pasantía en una clínica ambulatoria de medicina psicosomática, en el Hospital Clínico universitario. La clínica trataba principalmente a pacientes neuróticos con síntomas de «conversión», como dolores histéricos y trastornos del movimiento, así como trastornos viscerales funcionales. Los trastornos de conversión son afecciones mentales que no se pueden explicar mediante una valoración médica, pero que provocan en la persona afectada síntomas como ceguera o parálisis. Teníamos muchos casos de dolores de cabeza por tensión, problemas digestivos, temblores, paresias (parálisis parciales) y otras manifestaciones de ansiedad. El director de la clínica era el doctor Santiago Montserrat, un psiquiatra que solía atender pacientes en el sanatorio de mi padre. Era un hombre serio y reflexivo, con una agudeza clínica exquisita y un gran interés en la ciencia del cerebro. Tal vez en parte porque él y mi padre se tenían en alta estima, me trató casi de manera paternal, aunque nunca se mostró condescendiente conmigo.

En la clínica, aquellos casos con trastornos que, por una u otra razón, se consideraban psicógenos, generalmente recibían tres modalidades de tratamiento, ya fuera solos o en combinación: psicoterapia de apoyo sin estructura definida, tranquilizantes (que por lo general contenían un barbitúrico) y faradización. El último tratamiento consistía en la aplicación de una corriente alterna suave a la superficie de la piel sobre la región del cuerpo afectada por el dolor o la disfunción; se suponía que sus propiedades curativas dependían de la inducción profunda de la corriente en nervios o músculos.

La faradización local era una de las formas más tempranas de electroterapia, con indicaciones claras en ciertos trastornos neurológicos. En psiquiatría, sin embargo, a diferencia de la terapia electroconvulsiva (*electroshock*), no ha encontrado mucho uso práctico. En tiempos pasados, durante mi educación médica (a fines de los años cuarenta y principios de los cincuenta), se descubrió que la faradización local tenía aplicaciones limitadas aunque aparentemente útiles en el tratamiento de ciertos síntomas somáticos funcionales, como los que vimos con frecuencia en nuestra clínica psicosomática. Siempre he tenido la impresión de que en la mayoría de los casos su efectividad se debía a la sugestibilidad del paciente.

El doctor Montserrat celebraba periódicamente reuniones científicas informales en su domicilio. Yo era el participante más joven. Otros asistentes eran los doctores Samsó y Vila-Badó, dos neurólogos que en ese momento eran considerados los máximos expertos en electroencefalografía (EEG) de Barcelona. El tema principal de discusión era casi siempre el cerebro en la salud y la enfermedad, aunque a menudo nos desviábamos hacia uno de los temas favoritos de Montserrat: la teoría y las aplicaciones de sistemas autorregulados, para los cuales Wiener, como he dicho, había acuñado la palabra «cibernética». La cibernética y la teoría de los sistemas complejos tendrían un papel decisivo en mi pensamiento futuro sobre el cerebro.

Uno de nuestros temas de discusión favoritos era la «tortuga» de Ashby, un psiquiatra británico con un profundo interés en la ingeniería electrónica y los sistemas complejos. Como experto en robótica e inteligencia artificial, construyó una serie de dispositivos electromecánicos que funcionaban por servomecanismos. Uno de ellos, nuestro objeto de discusión, era un símil mecánico de una tortuga, equipado con sensores y transductores que, cuando estaban en acción, ayudaban al artefacto a evitar obstáculos y a sortear esquinas. La clave de esas operaciones, por supuesto, era el uso de la retroalimentación (*feedback*), que es una característica fundamental de todos los sistemas mecánicos y biológicos adaptativos.

La teoría general de sistemas de Bertalanffy

Un contemporáneo de Ross Ashby fue Ludwig von Bertalanffy (1901-1972), el teórico supremo de los sistemas biológicos. Nacido en Austria, y durante un tiempo profesor en la Universidad de Viena, emigró a Canadá, donde pasó la mayor parte de su vida académica enseñando biología en las universidades de Montreal, Ottawa y Alberta.

ROSS ASHBY (1903-1973)

—

Aunque inicialmente fue un psiquiatra clínico para el London County Council, pasó gran parte de su carrera posterior como patólogo en el St. Andrew`s Hospital, en Northampton, y más tarde como director de investigaciones en el Barnwood House Hospital de Gloucester. En 1960 se mudó a Estados Unidos, donde fue profesor en los departamentos de Biofísica e Ingeniería Eléctrica de la Universidad de Illinois (Urbana-Champaign). Sus libros *Diseño de un cerebro* (1952) e *Introducción a la cibernética* (1956) tuvieron mucho éxito.

—

Según Bertalanffy, la principal propiedad de un sistema orgánico es que está abierto al medio ambiente, con el que intercambia material e información. Por ello, el organismo está dotado de mecanismos para mantener la estabilidad del sistema en su conjunto. Esos mecanismos consisten en una interacción dinámica continua entre los componentes del sistema, para evitar las influencias externas que perturbarían su estabilidad. Esta propiedad básica de los organismos vivos marca una desviación fundamental de la termodinámica de los sistemas físicos cerrados. La Segunda Ley de la Termodinámica establece que la entropía, a saber, el grado de desorden en el universo en general o en un sistema en particular, tiende a aumentar con el tiempo, mientras que, por el contrario, el orden, la estructura y la función («información») surgen como efecto de un fenómeno físico como el calor. De este modo, los sistemas vivos eluden la Segunda Ley, ya que en ellos, por mecanismos fisiológicos, la entropía disminuye o se mantiene constante. En sistemas físicos cerrados, la entropía aumenta de manera irreversible; de ahí la asimetría temporal en estos sistemas entre el pasado y el futuro, a expensas del futuro. Por el contrario, los sistemas orgánicos están abiertos al futuro. Esta idea resultaría central en mi pensamiento sobre el lóbulo frontal y su capacidad para asegurar la preadaptación.

La teoría de sistemas tiene varias consecuencias y corolarios aplicables al sistema nervioso. En principio, el concepto de estado estacionario es básicamente equivalente al de la homeostasis propuesto por Bernard y Cannon y, al igual que aquel, implica autorregulación y adaptación. Sin embargo, Bertalanffy considera la homeostasis dentro del marco más amplio de sistemas complejos, extendiendo su aplicabilidad a los niveles integrativos más altos —y más complejos— del sistema nervioso y, de manera más general, a la adaptación cognitiva y emocional del individuo a la sociedad.

De manera crucial, a medida que su entropía disminuye, los sistemas orgánicos desarrollan de manera espontánea subsistemas o, mejor dicho, suprasistemas de mayor grado de diferenciación y complejidad. Estos suprasistemas jerárquicamente superiores toman el control de los inferiores y los gobiernan, para de este modo asegurar la estabilidad del sistema general. Los sistemas subordinados mantienen el intercambio dinámico continuo y la reorganización, mientras que el sistema en su totalidad se mantiene en un estado estable. Esto concuerda con la organización jerárquica que John Hughlings Jackson propuso por primera vez a fines del siglo XIX, y que ahora ha sido aceptada universalmente, para la totalidad del sistema nervioso.

Mientras discutíamos sobre la tortuga de Ashby, un sistema mecánico cerrado, yo no sabía nada sobre las ideas de Bertalanffy. Muchos años más tarde, sin embargo, ya bien metido en mi investigación sobre la corteza cerebral, llegué a reconocer la enorme relevancia de esas ideas para la organización y las funciones de los sistemas corticales. La corteza culmina la tendencia natural de los sistemas abiertos a desarrollar órdenes superiores de complejidad y organización.

De manera sorprendente, con la evolución y el desarrollo extraordinario de la corteza anterior del cerebro, y en especial de la corteza prefrontal, el organismo humano se abre ampliamente a su futuro. El cerebro humano se vuelve capaz de predecir ese futuro y preadaptarse al mismo. Y lo que es más importante, es también capaz de hacer que ese futuro tenga lugar. La búsqueda de objetivos, el propósito, la libertad y la creatividad aparecen en el comportamiento humano gracias a la aparición de la corteza prefrontal. De esta manera, el dicho de Bertalanffy se convierte en realidad: «El hombre no es un receptor pasivo de estímulos provenientes de un mundo externo, sino que, en un sentido muy concreto, crea su universo».

Mi pasantía en medicina psicosomática fue increíblemente útil para mi educación como neurocientífico cognitivo y como psiquiatra. Sirvió también para familiarizarme con dos principios mentales importantes: el poder del inconsciente y el poder de la sugestión, tanto en la mente como en el comportamiento, tanto en la salud como en la enfermedad. El inconsciente, como la sugestibilidad, tiene una larga historia.

La búsqueda del inconsciente

En 1911 Édouard Claparède, un neurólogo y psicólogo suizo, realizó un experimento muy interesante en una de sus pacientes, una mujer que sufría de amnesia del tipo Korsakoff. Aunque la paciente conservaba esencialmente intacta la memoria para eventos remotos y podía razonar de manera convincente, era incapaz de recordar hechos y acontecimientos recientes, como la cara o el nombre de su médico. Un día, mientras esperaba la visita de esta paciente en su despacho, Claparède colocó un alfiler de los que utilizan los neurólogos para evaluar la sensibilidad de la piel entre dos dedos de su mano derecha, de modo que le infligiera a la paciente un pequeño pinchazo en la mano cuando la saludara. Cuando le estrechó la mano y ella sintió el pinchazo, la paciente retiró la mano de manera refleja. En la siguiente visita, la paciente nuevamente no reconoció al médico, pero retiró de manera impulsiva su mano cuando él le extendió la suya. Era evidente que aunque ella tenía amnesia para el médico y para el motivo de su visita, no la tenía para el pinchazo.

Algunos han argumentado que el experimento de Claparède prueba la existencia de sistemas de memoria múltiples, puesto que, mientras que la demencia de Korsakoff afectaba al sistema de memoria explícita, no afectaba a la memoria implícita, es decir, al recuerdo de un pinchazo doloroso, por leve que fuera. Una explicación más razonable es que, debido a la activación del sistema límbico provocada por la experiencia dolorosa del pinchazo, el recuerdo del apretón de manos con el médico era para la paciente más memorable que el propio médico.

En años recientes, basándome en la evidencia experimental y clínica acumulada, he argüido que en el cerebro no hay sistemas de memoria, pero sí memoria de los sistemas, y que estos últimos se pueden fortalecer con tales factores como la repetición y la emoción. La emoción sin duda jugó un papel en el recuerdo inconsciente selectivo del paciente de Claparède.

Claparède empezó a interesarse en el inconsciente cuando era miembro de un grupo de psicoanalistas suizos bajo el liderazgo de C. G. Jung. Sin embargo, aunque mantuvo ese interés durante toda su vida, prefirió adoptar, junto con el psicólogo francés Pierre Janet, el concepto psicológicamente sutil del «subconsciente», una alternativa al inconsciente monolítico de Freud, quien había hecho del inconsciente una entidad mental separada de manera radical de la conciencia y el ego. Parece evidente que un gradiente de conciencia con varios niveles es más compatible con la observación de Claparède y con la neurociencia cognitiva actual.

El papel del inconsciente o subconsciente y de la memoria implícita en las enfermedades neurológicas y mentales había sido reconocido ya desde la época de Jean-Martin Charcot, el decano y pionero de la neurología francesa. En 1882 Charcot se estableció en la Salpêtrière, el Hospital de la Universidad de París, el primer departamento académico de neurología en Europa, y allí describió por primera vez, entre otros síndromes, la esclerosis múltiple y la esclerosis lateral amiotrófica (ELA, enfermedad de Lou Gehrig).

JEAN-MARTIN CHARCOT (1825-1893)

—

Charcot fue uno de los primeros médicos en reconocer la existencia de trastornos neurológicos psicógenos. La histeria era el más prominente entre los trastornos asociados con su nombre. Debido a que el trastorno con frecuencia se acompañaba de convulsiones, se lo denominaba comúnmente «histeroepilepsia». Las convulsiones generalmente iban acompañadas de contorsiones dramáticas, como la sobreextensión de la espalda, tal como se muestra en la figura 3.3.

La paciente, una mujer llamada Blanche, es sostenida en esa peculiar posición por Joseph Babinski, el estudiante favorito de Charcot. Babinski (identificado en la pintura por Signoret, un neurólogo a quien conocí en la Salpêtrière), era un médico de ascendencia polaca que se hizo famoso con el descubrimiento del signo neurológico que lleva su nombre; el reflejo de Babinski es la extensión hacia arriba del dedo gordo del pie provocada por la fricción de la planta en pacientes con lesiones del tracto piramidal, la vía nerviosa del movimiento voluntario.

Charcot creía que la histeria era una enfermedad neurológica, probablemente de origen genético y generalmente desencadenada por algún tipo de trauma. La enfermedad tenía una característica distintiva y diagnóstica: la sugestibilidad. El paciente desconocía por completo sus síntomas involuntarios, pero estaba sujeto a una sugestibilidad extrema. El comportamiento y los síntomas histéricos podían obtenerse fácilmente por sugestión, ya fuera en estado consciente o inconsciente. De ahí el atractivo que tuvo la hipnosis como herramienta diagnóstica y terapéutica en la histeria. Charcot la usó extensamente, tanto para el diagnóstico como para el tratamiento de la enfermedad. En aquel tiempo, ciertas creencias irracionales, como el «magnetismo animal» y el «mesmerismo», estaban de moda, con lo que la hipnosis se asociaba fácilmente con ellas. Charcot fue duramente criticado por su uso de la hipnosis, incluso por sus colegas más cercanos. Sin embargo, era ampliamente respetado como neurólogo.

En años posteriores, hacia el final de su vida, Charcot comenzó a aceptar la naturaleza psicógena de la histeria, es decir, que la enfermedad tenía una causa psicológica. Una de las razones de ese cambio de opinión puede haber sido la visita a la Salpêtrière de Sigmund Freud, de veintinueve años de edad, que estudió allí bajo la tutela de Charcot entre octubre de 1885 y febrero de 1886. Venía de Viena lleno de entusiasmo por el nuevo movimiento psicoanalítico que él y Breuer habían iniciado. La histeria estaba en el centro de su teoría y práctica, y por supuesto Charcot tenía mucho material para nutrir sus ideas.

Figura 3.3. Charcot enseñando en la Salpêtrière. Pintura de André Brouillet, 1887.

Charcot y la histeria

La sala en la que se muestra a Charcot dando una conferencia en la figura 3.3 ya no existe. Sin embargo, en el año 2000, al ser galardonado con el Premio Jean-Louis Signoret, tuve el honor de dar una conferencia en el nuevo Auditorio Charcot de la Salpêtrière. El título de mi charla fue «Liberté et l'exécutif du cerveau». El «ejecutivo del cerebro» era, por supuesto, el lóbulo frontal. Hablando en ese augusto entorno sobre el tema de la libertad, tan *sagrado* en Francia, me sentí de alguna manera parte de la historia.

Por otro lado, la histeria ha desaparecido del Manual Diagnóstico y Estadístico de los Trastornos Mentales de la Asociación Estadounidense de Psiquiatría. Sólo el trastorno de la personalidad histriónica, por su dramatismo similar a la histeria, permanece en dicho manual. La *gran histeria* de Charcot se observa rara vez en la actualidad, en clínicas de neurología o psiquiatría. Irónicamente, mientras que la histeria se *resolvió* a sí misma, la enfermedad de Lou Gehrig o ELA, que Charcot fue el primero en describir hace dos siglos, sigue siendo una enfermedad cruel e incurable.

Lo que ahora se observa comúnmente, en lugar de la histeria, es una amplia variedad de síntomas neurológicos e incapacidades que generalmente acompañan a las reacciones de ansiedad neurótica, y también síndromes caracterizados durante muchos años como «histéricos». Estos síndromes e incapacidades, asociados con trastornos psicológicos y sin causa orgánica identificable, incluyen dolores de cabeza, parálisis, temblores, anestesia de la piel, vértigo y muchos otros. Todos ellos llamaron nuestra atención en la clínica psicosomática para pacientes ambulatorios en la que presté servicio. Muchos casos quizá consistieran en trastornos orgánicos mal diagnosticados del sistema nervioso central, porque entonces no contábamos con las herramientas de diagnóstico de las que ahora disponemos.

Sea como fuere, mi pasantía psicosomática fue mi primera experiencia con el inconsciente y el subconsciente en la salud y en la enfermedad mental. Fue una experiencia indeleble que daría forma a mis futuros intereses científicos y clínicos. Definió de manera decisiva mi interés en la atención, la percepción y la memoria, las tres funciones cognitivas que se situarían en el centro de mi investigación del cerebro en años venideros. A un nivel más general, me enfrentó con el fenómeno de la conciencia y sus trastornos.

Doctor en medicina

En la España de principios de los cincuenta, al terminar la carrera de médico te licenciabas en medicina, pero no eras todavía doctor, aunque te llamaran así. Para convertirte en un auténtico doctor en medicina, lo cual era opcional para un médico practicante, tenías que tomar clases de doctorado y, bajo un mentor, trabajar en un proyecto de investigación que te conduciría a una tesis doctoral. Después había que defender esa tesis ante un tribunal presidido por tu mentor y, tras la exitosa exposición (el equivalente de una defensa de tesis para un Ph. D. en América), te otorgaban el doctorado en medicina.

Yo me licencié en medicina en 1953, en Barcelona, y enseguida tomé mis clases de doctorado y comencé mi especialización en psiquiatría. No desarrollé ni defendí mi tesis doctoral hasta mucho más tarde, cuando ya estaba en Estados Unidos. Mi director de tesis fue el profesor Fernando Reinoso Suárez, catedrático de anatomía de la Universidad de Granada, donde defendí una tesis sobre electrofisiología visual. Así es que, desde 1967, soy doctor en medicina (M. D. con Ph. D.) de aquella universidad.

A principios de los años cuarenta, con Franco (el Caudillo) en el poder supremo de la nación, nuestra familia vivía, como ya comenté, en el recientemente inaugurado Sanatorio de Pedralbes. En broma les digo a los médicos residentes en psiquiatría de la Universidad de California en Los Ángeles (UCLA) que yo comencé mi residencia psiquiátrica en mi adolescencia. Y con un muy buen maestro, ¡mi propio padre! Él mismo, más tarde, se convirtió en mi mentor formal en las dos instituciones oficiales que dirigió, como antes señalé, en las afueras de Barcelona: el Instituto Mental de la Santa Cruz y el Preventorio Municipal de Psiquiatría. Fui médico asistente en ambas.

El enfoque humanista de la enfermedad mental

El psiquiatra Tomàs Dolsa (1816-1909), tatarabuelo de mi esposa (figura 3.4), fue el primero en las seis generaciones de médicos que abarcan nuestras familias. Junto con su hijo y su yerno fundaron en 1863 una de las primeras instituciones psiquiátricas de Cataluña, el Institut Frenopàtic de Barcelona. El doctor Dolsa padre estudió en Francia y trajo a España la asistencia humanitaria de enfermos mentales, que había iniciado Philippe Pinel en tiempos de la Revolución francesa. Entre otras cosas, abolió las restricciones físicas del enfermo mental e introdujo la «socioterapia», una serie de métodos diseñados para restaurar las habilidades cognitivas y la integración social de los pacientes. Cuando fue admitido en la Real Academia de Medicina pronunció un discurso titulado «Conciencia individual y social».

El enfoque humanista de Dolsa respecto a la enfermedad mental fue complementado a su debido tiempo con el planteamiento orgánico de la psiquiatría alemana y suiza, que tuvo una poderosa influencia en la psiquiatría española y también en otros países. Los principales propulsores de este enfoque, que se basaba, al menos en principio, en el origen cerebral de la enfermedad mental, fueron Emil Kraepelin (1856-1926), Eugen Bleuler (1857-1939) y Oswald Bumke (1877-1950).

Entre 1962 y 1964, después de que el instituto de Kraepelin se convirtiera en el Instituto Max Planck de Psiquiatría, pasé allí dos años como científico visitante de California, trabajando en la fisiología del sistema visual con Otto Creutzfeldt, hijo del famoso neurólogo de Berlín (que dio nombre a la enfermedad de Creutzfeldt-Jakob). Aquellos fueron dos de los años más productivos y agradables de mi vida. Mi placer personal provenía en buena parte de vivir con mi joven familia en el borde del idílico Jardín Inglés de Munich. En un capítulo posterior hablaré más de esa época.

Figura 3.4. Tomàs Dolsa en una vieja foto retocada.

EMIL KRAEPELIN (1856-1926)

—

Profesor de psiquiatría en la Universidad de Munich, fue el indiscutible pionero en el estudio de las psicosis. Fue el primero en describir la esquizofrenia (*dementia praecox*), aunque nunca pudo demostrar la patología cerebral de la enfermedad que defendía con firmeza.

Tomó la iniciativa de crear un instituto de investigación psiquiátrica, separado de la universidad, que se denominó Instituto Alemán de Investigación Psiquiátrica y que se edificó en 1918 en el suburbio muniqués de Schwabing. Para financiar su instituto, Kraepelin recaudó dinero privado de una gran variedad de fuentes, especialmente la industria química alemana y los financieros estadounidenses Rockefeller y Loeb. Además de Kraepelin, el instituto eventualmente alojó neurocientíficos y psicólogos tan prominentes como Nissl, Brodmann, Lange y Spielmeyer.

—

Eugen Bleuler y la esquizofrenia

Eugene Bleuler, psiquiatra suizo, fue otra fuente de inspiración y educación profesional para los psiquiatras españoles del siglo XX.

Desde 1889, Bleuler fue profesor de psiquiatría y director de la Clínica Psiquiátrica de la Universidad de Zurich, en Burghöltzli. Fue él quien acuñó la palabra «esquizofrenia» (es decir, personalidad dividida), un término que consideraba más apropiado que el de *dementia praecox* de Kraepelin. Su vocablo connota de manera más directa los trastornos mentales y emocionales del paciente esquizofrénico en vez del déficit cognitivo, el cual es generalmente una manifestación residual después de varios episodios psicóticos. También acuñó la palabra «autismo».

La clasificación por Bleuler de los síntomas de la esquizofrenia se ha convertido en el estándar de la mayoría de los libros de texto de psiquiatría. Sus distinciones entre los síntomas primarios y secundarios, así como positivos y negativos, son clave para la mayoría de las metodologías de investigación sobre este trastorno.

Al principio de su carrera, alrededor de 1885, Bleuler, como Freud, pasó algún tiempo en París con Charcot. Allí, estoy convencido, comenzó una larga historia de amistad y altercados intelectuales entre Bleuler y Freud. También fue allí donde Bleuler reconoció el poder del inconsciente. Sin duda es una curiosidad histórica que un neuropsiquiatra como Bleuler se haya dedicado, a instancias de Sigmund Freud, al autoanálisis y la investigación de los sueños. A pesar de las diferencias fundamentales en su forma de pensar, es de destacar que Bleuler nominó a Freud para el Premio Nobel.

La *Psicopatología general* de Karl Jaspers

Otro psiquiatra suizo-alemán tuvo una enorme influencia sobre la psiquiatría española en el tiempo de mi formación: Karl Jaspers. Su *Psicopatología general* (1914) se convirtió en un libro de texto clásico para nosotros.

Mi padre sentía una verdadera veneración por Jaspers, y sin duda fue eso lo que le condujo a su prístino cultivo del método biográfico. Nadie podría igualar sus historias clínicas, que eran modelos de precisión psicológica y de sensibilidad humana. Naturalmente, mi padre recomendó *Psicopatología general* como libro de texto obligatorio para cualquier candidato a la especialización psiquiátrica. La obra, por cierto, fue traducida al español mucho antes que al inglés.

En efecto, Karl Jaspers influyó de manera decisiva en el método psicoterapéutico de mi padre. Debido a la profundidad, honestidad y empatía con las que desempeñaba su trabajo, todos los pacientes de mi padre lo querían y admiraban. Sin embargo, debido a la ignorancia existente acerca de las causas neurobiológicas de las psicosis, siempre percibí una cierta discrepancia entre sus habilidades de diagnóstico y psicoterapéuticas y los métodos físicos con que trataba a los pacientes psicóticos. Entonces aquellos eran los únicos medios conocidos y efectivos con estos enfermos, ya que los neurolépticos aún no habían empezado a usarse.

En los años veinte y treinta, los llamados «tratamientos de choque» comenzaron a utilizarse con cierto éxito en la esquizofrenia. Su uso se justificó sobre la base de alguna incompatibilidad observada o «antagonismo biológico» entre esa enfermedad mental y ciertos estados patológicos generales, tales como la fiebre alta (de cualquier fuente, por ejemplo, malaria) y la epilepsia. En el mejor de los casos el razonamiento terapéutico era sumamente endeble.

KARL JASPERS (1883-1969)

Nació en Oldenburg, al norte de Alemania, en una familia de granjeros, aunque su padre era abogado y banquero. Después de estudiar medicina en Berlín, Göttingen y Heidelberg, se hizo con el cargo de asistente de Franz Nissl, catedrático de psiquiatría de la Universidad de Heidelberg. Desde 1948, fue catedrático de filosofía en Basilea.

Desde el principio de su carrera, Jaspers sintió incomodidad con los métodos clásicos de diagnóstico y tratamiento utilizados por la psiquiatría académica oficial de los que Kraepelin y Bleuler, entre otros, habían sido pioneros. Opinaba que con ellos el psiquiatra no lograba enfrentarse al paciente mental como un ser humano con una historia, una cultura y una conciencia. Esto le llevó a su énfasis en la comprensión (*verstehen*) del paciente en lugar de explicar (*erklären*) su enfermedad. En su opinión, antes de tratar de diagnosticar la enfermedad, el psiquiatra debería llegar a comprender la vida y la persona del paciente como un todo.

Estas consideraciones llevaron a Jaspers al llamado «método biográfico», no menos que la completa anamnesis o descripción del relato del paciente sobre los eventos de su vida y los motivos, sentimientos y razones que los respaldaban. A primera vista, el método no parece muy diferente de la obtención de una historia clínica ordinaria, como hacemos normalmente en nuestra práctica, independientemente de nuestra posición teórica. Sin embargo, el enfoque de Jaspers es radicalmente diferente, en el sentido de que se centra en una existencia humana. Ese método lleva a Jaspers a la descripción más exquisita y profunda de los estados de conciencia y sus trastornos, la fenomenología psiquiátrica magistralmente presentada en su *opus magnum*.

En ese trabajo, *Psicopatología general*, Jaspers describe minuciosamente las experiencias de sus pacientes. El autor-médico hace un esfuerzo consciente por «vivir» esas mismas experiencias y ponerlas en el contexto de la vida del enfermo. Según él, esta es la única forma de «entender» al paciente, a través de los fenómenos conscientes. Y de esta manera Jaspers logra la descripción insuperable de una gran variedad de esos fenómenos: alucinaciones, delirios, percepciones erróneas, estados alterados, experiencia de *alter ego*, sueños, cursos de pensamiento, etc. Es un proceso inductivo que fluirá desde el «entendimiento» a la «explicación», y hacia una síntesis que trascenderá cualquier fenómeno en particular. La terapia apropiada, en cualquier caso, se basará en ese proceso inductivo y su consiguiente síntesis.

El proceso inductivo, sin embargo, puede ser parcialmente inconsciente, tanto para el paciente como para el médico. Esto es lo que aproxima la fenomenología al psicoanálisis. Pero la recopilación inconsciente de datos fenomenológicos no saca ni al uno ni al otro de la ciencia médica. Todo lo contrario. Lo que en España llamamos «ojo clínico» no es más que intuición médica. Esa intuición se centra en la evaluación probabilística e inconsciente de cada caso, basada en la experiencia, no menos inconsciente, de muchos casos con fenómenos similares. La capacidad de hacer eso es lo que distingue al buen médico.

—

Viktor Frankl y mi estancia en Austria

Un día de primavera en 1952, nuestro profesor de psiquiatría, Ramón Sarró, patrocinó una conferencia del neurólogo y psiquiatra vienés Viktor Frankl, el cual se encontraba por diversos motivos de visita en Barcelona. Sin haber comprendido por entero lo que este señor nos decía acerca de su método psicoterapéutico, la conferencia me impactó. Es probable que lo que más me impresionara fueran los antecedentes personales del conferenciante y su actitud frente a la adversidad. Por aquel entonces, me interesaba el existencialismo literario y advertí en sus palabras una fuerte resonancia filosófica. Su mensaje venía de lo más profundo de su experiencia vital. Pero, a diferencia de los de Sartre o Camus, el suyo era un mensaje positivo, incluso creativo, que nacía de una historia de sufrimiento personal en la que ahondaré en otro capítulo.

Mi formación psiquiátrica en los años cincuenta incluyó una beca Jaime Balmes (ilustre filósofo español) que me permitió una estancia de varios meses en la *Nervenklinik* (hospital psiquiátrico) de la Universidad de Innsbruck (Austria). Esta fue mi experiencia directa con la psiquiatría germánica y una ocasión para profundizar en mi conocimiento del alemán, que había aprendido en la escuela. Además, allí entablé amistad con el neurólogo italiano Franco Barontini, un residente de Florencia. Debido al parentesco con el catalán, aprendí rápidamente el italiano. El francés también lo había aprendido en la escuela. Quedaba el inglés entre los idiomas modernos que no conocía bien, aunque había tomado clases particulares con un paciente de mi padre que había sido profesor del Instituto Británico en Barcelona.

Curiosamente, Innsbruck, en el corazón de Tirol, me sirvió de puente al inglés científico y a América. La biblioteca de la clínica estaba bien provista, con toda clase de revistas extranjeras, en especial en inglés. No faltaban las revistas de neurociencia; entre ellas, el *Journal of Neurophysiology*. Pasaba largos ratos leyendo sus últimos ejemplares y aprendiendo inglés. Allí me enteré de los trabajos del profesor H. W. Magoun de la UCLA, acerca de la formación reticular del tronco cerebral y de su papel en el despertar del sueño. No tardé en advertir una posible relación entre una hiperactividad de aquel «sistema de vigilia» y la «hipervigilia» del enfermo maníaco.

Con una ignorancia masiva de la metodología neurofisiológica y de las complejidades de aquel síndrome psiquiátrico, tuve la desvergüenza de escribir a Magoun una carta, en inglés macarrónico, presentándole mi hipótesis y ofreciéndole mis servicios, tal vez como estudiante posgraduado, para verificarla. Por la ignorancia, ingenuidad y osadía que suponen, me abruma el haber sido capaz de escribir aquella carta al prestigioso profesor.

Pero la carta me trajo a América. Magoun me contestó muy amable pero evitando con indulgencia aludir a mi descabellada hipótesis. Se limitó a decirme que en su laboratorio sólo se trabajaba con animales. Sin embargo, se ofreció a acogerme para adiestrarme en electrofisiología. Incluso me facilitó el nombre de la Fundación del Amo, que ofrecía becas a médicos españoles jóvenes para ampliar estudios en California.

B
A
D
a

4
América

De Barcelona a Los Ángeles

El *SS Conte Biancamano* fue construido en 1925 por Beardmore & Co. en su astillero de Glasgow (Escocia). Originalmente encargado por Lloyd Sabaudo, cruzó los océanos casi cuatrocientas veces antes de su retiro en 1960. En 1941, poco después del comienzo de la Segunda Guerra Mundial, fue capturado en Panamá por la Marina de Estados Unidos y convertido en un barco de transporte de tropas. Con su nuevo nombre y armado de cañones, el *SS Hermitage* podía acomodar hasta seis mil soldados y marineros. Participó en las operaciones de invasión de África del Norte y Normandía. Al final de la guerra, el buque fue devuelto a Italia, donde fue reconstruido y modernizado y, con su antiguo nombre restaurado, recuperó su antiguo esplendor como transatlántico de lujo. Su itinerario regular de este a oeste era Génova-Nápoles-Barcelona-Lisboa-Halifax-Nueva York.

Al atardecer de un día de febrero de 1956, abordé el *Biancamano* en el puerto de Barcelona para emprender mi primer viaje a América. Toda mi familia vino a despedirme. La Fundación del Amo, que me había otorgado una beca, pagó mi viaje. Fue una aventura memorable, mi primera experiencia marítima en un transatlántico. Compartí mi camarote con un tipo gracioso: un napolitano de mediana edad, pequeño y vivaracho, con un pañuelo rojo al cuello y una boina negra que sólo se quitaba para dormir. Tenía un humor irónico, algo sarcástico, y hablaba con un fuerte acento del sur de Italia y un leve deje de catalán que quizá era un resto lingüístico de la época en que Aragón-Cataluña poseía el reino de las Dos Sicilias, que incluía Nápoles. Mi compañero viajaba «por negocios», aunque nunca tuve claro cuáles era esos negocios. Me olía a mafia. Se pasó el viaje ensalzando las glorias del whisky canadiense y anticipando nuestra escala en Nueva Escocia para dármelo a probar. Cuando finalmente llegamos a Halifax, listos para disfrutar de aquel whisky en medio de un frío glacial, los bares estaban cerrados. Era día de elecciones en Canadá.

Luego vino Nueva York y, desde allí, mi viaje aéreo a Los Ángeles en PanAm. En el aeropuerto de Los Ángeles me recibió Tom Haley, un profesor de medicina nuclear en la Universidad de California en Los Ángeles (UCLA) que también había sido becario Del Amo en España y que estaba enamorado de todo lo español. Al día siguiente, me acompañó a la universidad para presentarme al profesor H. W. «Tid» Magoun, mi mentor, y sus colegas. Después de eso, Tom me llevó a la oficina de la Fundación del Amo en la calle Ocho, en el centro de Los Ángeles, donde nos encontramos con el secretario de la fundación, Eugenio Cabrero.

GREGORIO DEL AMO (1858-1941)

—

Gregorio del Amo fue un médico nacido en Santoña (Santander). Después de estudiar medicina en Madrid, viajó a Latinoamérica, donde ejerció la medicina durante un tiempo, en Uruguay y México. En 1887 se instaló en Los Ángeles, donde ejerció durante los dieciocho años siguientes. Tres años después de su llegada se casó con Susana Domínguez, hija de Manuel Domínguez, alcalde de Los Ángeles, y heredera del Rancho San Pedro, un predio de treinta mil hectáreas concedido por Carlos III, en 1784, a su antecesor Juan José Domínguez. Ella nació en la casa de la familia Domínguez, una extensa vivienda de adobe en medio del Rancho. Antes de la boda, Susana y Gregorio acordaron compartir esa propiedad. En la década de 1920, el *boom* del petróleo llegó a California del sur. El primer pozo se abrió dentro del Rancho San Pedro. El auge petrolero trajo considerables riquezas a los Del Amo no sólo por los ingresos que este les proporcionó, sino también por el desarrollo inmobiliario dentro del Rancho, que hoy día abarcaría más de la mitad del área metropolitana de Los Ángeles.

En 1929 don Gregorio estableció la Fundación del Amo. Su primer objetivo fue establecer una residencia de estudiantes con su nombre en la Ciudad Universitaria de Madrid, la cual sufrió graves daños durante la Guerra Civil. Otro objetivo fue financiar las prestigiosas becas Del Amo, cuya principal misión era financiar los estudios avanzados de médicos posgraduados españoles y californianos en California y España, respectivamente. Yo era uno de ellos. La fundación subsistió hasta el año 1979, cuando se disolvió y su capital se distribuyó entre dos universidades en California (UCLA y Southern California) y la Universidad Complutense de Madrid.

Figura 4.1. Don Gregorio del Amo. Retrato anónimo, propiedad de los archivos de la Universidad Estatal de California, Dominguez Hills.

Cuando llegué a América, la construcción de la escuela de medicina y el hospital de la UCLA aún no se habían terminado. Por lo tanto, algunas oficinas y laboratorios se alojaban temporalmente en un edificio viejo (5-F), en el borde sur del campus. El edificio había albergado antes el Religious Conference Center, una institución de estudios religiosos que había sido trasladada fuera de la universidad. Debido a su misión anterior, 5-F tenía una arquitectura peculiar, semejante a la de un convento, con un patio central o «claustro» rodeado por un corredor cuadrangular que daba acceso a hileras de «celdas». Solíamos llamarlo el Monasterio. Cuando llegué allí, en 1956, el Monasterio era en todos los sentidos académicamente «ecuménico». Albergaba la oficina central del Departamento de Psiquiatría, flanqueada por oficinas para los miembros de la facultad clínica, además de laboratorios de farmacología y bioquímica, un taller electrónico y un vivero para animales. El patio central, cubierto de vidrio, albergaba más laboratorios y una sala de conferencias.

El Departamento de Anatomía me asignó como laboratorio una habitación en una esquina del edificio contigua a la oficina de un psiquiatra. Cuando llevaba mis monos al laboratorio para realizar pruebas de comportamiento, el psiquiatra se quejaba; cuando las secretarias y pacientes con tacones altos caminaban por el suelo de madera del corredor, los monos se quejaban. Por lo tanto, me vi obligado a realizar gran parte de mi trabajo por la noche y durante los fines de semana.

Poco después de llegar a Los Ángeles, establecí una amistad íntima con los Lieber, Angie y Louis. Él era vicepresidente de Douglas Aircraft. Los Lieber se convirtieron en mis «padres adoptivos» en el Nuevo Mundo. Un matrimonio sin hijos, Angie y Louis dedicaron buena parte de su vida a orientar, acomodar y entretener a jóvenes estudiantes, graduados y posgraduados que acudían a la UCLA desde todas partes del mundo. Éramos sus «hijos», y ellos se desvivían por nosotros. Durante muchos años nos invitaban a menudo a sus fiestas familiares, con barbacoa incluida, en su casa, una mansión con una hermosa vista de la ciudad sobre una colina de Brentwood. Allí nos juntábamos chicos y chicas de la India, Suecia, Argentina, Sri Lanka, Japón, Bélgica, China, Italia, Yugoslavia, Australia, Inglaterra… Elisabeth y yo éramos los únicos españoles. Aquellas fiestas internacionales eran inolvidables, sobre todo por el buen humor que reinaba en ellas y por las cariñosas atenciones de nuestros «padres».

Los Lieber fueron quienes me encontraron vivienda a mi llegada, en la casa de Henry Bruman, un profesor de geografía de origen alemán, que hablaba español, amaba la música clásica y coleccionaba libros coloniales sobre la medicina natural de los indios americanos. Era una casa del «estilo español» popular en California del sur en los años veinte, la cual había pertenecido al cónsul general de Checoslovaquia en Los Ángeles. Allí alquilé una habitación por cincuenta dólares al mes, con desayuno incluido. El lugar era muy conveniente porque estaba a corta distancia de mi laboratorio, lo que me permitía un horario flexible para trabajar en silencio, al margen de las muchas actividades clínicas y administrativas del Monasterio.

Figura 4.2. H. W. Magoun.

Cuando llegué a 5-F era un neófito total en todos los aspectos de la investigación del cerebro. Magoun (figura 4.2), cuyo trabajo en neurofisiología yo admiraba, y quien me trajo a la UCLA, confió mi formación como investigador a Robert «Bob» Livingston, profesor de fisiología, y al matrimonio Keith y Eve Killam, dos neurofarmacólogos familiarizados con la cirugía cerebral en gatos.

El objetivo era entrenarme para realizar neurofisiología del comportamiento en monos, agregando así una dimensión conductual a un gran proyecto financiado por el gobierno federal que Magoun y sus colegas habían llevado a cabo en animales «agudos» en el Hospital de Veteranos de Long Beach, por falta de instalaciones adecuadas en la UCLA. Habían demostrado el papel esencial de la formación reticular del tronco cerebral para que los monos despertaran del sueño. La formación reticular es un denso entramado de células y fibras nerviosas en el meollo del llamado «mesencéfalo», que es parte del tronco cerebral. Magoun y los suyos querían extender sus hallazgos al primate despierto y explorar el papel de esa parte del cerebro en las funciones cognitivas. Para eso, yo les parecía útil, aunque estaba lejos de ser la persona ideal para el programa. Livingston y Lindsley, este último profesor de psicología, me proporcionarían dinero y monos.

No sabía exactamente lo que mis mentores esperaban de mí con respecto a las funciones de lo que llamaban el «sistema de activación reticular» en el comportamiento de los animales que se movían libremente. Sentí que me habían dado carta blanca para un viaje de aventura para el que yo no estaba bien preparado. De todos modos, esta fue mi primera experiencia con la libertad científica de la costa del oeste americano.

Sabía que ninguna cantidad de dinero o de monos iba a llevarme al éxito científico sin ideas y métodos claros. Por encima de todo, flotaba mi abismal inexperiencia, que debió haber causado algunas dudas entre mis mentores, aunque de alguna manera pensaron que, con el entrenamiento adecuado, yo era la persona idónea para hacer el trabajo. Por otro motivo, del que yo apenas me percaté al principio, les hacía un buen servicio *político*. En aquel frente de batalla intelectual que era el sur de California, entre el poderoso establecimiento psicoanalítico y los paladines del cerebro, yo, con mi juventud y entusiasmo, era, ignorancia aparte, un mediador ideal. Por un lado, estaba mi formación psiquiátrica; por el otro, mi procedencia del país de Cajal.

Bob Livingston me presenta a dos monos

Un día, en la primavera de 1956, Bob Livingston apareció en mi laboratorio con dos estudiantes de medicina, dos monos y un extraño artilugio mecánico de madera que parecía el escenario para un espectáculo de títeres o marionetas, con pantallas, cortinas, cuerdas y poleas. Era, me explicaron, una versión casera, construida por los estudiantes, de un aparato multiuso para hacer pruebas psicológicas con monos. El original (Wisconsin General Test Apparatus o WGTA) se diseñó en la década de 1930, en los Harlow Laboratories de la Universidad de Wisconsin, para evaluar el aprendizaje de discriminaciones visuales por parte de los monos.

Como me explicó Livingston, los dos estudiantes y sus monos habían participado en un proyecto de clase de fisiología diseñado para descubrir de qué manera las lesiones de ciertas regiones cerebrales, en especial la formación reticular, podían afectar a las habilidades de aprendizaje de los animales. Sin embargo, el semestre ya casi había terminado y los estudiantes sólo habían tenido tiempo para construir el WGTA y enseñar a los monos a discriminar algunos de los objetos que llevaban en una caja de zapatos. Livingston me dijo que ahora yo estaría a cargo del proyecto y que podía modificar el aparato como lo creyera conveniente. Sentí empoderamiento e impotencia al mismo tiempo.

Ciertamente, pensé para mí mismo, las lesiones cerebrales no eran el camino a seguir. Tales lesiones sin duda perjudicarían el rendimiento cognitivo (si no dejaban al animal dormido), pero no nos dirían nada acerca de la función de las estructuras dañadas en el comportamiento normal. Comencé a desarrollar en mi mente la idea, que se reforzó con el tiempo, de que todas las inferencias a partir de lesiones cerebrales eran inferencias «por defecto» (*by default*), con poca relación con la dinámica de la función cerebral normal. La estimulación eléctrica localizada parecía más prometedora. Para ir por ese camino, sin embargo, tuve que ordenar mis ideas sobre los sistemas cerebrales y resolver una serie de problemas técnicos con los medios disponibles.

En los días posteriores a la visita de Livingston y sus alumnos, aprendí a usar el WGTA mientras mis monos aprendían con él a realizar nuevas discriminaciones. Me divertía con ello, mientras que, al mismo tiempo, me dedicaba a leer, pensar y visitar talleres mecánicos y electrónicos. Mi proyecto empezaba a tomar forma: una vez que un mono hubiera aprendido a realizar una discriminación visual más o menos bien, intentaría mejorarla estimulando eléctricamente su formación reticular, incrementando de este modo su atención visual. Con el fin de dificultar la discriminación, tenía que modificar el WGTA para poner a prueba la atención del animal, es decir, su capacidad para centrarse en las características visuales más finas de un objeto. Para conseguirlo, decidí reducir el tiempo de exposición de los objetos a discriminar frente a los ojos del bicho. Recordé haber leído en España, en un libro de psicología, que el taquistoscopio era un instrumento ideal para poner a prueba la atención visual de individuos humanos. ¡Convertiría el WGTA en un taquistoscopio para monos! (figura 4.3).

Razoné que si la formación reticular era crítica para despertar al animal del sueño, tenía que jugar también un papel para determinar su nivel de vigilia. Imaginé un gradiente continuo de atención al entorno visual, entre el sueño profundo y el estado de alerta extrema. El grado de atención en ese continuo tenía que depender del grado de activación de la formación reticular. Si ese fuera el caso, la activación adicional de la formación reticular del mesencéfalo más allá de la transición del sueño a la vigilia debería facilitar las funciones cognitivas que dependían del nivel de alerta, como es la atención selectiva. Quería comprobar esta idea estimulando eléctricamente, a través de electrodos implantados, la formación reticular de los monos, cuando realizaban discriminaciones taquistoscópicas.

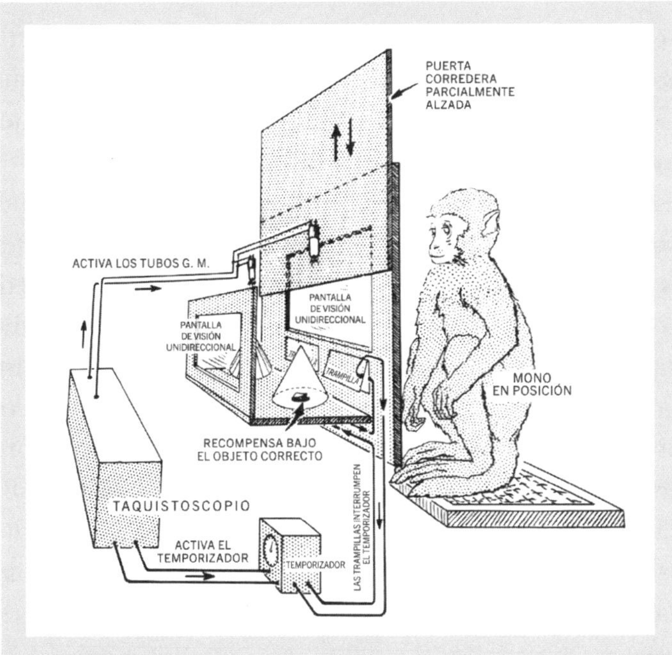

Figura 4.3. Dibujo muy esquemático de mi taquistoscopio. Al animal se le presenta, por una fracción de segundo, un cono, el cual debe diferenciar de una pirámide de doce lados de proporciones similares. Para el observador humano, los dos objetos se veían idénticos cuando se iluminaban por menos de cinco milisegundos.

Después de juntar y armar la instrumentación necesaria, entrené a un mono a discriminar objetos con exposiciones luminosas rápidas (de cinco a cien milisegundos). Cuando el mono alcanzó un cierto criterio de precisión, les pedí a los Killam que me ayudaran a implantar electrodos en el tronco cerebral del mono. Después de haberse recuperado de la cirugía, probé el animal en el taquistoscopio, con y sin la aplicación de una corriente suave a la formación reticular.

Como esperaba, la estimulación reticular ayudaba al mono a discriminar los objetos, incluso con exposiciones muy breves de los mismos. Además, reducía el tiempo de reacción del animal. Sin embargo, si la corriente estimulante excedía cierto nivel, los resultados eran los opuestos: una menor agudeza visual y un tiempo de reacción más largo. Entrené a otros monos y obtuve resultados similares de la estimulación reticular, pero no bajo la estimulación de otros lugares en el tronco cerebral.

Me sentí extremadamente feliz con esos resultados, que confirmaron de manera tan clara mis expectativas. En primates despiertos, la estimulación de ciertos puntos de la formación reticular, dentro de lo que mis mentores llamaban el «sistema de activación reticular», permitía a los animales percibir imágenes taquistoscópicas mejor que en ausencia de estimulación. En unos pocos meses, mi relato del experimento, leído y corregido por el profesor Lindsley, fue aceptado para su publicación en *Science* (1958). Esa publicación me establecería como un investigador independiente y me abriría las puertas al apoyo financiero del gobierno, si bien era todavía un pobre becario de la Fundación del Amo (tres mil dólares *per annum*).

El centro del placer y el de la ira

Una madrugada, poco después de amanecer, me fui al laboratorio con la intención de aprovechar el silencio de la hora para poner en marcha una sesión de prueba con uno de mis monos, *Diego,* que era excepcionalmente sensible a los ruidos. Al abrir la puerta del laboratorio, tuve un ataque de sorpresa, enojo y diversión, todo a la vez. El pequeño se había soltado durante la noche y estaba sentado encima de mi aparato, abrazando con fuerza una gran bolsa de azúcar hawaiano con el brazo izquierdo y cavando con avidez en ella con la mano derecha. Gruñendo con la boca abierta y la cara llena de azúcar, me miró exultante desde su posición dominante, presidiendo los destrozos que había infligido a mi aparato. Había roto prácticamente todos los cables a la vista. Me llevaría varios días reparar por completo el daño.

Apenas coincidiendo con mis primeros dos años en la UCLA, otro investigador estaba llevando a cabo allí un interesante proyecto de estimulación cerebral en los laboratorios de Magoun: el psicólogo James «Jim» Olds. En 1953, cuando estaba en la Universidad de McGill (Canadá), él y Peter Milner descubrieron en el cerebro el presunto «centro del placer». Ratas con electrodos implantados en el hipotálamo lateral disfrutaban al ser estimuladas a través de ellos. De hecho, cuando se les daba la oportunidad de estimularse ellas mismas, al oprimir una palanca que cerraba el interruptor estimulante, la oprimían sin cesar hasta el agotamiento. Jim afirmaba que había descubierto la base neuronal de la «motivación» (título de uno de sus libros). Su laboratorio estaba ubicado en el vivero de la recién inaugurada Escuela de Medicina. Allí daba la bienvenida a todos los visitantes que venían a admirar una impresionante exhibición de cajas tipo Skinner, con ratas en su interior que oprimían su respectiva palanca para gozar de la corriente eléctrica en el cerebro.

La naturaleza precisa del fenómeno de autoestimulación nunca ha sido completamente clara; no se puede reproducir fácilmente en otras especies, aparte de la rata (a pesar de informes esporádicos de su presencia en gatos y primates), incluida la humana. Pero el placer no es necesariamente el principal incentivo de la autoestimulación. Una vez le mencioné casualmente a Jim que el hipotálamo, como lo sabíamos por el trabajo del fisiólogo suizo Hess en gatos, era el sitio de integración de una serie de conductas autónomas, defensivas y agresivas, ninguna de ellas aparentemente gratificante. ¿No sería curioso averiguar si la autoestimulación podía ser provocada en el gato con electrodos hipotalámicos?

Jim tomó mi pregunta como un desafío y decidió ponerla a prueba si yo lo ayudaba a hacerlo. Hicimos que un carpintero construyera una caja cúbica de madera (50 x 50 x 50 centímetros), que convertimos en una caja Skinner al conectarle una palanca/interruptor con resorte, que el animal podría presionar para atraer la corriente a su cerebro a través de electrodos implantados. La parte superior de la caja estaba abierta para poder meter y sacar al animal, así como para observar su conducta en la caja.

Implantamos un par de electrodos en el hipotálamo lateral posterior de un gato, en una ubicación cerebral que consideramos homóloga a la que en las ratas inducía predictiblemente la autoestimulación. El resultado fue espectacular, si bien inesperado. Aparentemente, habíamos dado con el «área de la ira» de Hess. El animal oprimía una y otra vez la palanca para estimularse eléctricamente, pero, cada vez que lo hacía, el estímulo inducía una reacción de furia feroz... ¡dirigida a nosotros, los observadores! Recuerdo haber tenido que alejarme de la caja porque, después de presionar la palanca, el gato saltaba hacia mí con las garras abiertas mientras emitía un terrible siseo. Concluimos que el animal obtenía placer de la ira autoinducida, lo cual marcó el final de nuestro proyecto felino. Algunos han observado gatos autoestimulantes no agresivos con electrodos implantados en el núcleo caudado.

Arne Scheibel y la atención selectiva

Poco después de mi llegada a la UCLA, conocí a otro miembro de la facultad de los dos departamentos a los que pertenecía, Anatomía y Psiquiatría: Arnold «Arne» Bernard Scheibel (figura 4.4). Ese hombre iba a tener una enorme influencia en mi vida. Durante muchos años, más de seis décadas, él fue la «caja de resonancia» de mis ideas, y yo lo fui de las suyas. Debido a nuestro espíritu crítico, la resonancia no siempre era perfecta, y esto nos beneficiaba a los dos. A partir de la década de 1990, cuando él era director del Brain Research Institute (BRI), los dos codirigimos un grupo de afinidad académica sobre funciones cognitivas superiores que se reunía periódicamente en su casa para discutir artículos científicos. Además, los dos fundamos un club literario, compuesto por un grupo de amigos de la facultad y sus cónyuges, donde leíamos y discutíamos nuestros escritos de ficción.

En la Escuela de Medicina de la UCLA, Arne era universalmente respetado como un magnífico maestro de neuroanatomía. Aún hoy, cientos de exestudiantes de medicina y posgrado, incluido mi hijo Marcos, dan fe de su excelencia en la enseñanza de aquella asignatura. Su curso sobre el tema era legendario, posiblemente el curso de neurociencia más aclamado en toda la universidad. Su esposa Marian Diamond también fue una maestra consumada en el sistema, en UC Berkeley. Marian atrajo una considerable atención de los medios de información por haber llevado a cabo un estudio histológico del cerebro de Einstein.

Arne fue el primero en señalarme, críticamente, las contradicciones en mi experimento con el taquistoscopio y mis suposiciones implícitas. Su crítica, siempre amistosa y respetuosa (a lo largo de los años solía decir a otras personas que yo nunca hice un experimento trivial), se basaba en su incredulidad con respecto a un «sistema» funcional unitario, como Magoun y sus colegas suponían que era la formación reticular. Estaba seguro, porque lo había visto con sus propios ojos a través del microscopio, de que la formación reticular del tronco cerebral estaba estructuralmente lejos de ser uniforme. Sabía que estaba hecha de muchos núcleos y grupos de células discretos, y de diversos haces de fibras, que presuntamente tenían funciones específicas; funciones que, según él, tendrían que ver con los movimientos oculares y corporales, el diámetro de la pupila y la audición, entre otras cosas. ¿Cómo podría la estimulación de tal conglomerado, o cualquiera de sus partes, facilitar funciones tan distintas como la discriminación visual y, a la vez, la respuesta conductual a la misma?

Le respondí que la estimulación podría simplemente proporcionar energía extra a las funciones cognitivas específicas que el animal estaba usando en ese momento, ya estuvieran estas integradas en el tronco cerebral o en la corteza. La estimulación reticular actuaría como un «suministro de energía» adicional para esas funciones. Puesto que tales funciones estaban sujetas al nivel de atención o vigilia general del organismo, era muy posible que la estimulación, al causar un aumento de la vigilia, facilitara todas esas funciones cognitivas. La atención, tanto si es general como específica, consiste por definición en la optimización de recursos neurales limitados. Por lo tanto, la excitación extra inducida por la estimulación reticular tendría el efecto neto de asegurar el óptimo fisiológico para un conjunto de funciones cognitivas.

De todos modos, quedaba por aclarar de qué manera los influjos nerviosos del tronco cerebral podían potenciar los mecanismos de atención selectiva en los sistemas visual y motor. Mientras nos hacíamos esta pregunta, los conocimientos de los sistemas neurotransmisores del tronco cerebral avanzaban. Comenzamos a percatarnos de que el tronco encefálico era la fuente de varios transmisores químicos de proyección cortical difusa (dopamina, acetilcolina, noradrenalina, etc.) que podrían proporcionar el sustrato funcional del sistema de activación reticular y, por lo tanto, indirectamente, de aquellos mecanismos. Yo, por mi parte, dedicaría los próximos cuatro años a explorar esos mecanismos por métodos electrofisiológicos.

ARNOLD B. SCHEIBEL (1923-2017)

—

Nacido en Nueva York y graduado de la Universidad de Columbia, Arne se formó como psiquiatra en la Universidad de Washington en San Luis y en el Cuerpo Médico del Ejército (San Antonio, Texas). Después de su residencia, y motivado por su profundo interés en el funcionamiento del cerebro, entró en el laboratorio de Warren McCulloch, un conocido neurocientífico del Illinois Neuropsychiatric Institute. En Chicago estuvo en contacto con Magoun, Moruzzi y Lindsley, los tres investigadores de la Universidad de Northwestern que habían descubierto y descrito el sistema de activación reticular en el gato. Más tarde, en California, Magoun y Lindsley, junto con el neurocirujano Jack French, lo investigarían en el mono.

También en Chicago, Arne se interesó mucho por las obras de Cajal y Golgi. Un artista en toda su extensión (el retrato era su especialidad), estaba fascinado por la belleza de las representaciones pictóricas que aquellos científicos hicieron de la estructura fina del sistema nervioso central. Decidido a aprender sus métodos y dedicar su carrera científica a la neuroanatomía, pasó algún tiempo en laboratorios de Oslo (Noruega) y Pisa (Italia), donde se utilizaban aquellos métodos. A su debido tiempo, empleando el método de Golgi en la UCLA, Arne hizo importantes contribuciones a la estructura fina y la conectividad de los ganglios basales, el tálamo, el hipotálamo, la corteza cerebral y el retículo neuronal del tronco encefálico. Fue en esta última región del cerebro donde su obra y la mía se cruzaron por primera vez, sólo a nivel intelectual, ya que nunca colaboramos juntos en el laboratorio.

Tanto Arne como Marian fallecieron en Berkeley en 2017.

Figura 4.4. Arnold B. Scheibel.

La conciencia y la experiencia subjetiva

Antes de continuar, me veo obligado a entrar en un tema un tanto filosófico que sirve de trasfondo a cualquier discusión sobre la atención en el sistema nervioso. Desde el punto de vista de la neurociencia cognitiva, a saber, de la neurociencia de la memoria y el conocimiento, no puede existir atención selectiva sin experiencia consciente o inconsciente de la misma. Es inevitable, por lo tanto, que la discusión del sustrato neural de la atención sea inseparable de la discusión acerca del sustrato neural de la consciencia. No sólo los dos sustratos son inseparables: puede ser que sean idénticos.

Efectivamente, con el descubrimiento de sustratos cerebrales para estados o funciones generales del organismo, como la alerta vigil y la atención, algunos se preguntaron si esos estados o funciones eran idénticos o si estaban íntimamente relacionados con lo que en psicología humana llamamos «conciencia»; y si, por consiguiente, aquellos sustratos cerebrales lo serían de la conciencia.

La pregunta nunca ha tenido una respuesta conclusiva, y es posible que nunca la tenga: «¿Cómo los procesos físicos en el cerebro, sujetos a las leyes de la termodinámica, dan lugar a la experiencia subjetiva?». Una pregunta semejante a esta se planteó hace unos años a los participantes de la red científica ResearchGate. Hasta la fecha, más de diez mil respuestas o comentarios han sido publicados. Los encuestados y comentadores han sido en su mayoría físicos, filósofos, neurocientíficos, psicólogos e ingenieros (los últimos en su mayoría expertos en inteligencia artificial, IA). Sería reprobable ignorar o descartar una masa semejante de opiniones, en su mayoría profundas. Pero después de una lectura detenida, uno no puede evitar tener la impresión de que ninguna de las respuestas es del todo acertada. Y, de hecho, algunos de los encuestados admiten que la pregunta no tiene respuesta adecuada. La razón es muy sencilla: cualquier respuesta plausible exige una explicación científicamente comprobable de la *causalidad*, o relación de causa/efecto, entre lo físico y lo metafísico, o viceversa. En resumidas cuentas, supone un dualismo mente/cerebro inadmisible. Por esa razón, la conciencia no puede ubicarse en ninguna parte del cerebro, a pesar de los innumerables intentos que se han hecho para situarla en una variedad de regiones cerebrales, desde la formación reticular hasta la corteza cerebral. Tampoco, en consecuencia, los cambios en la consciencia pueden atribuirse a cambios a nivel neuronal o submolecular (por ejemplo, cuántico).

Con frecuencia se dice que la consciencia es un «agente» dentro del cerebro porque podemos tomar decisiones libres mediante cambios en el contenido consciente, por ejemplo, pensando o imaginando. Pero este argumento es espurio, porque atribuye realidad física a un fenómeno paralelo de la función cerebral, más precisamente, un epifenómeno. Un ejemplo de un epifenómeno podría ser el ruido producido por una máquina: es la máquina la que causa el ruido, pero el ruido no influye en el funcionamiento de la máquina. La relación causa-efecto se establece sólo en el sentido máquina-ruido, pero no en el sentido ruido-máquina. Los epifenómenos están, por definición, privados de causalidad física.

De hecho, la conciencia no es una función cognitiva, aunque todas las funciones cognitivas pueden ser conscientes en un momento u otro. Entre esas funciones, la atención es la que con más consistencia se asocia con la conciencia o, más precisamente, con la experiencia subjetiva de la conciencia. De acuerdo con la excelente y conocida definición de William James:

> La atención es tomar posesión por la mente, en forma clara y vívida, de uno de los que parecen ser varios objetos o trenes de pensamiento posibles de manera simultánea. La focalización y la concentración de la consciencia son sus atributos esenciales. Implica la supresión de algunas cosas para tratar con las demás de manera efectiva...

WILLIAM JAMES (1842-1910)

William James es el psicólogo estadounidense más influyente del siglo XIX. Nacido en Nueva York, hijo de un teólogo y hermano del novelista Henry James, estudió en la Universidad de Harvard, donde prosiguió toda su carrera. En 1869 se graduó en medicina, aunque nunca la ejerció. Sus estudios de la mente humana lo llevaron a una dedicación total a la filosofía y la psicología. Alternó entre las dos y ejerció como profesor en ambas. Hablaba varios idiomas con fluidez y viajó extensamente por Europa, donde su pensamiento y métodos experimentales fueron fuertemente influenciados por el alemán Hermann von Helmholtz y el francés Pierre Janet. De manera sorprendente, no tomó ningún curso formal en psicología y prácticamente tropezó con el campo en el que fue pionero. Desde 1875 enseñó psicología experimental en Harvard; solía bromear diciendo que la primera conferencia de psicología a la que asistió fue la que dio él mismo.

James fue uno de los escritores más prolíficos de todos los tiempos. Cualquier cosa que tuviera que ver con la mente humana atrajo su interés e investigación. Sus intereses a menudo estaban en sintonía con los grandes pensadores del momento, con quienes tenía correspondencia: su padrino Ralph Waldo Emerson, Charles Peirce, Bertrand Russell, Ernst Mach, John Dewey, Mark Twain, Henri Bergson y Sigmund Freud. A lo largo de los años, su área de trabajo más intenso varió ampliamente, desde la psicofisiología al libre albedrío, desde la emoción al instinto, desde la conciencia hasta el «curso del pensamiento» y la teoría de la asociación. Escribió extensamente sobre cada uno de estos temas, y su lista de publicaciones es poco menos que prodigiosa. En el curso de su vida, adoptó varias causas sociales, algunas muy populares y otras no tanto, como la de la Liga Antiimperialista, a la que se unió en 1898 en oposición a la anexión de las Filipinas por Estados Unidos, sacándolas de la dominación española.

Figura 4.5. William James.

Publicado en 1890, los *Principios de psicología* es una compilación monumental del pensamiento y la investigación de James. Aunque filosóficos —e incluso metafísicos—, en muchos aspectos los dos volúmenes del libro constituyen un espléndido libro de texto de la disciplina, que son tan oportunos ahora como lo eran entonces. Lo más relevante para mi trabajo, como pretendo mostrar más adelante, son los pasajes sobre atención, emoción, asociacionismo y libre albedrío.

Hacia el final de su vida, James ingresó en la escuela filosófica del pragmatismo. La noción central de esta escuela es la proposición de que una idea de cualquier género deriva su valor de los beneficios que rinde al individuo que la posee o a la sociedad. Se dice que Peirce, el fundador del pragmatismo, dijo con ironía que el nombre era «lo suficientemente feo como para estar a salvo de los secuestradores». Resultó no ser así. El concepto, si no el nombre, se extendió como un reguero de pólvora en llamas a través de la comunidad intelectual del siglo XIX. Entre los filósofos, en América, sus más imponentes figuras fueron Charles Peirce, William James y John Dewey. El movimiento, sin embargo, atrajo no sólo a los filósofos sino también a matemáticos, sociólogos, políticos y educadores. Un relativamente tardío adepto del pragmatismo fue el filósofo, experto en lógica e historiador californiano Josiah Royce, quien fue amigo íntimo de William James. Aunque los dos diferían en muchas ideas, el pragmatismo los unía. El «pluralismo» promocionado por sus seguidores ha convertido al pragmatismo en una importante corriente intelectual en el último siglo, pero, a mi modo de ver, es demasiado concreto para los de mente abierta y demasiado general para el científico práctico.

—

Václav Havel en Royce Hall

Royce Hall, uno de los primeros edificios de la UCLA, fue construido en la década de 1920 y se ha convertido en un lugar emblemático de la universidad (figura 4.6). Esculpida en piedra con grandes letras en el arco del proscenio de Royce Hall, se puede leer la frase de E. Carroll Moore, el primer preboste de la escuela: «La educación es aprender a usar las herramientas que la raza ha encontrado indispensables». La frase fue controvertida desde el principio, aunque transmite el pensamiento de Royce con bastante precisión. Para él, las aplicaciones del pragmatismo, y por lo tanto de «las herramientas», se entendían de manera amplia, abarcando incluso la religión.

En Royce Hall, en octubre de 1991, escuché a Václav Havel, el presidente de Checoslovaquia, pronunciar la conferencia Tanner sobre valores humanos. Nadie estaba más capacitado para hablar sobre el tema: un eminente escritor y luchador por la libertad contra un tiránico gobierno comunista, que había sufrido represión y encarcelamiento por sus ideas. En el escenario, detrás de Havel, estaban Gardner, el presidente de la universidad, y Anthony Kennedy, el futuro juez del Tribunal Supremo de Estados Unidos. Al escuchar a Havel, ese humanista liberal (a quien algún día dedicaría mi libro sobre cerebro y libertad), no pude evitar *ver* mentalmente que sus poéticas palabras, una verdadera educación sobre derechos humanos, se elevaban más allá y muy por encima del prosaico dicho de Moore.

Figura 4.6. Royce Hall; arquitectura en el estilo bizantino de la basílica de San Ambrosio en Milán.

Descubrimientos con monos y conejos

«¡Demasiada facilitación!», gritaba incrédulo Carlo Terzuolo, un fisiólogo visitante de Italia, al final de mi presentación del experimento taquistoscópico en un seminario vespertino del Departamento de Anatomía. Su objeción se funtdaba en que el mono estaba ya lo suficientemente atento a su difícil tarea como para poder yo facilitar aún más su atención, más allá de los límites fisiológicos, mediante la estimulación eléctrica del cerebro. Carlo ignoraba que la facilitación sólo se hacía evidente en los promedios de muchos ensayos, y que no implicaba el traspaso de ningún límite fisiológico. Además, si la estimulación eléctrica se incrementaba por encima de un cierto nivel (y presumiblemente haciéndose no fisiológica), la facilitación se convertía en lo opuesto, es decir, en un aumento del umbral de discriminación visual y en un alargamiento del tiempo de reacción conductual del animal.

Eventualmente, con la ayuda de Arthur Uyeda, un psicólogo posdoctoral, ampliamos mi investigación, aumentando el número de animales y las localizaciones cerebrales estimuladas, y pudimos confirmar y expandir en *Experimental Neurology* los resultados de mi artículo preliminar en *Science.*

Una pregunta, sin embargo, quedaba sin respuesta: ¿de qué manera actuaba la estimulación reticular sobre los sistemas visuales y motores para inducir la facilitación que yo atribuía a una mayor atención? ¿Es que la mejora aparente de las funciones de esos sistemas tenía lugar a nivel cortical o subcortical bajo el aporte excitatorio de la formación reticular? Esas preguntas me llevaron a emprender un proyecto de tres años para estudiar los efectos de la estimulación reticular sobre el sistema visual. Elegí el conejo como animal experimental por dos razones: primero, su relativamente bajo costo de compra y mantenimiento, y segundo, la disponibilidad de un atlas estereotáxico original, no publicado todavía, del cerebro del conejo, realizado por Charles «Tom» Sawyer, catedrático jefe de anatomía, mi primer empleador oficial en la UCLA.

Mi proyecto llevó a un par de afortunados logros que impactarían de manera decisiva en mi futura investigación. Uno era técnico: la fabricación de un dispositivo original para registrar la actividad de células cerebrales individuales en el animal despierto durante el comportamiento. El segundo fueron los primeros resultados de la investigación de los correlatos celulares de la excitación luminosa en el sistema visual, que más tarde reanudaría en Alemania con Otto Creutzfeldt.

El trabajo con conejos tuvo lugar a una milla de la UCLA, en los terrenos del Hospital de Veteranos de Brentwood. Allí, en espera

Figura 4.7. Imagen antigua de un quonset descargado en una base de la Marina de Estados Unidos en Japón.

de la construcción del BRI, el Departamento de Anatomía recibió permiso para utilizar temporalmente el T-67, una estructura tipo quonset empleada por la Marina para albergar a los soldados heridos en la guerra del Pacífico. Era una construcción semicilíndrica hecha de acero corrugado (figura 4.7).

El T-67 se dividía en cuatro compartimentos para laboratorios, un pasillo lateral y un vivero para animales. Los laboratorios estaban ocupados por cuatro investigadores de anatomía: Ross Adey, Carmine Clemente, John Green, y yo. Debido al mal aislamiento acústico y los suelos de madera, los laboratorios eran menos que ideales para nuestros estudios. Sin embargo, nos arreglamos con lo que teníamos, y es increíble la cantidad de buen trabajo que hicimos en los tres o cuatro años en que ocupamos el edificio, antes de que tuviéramos que desalojarlo porque el Departamento de Bomberos del Hospital de Vereranos lo declaró una «trampa de fuego». Por aquel entonces, en 1962, se había terminado la construcción del BRI.

Experimentos con gatos

Mientras trabajaba con monos en 5-F y con conejos en T-67, extendí mi investigación experimental al gato, en el Departamento de Biofísica del nuevo Centro Médico de la UCLA. Colaboré con un cardiólogo, Sam Weinberg, en un proyecto con implicaciones psicosomáticas. Sam era miembro de la facultad clínica del Departamento de Medicina. Durante la guerra, había formado parte del cuerpo de sanidad del general Eisenhower.

En el gato, investigamos los efectos que tenía en la función cardíaca la estimulación del hipotálamo; ese estudio tenía ecos con mi previo servicio en medicina psicosomática e impactaría en mi pensamiento futuro sobre las relaciones emocionales entre el organismo y el medio ambiente. De manera más concreta, la investigación era oportuna en relación con el ciclo cibernético emocional, que complementa el ciclo de percepción-acción cognitivo.

Nuestro estudio consistió en el análisis de los cambios inducidos en el electrocardiograma (ECG) mediante la estimulación del hipotálamo. Además de los cambios autónomos descritos por Hess en su famosa monografía sobre el diencéfalo del gato, descubrimos cambios de conducción en el miocardio que se asemejaban a las condiciones patológicas del corazón humano en el estrés psicológico. Era obvio que estábamos interfiriendo con el sistema límbico del cerebro que, en circunstancias normales, regula la respuesta homeostática al estrés.

El estudio, en su día, se conectó con los intereses de Valentín, mi hermano menor. Valentín estudió medicina también en Barcelona y se especializó en cardiología en la Clínica Mayo, en Estados Unidos. Es ahora jefe del Servicio de Cardiología del Hospital Monte Sinaí, en Nueva York, y director del Centro Nacional de Investigaciones Cardiovasculares, en Madrid. Hoy es uno de los cardiólogos más prestigiosos del mundo. Desde el comienzo de su carrera se interesó en las relaciones entre el cerebro y el corazón. Puso especial interés en el estrés patológico de origen cerebral y en su importancia en medicina psicosomática. Además, siempre ha enfatizado que el cerebro es vulnerable a los mismos factores de riesgo vascular que el corazón. Con respecto a las funciones fisiológicas de ambos, Valentín ha hecho famoso el proverbio de que «el corazón nos aporta cantidad de vida y el cerebro calidad de vida».

Mi invención del micromanipulador de electrodos

Entretanto, en el quonset T-67, continuaba con mi exploración de los mecanismos del sistema visual a nivel neuronal. A principios de la década de 1960, ciertos investigadores habían explorado el cerebro, con microelectrodos, en el animal anestesiado. Hubel y Wiesel lo hicieron en el gato y alcanzaron fama con el descubrimiento de la capacidad de ciertas neuronas de la corteza visual para detectar los atributos de los estímulos visuales.

Sin embargo, no había precedentes de registro celular con microelectrodos en el sistema visual de animales despiertos, y menos durante el comportamiento. Mi objetivo era hacerlo en un momento dado con monos, aunque comenzaría con conejos. Con ese objetivo, diseñé un micromanipulador de electrodos en el cerebro de animales despiertos. Wilson, un ingeniero mecánico de instrumentos de alta precisión que trabajaba para una compañía aeroespacial, me ayudó a construirlo en el garaje de su casa. El dispositivo consistía en esencia en un cilindro de plástico con un pistón movible hidráulicamente que sostenía un microelectrodo. Todo ese conjunto se montaba sobre un adaptador de metal sobre el cerebro del animal. A distancia del mismo, y fuera de la cámara experimental en la que se encontraba, el investigador movía el microelectrodo hidráulicamente con una jeringa micrométrica conectada al cilindro, con el pistón portaelectrodo en su interior.

Usando mi nuevo dispositivo para manipular microelectrodos a distancia, registré los potenciales de acción de neuronas visuales. Los resultados fueron reveladores. Como era de esperar, algunas células respondían a la luz con marcados aumentos en su frecuencia de descarga, mientras que otras lo hacían con marcadas disminuciones de la misma. La estimulación reticular no afectaba a la descarga espontánea de la mayoría de las células. Cuando lo hacía en algunas, tendía a simular, de manera sorprendente, la reacción de las células a la luz, ya fuera esta excitatoria o inhibitoria. Además, mediante la aplicación simultánea de estímulos luminosos y reticulares, los dos estímulos se potenciaban uno al otro, tanto si la respuesta de la célula era excitadora como si era inhibitoria. Estos resultados fueron el tema de mi segundo artículo en *Science*.

Los resultados confirmaban que la predisposición innata de las neuronas visuales a reaccionar a ciertas características de un estímulo luminoso resultaba potenciada por el incremento de vigilia que la estimulación reticular producía. Por lo tanto, los resultados eran consistentes con mi hipótesis de que la atención estaba sujeta a la vigilia, y ambas sinérgicamente sujetas a un *continuum* de excitabilidad reticular.

Los resultados eran también consistentes con el carácter dual de la atención selectiva que William James afirmó: centrarse en lo relevante y suprimir lo irrelevante. Estos son los que yo llamo los dos aspectos complementarios de la atención, a saber, su aspecto inclusivo y su aspecto excluyente. Esta función dual de la atención tiene profundas raíces biológicas que abarcan tanto las funciones sensoriales como las motoras. En la retina, por ejemplo, la excitación de las células ganglionares en la visión central se acompaña de la inhibición de las de la periferia. Del mismo modo, al caminar, la contracción de los músculos extensores de la pierna se acompaña de la relajación inhibidora de los músculos flexores, y viceversa. En ambos casos, en el ojo y en la pierna, el efecto neto de la excitación/inhibición en «tándem» se traduce en un aumento del contraste y la eficiencia. Este es el objetivo principal de la atención: es la razón por la que en un *cocktail party* podemos entender al interlocutor y disminuir o eliminar el ruido y las conversaciones de los demás.

Por otra parte, al aumentar la excitación reticular mediante la estimulación eléctrica de la formación reticular, o bien químicamente mediante la administración de anfetamina (un activador de vigilia), se inducía un aumento de los potenciales eléctricos evocados visuales en la corteza visual. Por el contrario, la administración de un anestésico, depresor reticular, inducía una disminución de esos potenciales. Ambos efectos estaban de acuerdo con mi idea de un paralelismo entre el nivel de vigilia y el nivel de excitabilidad de la formación reticular del tronco encefálico.

Este paralelismo ganó relieve con un trabajo que efectuamos con Fernando Reinoso Suárez, profesor español de anatomía, que pasó unos meses de visita conmigo y que desde entonces se convirtió en un amigo entrañable (recientemente fallecido). Con Fernando demostramos que las lesiones electrolíticas de la formación reticular inducían respuestas repetitivas a estímulos visuales corticales. Estas respuestas repetitivas se asemejaban a las ondas lentas inducidas por el sueño y eran una consecuencia clara de la inhibición de la formación reticular.

Resumiendo, la atención a un estímulo sensorial no es más que la canalización hacia aquel estímulo de la energía disponible en el *pool* general de excitabilidad del tronco cerebral. Ese *pool* sería, por así decirlo, el reservorio energético de la vigilia y la motivación disponible para el organismo. Así se comprende cómo, al aumentar artificialmente esta energía disponible (por estimulación eléctrica reticular, por ejemplo), un mono en un taquistoscopio podía ver con mayor agudeza y reaccionar con mayor rapidez.

Aldous Huxley y las puertas de la percepción

Era uno de esos días de invierno claros e inusualmente cálidos en el sur de California. El viento del nordeste, el Santana, soplaba desde el desierto de Mojave y el pino junto al edificio 5-F silbaba con sus ráfagas. A última hora de la tarde, la secretaria de Magoun bajó del centro médico a mi laboratorio con dos visitantes, los dos ilustres hermanos, Julian y Aldous Huxley. Después de haber sido advertido por teléfono de su llegada, me encontré con ellos a la entrada del Monasterio. Julian, el mayor de los dos, había venido de Inglaterra para visitar por unos días a su hermano en Los Ángeles.

Mi atención se centró inmediatamente en Aldous (figura 4.8), a quien conocía por sus escritos. Al parecer, estaba muy interesado en visitarme. Alto y delgado, sus pantalones de lino translúcidos ondeaban al viento contra el sol poniente. En España me había fascinado su libro, *Los demonios de Loudun*, la magnífica novela histórica sobre demonología y exorcismo en la Francia del siglo XVII. La razón por la que el autor de *Un mundo feliz* y *Las puertas de la percepción* estaba esa tarde en mi laboratorio era que alguien le había dicho que yo estaba investigando los efectos del LSD (dietilamida del ácido lisérgico) en el cerebro de monos.

Figura 4.8. Aldous Huxley.

A pesar del uso generalizado de la droga con fines recreativos, no se sabía nada acerca de cómo afectaba a la química del cerebro, ni las consecuencias funcionales de ello. Debido al conocido efecto del LSD de agudizar las imágenes visuales en el ser humano, decidí explorar sus efectos sobre el rendimiento taquistoscópico de mis monos, con la expectativa de que el LSD lo mejoraría. Nada de eso ocurrió, y mi hipótesis fue refutada por los datos. De hecho, sucedió todo lo contrario a lo que yo esperaba: incluso a dosis minúsculas, del orden de microgramos, el LSD entorpecía la tarea visual de los animales, sin ninguna evidencia de las alucinaciones o ilusiones visuales que la droga induce comúnmente en el ser humano.

Puede ser que a Huxley le decepcionaran mis datos, pero no se abstuvo de una broma *ad hoc* que he recordado vívidamente desde entonces. En aquel tiempo yo solía dar a mis monos nombres de ciudades de California con nombre de santo: *Bruno, Francisco, Rafael,* etc. Mientras recorríamos la habitación, Aldous examinaba cada animal en su jaula respectiva a corta distancia, porque obviamente era casi ciego. Cuando se enfrentó al pequeño *Diego*, coronado con un montículo de cemento dental que contenía electrodos y parecía una mitra, dijo con marcado acento británico: «Este debe ser *San Luis Obispo*, supongo...».

El LSD y la psiquiatría

Derivado del hongo ergot, el LSD fue sintetizado por primera vez en 1938 por el químico Albert Hofmann trabajando para Sandoz en Basilea, Suiza. De manera accidental en 1945, y luego intencionadamente, ingirió la sustancia y experimentó con sus efectos psíquicos. Estos eran algunas veces agradables y otras desagradables, incluso terroríficos («malos viajes»). Casi hasta su muerte (a la edad de ciento dos años), abogó por su uso terapéutico en las condiciones y dosis que él creía adecuadas. Sin embargo, nunca negó sus peligros. Por instigación del propio Hofmann, Timothy Leary, Al Hubbard, Aldous Huxley y otras personalidades públicas, el LSD se utilizó como promotor de la espiritualidad, la expansión de la mente y la elevación del estado de ánimo.

El «ácido», como comúnmente se llamaba al LSD, se convirtió en la droga preferida entre los jóvenes acólitos de la contracultura que se desarrolló en toda América entre 1955 y 1973, alimentada en gran parte por la protesta social contra la guerra del Vietnam. En 1968, su posesión, consumo y fabricación se declararon ilegales en Estados Unidos, y posteriormente en otros países. Dos factores importantes jugaron un papel en la prohibición del LSD. Uno era la asociación entre su uso y los trastornos psicóticos, y el otro los frecuentes suicidios como resultado de «malos viajes» bajo su influencia. La indignación pública contra la sustancia explotó con la revelación de que durante la década de 1950 la CIA había administrado la droga a voluntarios (y a no voluntarios) en su exploración de medios para controlar la mente, y posiblemente por su uso potencial en la guerra química.

Con una lógica en el mejor de los casos tenue en extremo, algunos psiquiatras usaban LSD y otras drogas psicoactivas para el tratamiento de enfermedades mentales, practicando lo que se llamó «psiquiatría psicodélica». Otros, por el contrario, llegaron a contemplar la intoxicación psicodélica como un trastorno psicótico. Por lo tanto, la intoxicación con LSD, por ejemplo, se consideró un modelo de esquizofrenia. A los ojos de cualquier experto, sin embargo, el «síndrome» de LSD, en cualquiera de sus múltiples variantes, es muy diferente de la esquizofrenia. En particular, las alucinaciones o ilusiones visuales, tan comunes con el LSD, son casi inexistentes en la esquizofrenia. Sin embargo, lo que está bien documentado es que en el individuo con una predisposición genética a la esquizofrenia, el LSD puede precipitarla.

Los antipsicóticos

Coincidiendo con el movimiento psicodélico, la neuroquímica científica y su uso en el tratamiento de los trastornos psiquiátricos se inició, en los años cincuenta y sesenta, con el descubrimiento de los agentes farmacológicos antipsicóticos y su papel en la bioquímica de los neurotransmisores. El descubrimiento del primero de esos agentes, la clorpromazina, se atribuye a Henri Laborit, un cirujano, escritor y filósofo nacido en Hanoi, Indochina, en 1914. Después de numerosos períodos de servicio en la Marina francesa, por los que recibió la Cruz Militar francesa, en 1949 se instaló en París para trabajar en el Hospital Val-de-Grâce hasta su jubilación. Allí descubrió el primer llamado «neuroléptico», mientras buscaba, en colaboración con la empresa farmacéutica Rhône-Poulenc, un estabilizador fisiológico del sistema nervioso: el objetivo era disipar los peligros del choque vegetativo durante y después de la cirugía. Fue durante esa búsqueda que él y sus colaboradores en Rhône-Poulenc tropezaron, casi de manera casual, con un compuesto que, sin inducir anestesia o analgesia, hacía que el paciente perdiera interés en sus dolencias. En un documento de 1952, Laborit sugirió la posible utilidad de la clorpromazina para tratar la psicosis, en la que el interés del paciente se concentraba en sus delirios. Trató de persuadir a varios psiquiatras para que pusieran a prueba su idea.

Un psiquiatra que lo hizo, y con mucho éxito, fue Jean Delay, jefe de Psiquiatría del Hospital Sainte-Anne de París. Junto con su colega Deniker, probó la clorpromazina en hombres esquizofrénicos y logró notables remisiones de la agitación en los pacientes, así como de sus síntomas positivos, como son los delirios y las alucinaciones. Los dos investigadores publicaron rápidamente sus resultados preliminares en el mismo año, 1952, en que Laborit publicó el suyo, en una aparente carrera por la prioridad en el descubrimiento de la primera droga antipsicótica verdaderamente eficaz. Mientras estaba estudiando medicina y psiquiatría, recuerdo que mi padre siempre mencionaba los dos nombres juntos, Laborit y Delay.

En 1968, el año de las revoluciones estudiantiles en América y Europa, unos quinientos estudiantes atacaron la oficina de Delay, protestando por el uso de drogas psiquiátricas como «camisa de fuerza química», y oponiéndose a cualquier persona que considerase la psiquiatría como una especialidad médica. El evento afectó de manera tan profunda a Delay que precipitó su retiro. Debido a que era un excelente escritor, miembro de la Academia Francesa, y desilusionado por la certeza de que no había sido reconocido como merecía por la profesión médica, dedicó el resto de su vida a la producción literaria. Sus libros fueron publicados por algunos de los editores más prestigiosos, como Gallimard y Flammarion.

El uso de la clorpromazina y otros neurolépticos relacionados se extendió con rapidez por toda Europa, pero tardó un tiempo antes de que se generalizara en Estados Unidos. La razón de ese retraso fue, sin duda, la prevalencia del psicoanálisis para el tratamiento de las enfermedades mentales en el continente americano. Sin embargo, Estados Unidos se puso por fin al día, no sólo en el uso de medicamentos psicotrópicos, sino también en el establecimiento de los fundamentos científicos de la psiquiatría biológica. La psiquiatría se convirtió en una disciplina médica con el advenimiento de nuestro conocimiento de los sistemas de neurotransmisores y la farmacodinámica de los agentes químicos que actúan terapéuticamente sobre ellos.

Los neurotransmisores son las sustancias bioquímicas producidas fisiológicamente en las terminaciones nerviosas que, al llegar los impulsos eléctricos, posibilitan la excitación o la inhibición en las sinapsis. Algunos son excitatorios (como la norepinefrina, la dopamina, la serotonina, el glutamato y la acetilcolina) y otros inhibidores (como el GABA). Se sabe desde hace tiempo que la concentración y la disponibilidad de neurotransmisores en la corteza y los núcleos subcorticales afecta al estado de ánimo y a las funciones cognitivas y emocionales. También se sabe que ciertas deficiencias o excesos de neurotransmisores en algunas estructuras cerebrales provocan una variedad de trastornos mentales.

Nadie contribuyó más a ese conocimiento que el neoyorquino Julius Axelrod, ganador en 1970 del Premio Nobel de Fisiología o Medicina por su investigación sobre neurotransmisores (figura 4.9). Dirigió esa investigación como bioquímico en los Institutos Nacionales de Salud.

JULIUS AXELROD (1912-2004)

Axelrod fue pionero en la clarificación de los mecanismos por los cuales la norepinefrina y otros transmisores excitatorios se sintetizan, almacenan y liberan en el cerebro. Descubrió un principio fundamental: después de que los neurotransmisores se liberan y hacen su trabajo en la sinapsis, son recapturados y reutilizados en las terminaciones nerviosas. Por lo tanto, son «reincorporados» y reciclados. Esto significa que los productos químicos que bloquean la recaptación de un neurotransmisor conducen a un aumento neto en su concentración y disponibilidad. Los principales ejemplos de tales sustancias químicas son los llamados «inhibidores selectivos de la recaptación de la serotonina» (ISRS), como Prozac y Paxil, que mediante ese mecanismo potencian los efectos de la serotonina en extensas regiones del sistema nervioso, actuando de esta manera como antidepresivos y estabilizadores del estado de ánimo. De modo más general, en los últimos años, la neurofarmacología ha logrado enormes avances en la comprensión de las acciones centrales de los antipsicóticos, el litio, los ansiolíticos y los antidepresivos además de los ISRS (por ejemplo, los inhibidores de la monoaminooxidasa y los tricíclicos). Muchas preguntas quedan sin resolver, pero el uso de estas sustancias en la psiquiatría ha dejado de ser exclusiva o principalmente empírico.

Figura 4.9. Julius Axelrod.

Problemas para permanecer en Estados Unidos

Los Angeles Athletic Club (fundado en 1880) era un edificio histórico en la calle Séptima, y una de las instituciones más suntuosas del sur de California. Era un club de caballeros, con una piscina en el último piso (una rareza en los años cincuenta), destinado a los ricos y famosos del distrito de negocios de la ciudad. Lujosos muebles, cortinas y alfombras adornaban cada salón y cada pasillo de su interior; las paredes estaban profusamente decoradas con exquisitas pinturas, espejos y estatuas.

Ese día de 1957, con mi beca Del Amo llegando casi a su fin, fui invitado a almorzar en el restaurante del club por don Eugenio Cabrero, que había sido secretario privado del fallecido Gregorio del Amo y que ahora era secretario de la fundación en California. A mediodía del día de nuestra cita, los dos caminamos juntos hacia el club desde su oficina en la sede del Union Bank en la calle Ocho (Del Amo había sido uno de sus principales ejecutivos). En el primer rellano de la escalera alfombrada que conducía al restaurante, hicimos una pausa para que yo admirara una máquina de teletipo que arrojaba «en línea» las cotizaciones actuales de la Bolsa de Nueva York.

No recuerdo lo que comí, pero sí que llevé la mayor parte de la conversación, principalmente disculpándome. Los términos de una beca Del Amo, de la que disfruté hasta que la UCLA aquel mismo año me otorgó un puesto de investigador, estipulaban que, una vez terminada la beca, debía regresar a España y aplicar allí el conocimiento y la experiencia adquiridos en Estados Unidos. Al prolongar el período de mi estancia en la UCLA, aunque no el de la beca, y al aceptar un puesto de trabajo en Estados Unidos, había roto de hecho mi contrato con la fundación. Tuve que defender mis acciones.

Mi primer argumento de defensa frente a don Eugenio fue que no podría llevar a España los frutos de mi beca. Ninguna institución española en tiempos de Franco estaba preparada para proporcionarme un laboratorio de primates y ni siquiera podría incorporarme a un grupo de investigación de fisiología que trabajara en algo remotamente relacionado con lo que había estado haciendo en la UCLA. Además, el BRI, iba a ocupar un ala del Centro de Ciencias de la Salud, y tanto Anatomía como Psiquiatría habían hecho arreglos para trasladar mi laboratorio de monos desde 5-F a un nuevo laboratorio de vanguardia. Luego, entre otras cosas, cité la buena acogida de mi trabajo por parte de la comunidad académica de la UCLA y de otros lugares. También le mostré una foto de mi novia, que me esperaba en Barcelona para casarnos y venirse a América conmigo. A veces pienso que esa foto fue el naipe que hizo mi baza ganadora. Esa tarde del año 1957, terminado nuestro almuerzo, me fui del Athletic Club con la sensación de que había logrado convencer a don Eugenio, lo cual se confirmó a los pocos días. Desde ese momento, mis relaciones con la Fundación del Amo y sus otros becarios fueron excelentes.

Sin embargo, había otro obstáculo a mi inmigración por superar, aunque no lo descubriría hasta 1964, siete años más tarde. Como fuera que muchos países se quejaban a Estados Unidos de una fuga de cerebros, la administración de Eisenhower aprobó una nueva ley para evitarla. Estudiantes posdoctorales y científicos que venían al país con un visado J-1, como el que me dieron cuando obtuve mi beca Del Amo, no podían solicitar la residencia permanente en Estados Unidos antes de abandonar el país por dos años. Se suponía que pasarían estos dos años en su país de origen, pero no estaba claro si podrían hacerlo en otro. Esto último era un «agujero» en la ley que yo, con la ayuda de la UCLA y el Servicio de Salud Pública de Estados Unidos, aproveché cuando, después de varias prórrogas, mi visado J-1 expiró definitivamente.

En 1961, el National Institute of Mental Health me concedió un Career Investigator Award. Era un novedoso galardón competitivo que durante cinco años financiaba el sueldo de un joven investigador que trabajara en temas de salud mental en una universidad americana. No sólo garantizaba su sueldo durante aquel tiempo, sino que también servía de primer paso para hacerlo elegible a posteriores concesiones de ayuda federal para su investigación básica o clínica en salud mental. El *grant* proporcionaba también fondos para el entrenamiento especializado en el uso de métodos y técnicas de investigación. Tal entrenamiento podía tener lugar en la propia institución o en otra, en Estados Unidos o en el extranjero. Esto último me vendría al pelo, porque me permitiría pasar dos años de trabajo fuera del país, y con ello cumplir con la ley de inmigración.

A principios de los años sesenta, Otto Creutzfeldt, un joven investigador alemán, pasó unos meses como científico visitante con el grupo de Magoun. Como dije en el capítulo anterior, era hijo del famoso neurólogo de Berlín (Hospital Charité) que codescubrió la enfermedad de Creutzfeldt-Jakob. Recientemente, Otto había trabajado en Freiburg con el profesor R. Jung y tenía intención de mudarse a Munich al regresar de Los Ángeles. Allí había aceptado el cargo de director del nuevo Laboratorio de Neurofisiología del Instituto Max Planck de Psiquiatría, el antiguo instituto de Kraepelin, que había entrado a formar parte de la Sociedad Max Planck. En la UCLA, los dos comenzamos una amistad que perduraría hasta su prematura muerte en 1992. Discutimos la posibilidad de que me uniera a él en Munich para trabajar juntos y ayudarle a montar su nuevo laboratorio. Yo necesitaba más formación en el área de sus intereses, ya que tenía la intención de continuar mi búsqueda de los mecanismos de la atención visual con técnicas que él conocía. Nos pusimos de acuerdo.

Además, una estancia de dos años en Alemania cumpliría los requisitos del visado J-1 y abriría mi camino de inmigración a Estados Unidos. El Max Planck no podía financiar mi estadía, y tuve que pedirle a la UCLA que se me permitiera un «sabático» pagado en el extranjero para ampliar mis estudios. La UCLA lo aceptó con la condición de que obtuviera la aprobación del Instituto Nacional de Salud Mental, de donde provenía el dinero de mi sueldo. Esa aprobación fue fácil de obtener porque, de acuerdo con los términos de mi *grant*, la agencia veía con buenos ojos una ausencia en otra institución para adquirir nuevas habilidades.

Así fue como en el verano de 1962, con Elisabeth y nuestros dos hijos pequeños, Lisa y Joaquín, partí hacia Munich. Cuando recuerdo los muchos eventos y personas que me llevaron a ese momento trascendental en mi vida, la canción *Runaway Heart* (Corazón fugitivo) de Glenna viene a mi mente: *I think the stars aligned just right...* (Pienso que las estrellas se alinearon a la perfección...). Pero que nadie se engañe: trabajé muy duro para que así fuera.

5
Interludio bávaro

En el otoño de 1962, cuando llegamos a Munich, el follaje del Jardín Inglés era una exhibición desenfrenada de colores cálidos, del amarillo al rojo carmesí. Diseñado en 1789 por sir Benjamin Thompson, un inglés que trabajaba para el príncipe bávaro Karl Theodor, es uno de los parques urbanos más bellos del mundo, y también uno de los más grandes. Se extiende desde el centro de la ciudad en el sur hasta el municipio de Schwabing en el norte (figura 5.1).

A través de los años, Schwabing, donde estaba nuestra vivienda, ha sido siempre famoso por su comunidad de artistas, escritores y estudiantes universitarios. Desde nuestro apartamento, en un piso elevado, disfrutábamos de una vista en la que se dominaba el parque a nuestros pies y los Alpes bávaros en la distancia.

Figura 5.1. El Jardín Inglés de Munich en verano.

Munich es como una mujer con muchas caras, y puedes enamorarte de cualquiera de las que se esconden detrás de cada una de ellas. Está la Munich folklórica y populachera, con su *dirndl*, estrecho corsé y buena cerveza; la artística, con sus museos, ópera y salas de concierto; la intelectual, con su universidad y sus institutos tecnológicos; y la de la *haute couture*, que parece que se quedó a medio camino entre París y Viena… o Roma.

En mis tiempos de estudiante, diez años antes de que fuera a vivir en ella, visité Munich como parte de mi primera salida a Europa, para «conocer mundo». Por aquel entonces Munich mostraba todavía las heridas de la guerra, con edificios en ruinas por todas partes. El viaje, sin embargo, dio lugar a dos experiencias memorables. Una fue mi primera visita a los festivales de Salzburgo: mis cartas a mis amigos de la Asociación Beethoven, en Barcelona, estaban llenas de mal contenido júbilo… y exageración, como, bromeando, ellos me repitieron durante años.

La otra experiencia fue mi introducción al sistema ferroviario europeo, entonces infinitamente mejor que la Red Nacional de Ferrocarriles Españoles. Siendo desde niño aficionado a los trenes, me sentía superfeliz viajando a gran velocidad en el Orient Express o el Rheingold Express. En las estaciones me quedaba en Babia, contemplando esas máquinas de vapor de los ferrocarriles alemanes, algunas de las cuales todavía funcionan en mi modelo miniatura (figura 5.2).

En Schwabing, no lejos de nuestra casa, estaba el Instituto Max Planck de Psiquiatría, mi lugar de trabajo durante dos años felices y productivos (1962 a 1964). El instituto, en la Kraepelinstrasse, fue fundado en 1917 por el rey Luis III de Baviera. Como decía en un capítulo anterior, Kraepelin luchó y ganó la batalla por su instituto frente a la reacia administración de la Universidad de Munich. Después de la Segunda Guerra Mundial, el instituto se convirtió en el Max Planck de Psiquiatría (figura 5.3).

Figura 5.2. Locomotora S3/6, fabricada por Maffei (1908-1931) para los Reales Ferrocarriles de Baviera.

Figura 5.3. Instituto Max Planck de Psiquiatría, Kraepelinstrasse 2.

Investigaciones en el Instituto Max Planck

Otto Creutzfeldt (1927-1992), director del Laboratorio de Neurofisiología en ciernes, era un prusiano sin demasiada simpatía hacia el provincialismo bávaro. Era tremendamente consciente de que en Munich comenzó el movimiento hitleriano que tanta miseria trajo a Alemania y al resto del mundo. De buen porte, cortés y afable, Otto (figura 5.4) era un hombre de extensa cultura, consciente también de que Alemania se había quedado a la zaga en el progreso de la neurociencia. Estaba determinado a ponerla a la vanguardia de ese progreso con su nuevo laboratorio.

Figura 5.4. Otto Creutzfeldt.

Además de Creutzfeldt, mis colaboradores más próximos en el Max Planck eran Albert Herz, un neurofarmacólogo, y Max Straschill, un neurofisiólogo. Con Herz, estudiamos las características estadísticas de la descarga de neuronas del sistema visual en distintas condiciones. La medida que más utilizamos era el intervalo temporal entre potenciales de acción en la descarga de las células («espigas»). Derivadas de esta misma medida, estaban las distribuciones estadísticas de intervalos en condiciones diversas: reposo, estimulación visual y acción farmacológica, bien fuera bajo sedantes, como los barbitúricos, o bien estimulantes, como la anfetamina. El método gráfico principal de nuestro estudio era el histograma de la distribución de los intervalos entre las descargas celulares (con la duración del intervalo en la abscisa y la frecuencia de intervalos en la ordenada).

De este modo, determinamos que en todas las condiciones, incluso durante el reposo, la descarga de las neuronas se aleja mucho de la distribución normal o gaussiana (descarga rítmica y regular a una frecuencia determinada). Por el contrario, en todas las condiciones, la descarga de las células adoptaba una distribución exponencial, es decir, próxima al azar estadístico. Esto no quiere decir que una célula, en ciertos momentos, no cambiara drásticamente de frecuencia de descarga. En efecto, un estímulo visual podía inducir en la célula un tren de descargas más rápido de lo normal durante corto tiempo, pero incluso dentro de este tiempo la descarga de la célula era exponencial (no rítmica o gaussiana). Lo mismo ocurría en períodos de reposo o bajo la influencia de fármacos. Bajo los mismos, las células podrían acelerar su descarga periódicamente, pero sin abandonar el azar de sus intervalos durante los períodos de descarga elevada.

Estas observaciones confirmaron nuestra expectativa, es decir, nuestros supuestos preliminares: que, en los mamíferos, la información entre células nerviosas se transmite por cambios de frecuencia de descarga, *no* por intervalos entre descargas. En esto el mamífero difiere del pez eléctrico, en el que el intervalo entre descargas «lo dice todo».

«¡Estamos dentro!»

Empezaba a amanecer cuando, mientras penetrábamos despacito la corteza visual de un conejo —anestesiado— con un microelectrodo de vidrio (una micropipeta repleta de solución química conductora de electricidad), logramos registrar en la pantalla del osciloscopio un potencial estable mayor de cincuenta milivoltios: era un potencial de membrana. Habíamos penetrado una célula, la tercera en las últimas catorce horas.

Registros extracelulares de descarga neuronal son relativamente fáciles de obtener, y yo ya tenía por aquel entonces centenares de ellos registrados en conejos y gatos, aunque no todavía en monos. Pero el registro intracelular es otro cantar, sobre todo en la corteza cerebral, donde la mayoría de las neuronas son pequeñas. Para nosotros ahora era esencial conseguirlo, porque sólo en el registro intracelular puede detectarse el potencial de membrana y los potenciales sinápticos de una célula. Y nuestro objetivo era registrar tales potenciales, tanto excitatorios como inhibitorios, en respuesta a estímulos luminosos de distinta intensidad.

Herr Fuster, wir sind drin! (¡Señor Fuster, estamos dentro!), susurró Max Straschill en la oscuridad con apenas contenido entusiasmo. Los dos nos sentimos de repente dentro de un minúsculo Grial. El siguiente paso era iluminar la retina del animal con pulsos de luz blanca de distinta intensidad y registrar los potenciales sinápticos al inicio y al final de cada pulso de luz.

Repitiendo con paciencia estos procedimientos en una serie de experimentos, y a pesar de la dificultad técnica, logramos acumular un número considerable de registros intracelulares en el sistema visual: unos en el núcleo geniculado lateral del tálamo, que es la estación de paso de la información visual entre la retina y la corteza visual, y los otros en esa misma corteza.

Nuestro tesón y entusiasmo se basaban, sobre todo, en lo novedoso de nuestro experimento. Éramos los primeros en registrar potenciales intracelulares de células en la corteza cerebral. Eccles había sido el primero en descubrir y describir los potenciales sinápticos de las grandes células de la médula espinal (mucho mayores que las del sistema visual con las que lidiábamos). Describió sus características biofísicas en una serie de trabajos magistrales por los que recibió el Premio Nobel en 1963.

JOHN CAREW ECCLES (1903-1997)

Hijo de maestros de escuela, se licenció en medicina en la Universidad de Melbourne en 1925. Al poco tiempo, recibió una beca Rhodes para estudiar en la Universidad de Oxford bajo Charles Sherrington. En la misma universidad recibió el título de doctor en filosofía (1929). En 1937 regresó a Australia, donde trabajó por un tiempo investigando para el ejército. En la década de 1952-1962 fue profesor en la Escuela John Curtin de Investigación Médica de la Universidad Nacional de Australia. Allí es donde realizó su célebre trabajo sobre los potenciales sinápticos. Como Sherrington, su maestro, Eccles se centró en los reflejos espinales, en particular el arco reflejo entre músculos flexores y extensores de la pierna, en el que están involucradas las grandes células motoras del cuerno anterior de la médula espinal. Normalmente, una célula nerviosa en reposo está eléctricamente polarizada: está sujeta a un voltaje de 40 a 70 mV a través de la membrana. Este voltaje varía según sean los impulsos que llegan a la célula, bien sea a sus sinapsis excitatorias como a las inhibitorias. La activación de las excitatorias produce potenciales postsinápticos excitatorios (EPSPs), mientras que la activación de las inhibitorias produce potenciales postsinápticos inhibitorios (IPSPs). Los primeros despolarizan la membrana, los segundos la hiperpolarizan. Cuando se suman varios EPSPs por encima de un cierto nivel (dintel de descarga), la célula se despolariza instantáneamente y descarga un potencial de acción, un *spike* (espiga) o varios de ellos que se transmiten a otras células para excitarlas o inhibirlas. La suma de EPSP e IPSP de una célula es lo que determina si la célula descarga o se inhibe.

Eccles descubrió los potenciales postsinápticos en células motoras de la médula espinal y describió la excitación e inhibición recíprocas de esas células según fuera el origen de los impulsos sensoriales a las mismas a través del arco reflejo sensorio-motor espinal: impulsos originados en músculos extensores (v. g., cuádriceps) o en músculos flexores. El efecto neto de esa inervación recíproca es garantizar la estabilidad en posición estática erecta y la eficiencia de los movimientos de las piernas.

Los EPSP e IPSP funcionan en todas las neuronas del sistema nervioso, tanto en los sectores sensoriales como en los motores. Bien es verdad que el potencial sináptico no es por sí solo el mecanismo fundamental de la transmisión nerviosa, tal como postulaba Eccles. Como él mismo tuvo que admitir a raíz del descubrimiento de los neurotransmisores, la transmisión es electroquímica, pues aquellas sustancias ejercen efectos iónicos en la membrana celular que permiten y potencian los cambios eléctricos de la misma. De hecho Eccles y Katz, trabajando juntos, identificaron la acetilcolina como uno de los principales neurotransmisores excitatorios.

—

Los potenciales intracelulares y la ley de Weber-Fechner

Lo que descubrimos en nuestras investigaciones en el Instituto Max Planck fue que las neuronas del sistema visual responden a diferencias en intensidad luminosa con diferencias en la magnitud de los potenciales sinápticos. Lo sorprendente era que la relación entre la intensidad del estímulo y los potenciales sinápticos se ajustaba a la misma relación o función matemática (psicofísica) que se observa en el ser humano entre la intensidad de un estímulo sensorial y la percepción del mismo. Ambas relaciones seguían la ley de Weber-Fechner. Esta ley, el fundamento capital de la psicofísica, dice que la relación entre la magnitud de un estímulo físico y la intensidad con la que este es percibido es una relación logarítmica (o según algunos, como Stevens, exponencial). En cualquier caso, para que los incrementos percibidos sigan una progresión aritmética es necesario que los correspondientes incrementos del estímulo aumenten en progresión geométrica. Esta ley es válida para las modalidades sensoriales visual, auditiva y táctil. Aquí viene al caso un ejemplo casi trivial pero ilustrativo:

Tienes, lector, en la mano cien gramos de uva; si añado diez gramos, notarás la diferencia de peso. Si en vez de cien tienes para empezar mil gramos, y yo añado diez, no notarás la diferencia. Tengo que añadir mucha más uva, en incremento geométrico, para que te des cuenta del aumento de peso.

La ley de Weber-Fechner, o su extensión exponencial, no sólo explica la relación matemática no lineal entre sensación y percepción, sino que protege el sistema nervioso de estímulos excesivos, a saber, estímulos que sobrepasen los límites fisiológicos. Sin aquella ley, sonidos muy fuertes nos ensordecerían y luces muy intensas nos cegarían. O pondrían nuestro cerebro en peligro de descargas epilépticas.

En todo caso, nuestra investigación demostró que la ley psicofísica de relación entre estímulo y percepción rige ya en niveles bajos de un sistema sensorial, como es el cuerpo geniculado lateral con respecto a la visión; y además rige en un mamífero tan primitivo, relativamente, como es el conejo. La ley es pues parte de lo que yo llamo «memoria filética», con la que nacemos y en la que se basan la percepción, el conocimiento y la memoria de los estímulos sensoriales.

Konrad Lorenz y la impronta

Además de aquella *memoria* innata cognitiva, de las sensaciones y percepciones, existe la *memoria* innata de los instintos y las emociones, con la que también nacemos. Mejor dicho, así como nacemos con los sistemas sensoriales que servirán para adquirir percepciones y memorias personales, también nacemos con los sistemas de conducta instintiva o emocional que servirán para adquirir y expresar esa conducta. El conocimiento y emoción personales, así como la conducta instintiva y emocional, se basan en esas dos formas de memoria innata; ambas constituyen la memoria filética o surgen de ella.

Un día vino a visitarnos al Max Planck de Munich un célebre invitado: Konrad Lorenz, el padre de la etología, la ciencia del comportamiento animal, el cual era entonces director del Instituto Max Planck de Fisiología del Comportamiento en Seewiesen (Alta Baviera). Nos dio una charla sobre la impronta que me causó una impresión que nunca olvidaré. Alto, atlético, con ojos vivos y una perenne sonrisa sobre su barba blanca, exudaba entusiasmo por el tema del que nos hablaba (figura 5.5).

Lo que Konrad Lorenz llamó la «impronta», también conocida como el «troquelado», es un patrón de conducta que puede observarse en animales de muchas especies poco después del nacimiento. Consiste en acercarse a otro ser viviente y seguirlo, en su inmediata proximidad. Naturalmente el otro ser viviente suele ser la madre, por lo que el acercamiento y el seguimiento son manifestaciones de conducta filial. Pero, tal como Lorenz descubrió, el otro puede no ser viviente, con tal de que se mueva y tenga ciertas características visuales o auditivas. El patito, por ejemplo, seguirá un pato de juguete que se mueva, con tal de que tenga cierto tamaño y color, y más todavía si emite ciertos sonidos. Lorenz dedicó buena parte de sus trabajos a investigar los estímulos esenciales que desencadenan la impronta, y en consecuencia el seguimiento de la «madre» o de otros patitos.

Figura 5.5. Hilera de patitos ligados por impronta.

Además de los estímulos sensoriales desencadenantes, la impronta requiere un período crítico: en el pato se manifiesta entre veinticuatro y cuarenta y ocho horas después de nacer, ni más ni menos. Es como un programa innato de conducta con el que el animal viene al mundo, provisto de un reloj biológico que lo sujeta y lo libera a su debido tiempo, ni antes ni después.

Desde un principio Lorenz debatió consigo mismo y con sus críticos si una pauta de conducta como la impronta es innata o aprendida. El mejor foro de este debate es su libro *Evolución y modificación de la conducta*. Curiosamente, en esta obra, su autor se resiste con vigor a admitir que la impronta sea una cosa o la otra, antes de admitir que es ambas. Mejor dicho, en su opinión, la información que desencadena el desarrollo de la conducta tiene dos orígenes. Uno está en la evolución, a saber, en lo que la especie ha aprendido para adaptarse al ambiente y para reproducirse; el otro está en los estímulos y circunstancias del medio ambiente que sirven de desencadenante (*trigger*) y guía de la conducta. La conducta es, pues, el resultado de la interacción entre los genes y el entorno.

Pero ¿no sucede lo mismo con la expresión genética de todas las características del organismo?, ¿con la expresión de todos los instintos?, ¿con toda percepción y con toda acción? Mis experimentos psicofísicos de Munich, junto con mis contactos con los etólogos de Seewiesen, me llevaron a los albores de un concepto fundamental, ya mencionado, en mis ideas y trabajos de los últimos tiempos: la memoria filética.

KONRAD LORENZ (1903-1989)

Konrad Lorenz nació en Viena y desde muy temprana edad se interesó en la conducta instintiva de los animales, especialmente las aves. Contribuyó a este interés el hecho de que de niño vivía en la vecindad de un parque natural donde abundaban distintas especies de aves. En particular, le fascinaba la conducta de los gansos salvajes. El interés en el comportamiento aviario le acompañó toda su vida.

Lorenz inició estudios de medicina en América, en la Universidad de Columbia (Nueva York) y los terminó en la Universidad de Viena, donde se graduó en 1928. En la misma universidad se graduó en zoología (1933). Allí trabajó durante un tiempo como asistente del prestigioso profesor Ferdinand von Hochstetter, un experto en biología comparada, quien le educó en el uso del método comparativo para esclarecer los enigmas de la evolución, tanto del comportamiento como de sus sustratos anatómicos.

Figura 5.5. Konrad Lorenz con tres de sus sujetos de estudio. Solía decir: «No nos tomamos el humor suficientemente en serio».

Los trabajos etológicos del berlinés Oskar Heinroth sobre las aves anátidas (v. g., gansos, cisnes y patos) reavivaron intensamente el interés de Lorenz, quien llevaba varios años observando su conducta. Aquellos trabajos le animaron a dedicar el resto de su vida al estudio comparativo del comportamiento animal, en especial de las aves palmípedas.

Hacia finales de la década de 1930, Lorenz estableció una profunda amistad con el zoólogo holandés Nikolaas Tinbergen, quien estaba entonces investigando el origen y valor innatos de estímulos sensoriales para la supervivencia. Sus intereses fundamentales eran los desarrollos filogenético (evolutivo) y ontogenético (en el individuo) de la conducta instintiva. Lorenz y Tinbergen mantuvieron extensa correspondencia sobre esos temas y se visitaron uno al otro en numerosas ocasiones. En 1973, recibieron el Premio Nobel en Medicina o Fisiología junto con Karl von Frisch. Este último descubrió en las abejas el mismo principio etológico por el que Lorenz se hizo famoso: la impronta.

El fenómeno de la impronta ha llevado a ciertos círculos de psicólogos a teorizar que el fenómeno trasciende las observaciones en animales y que se aplica al ser humano. Según ellos, su componente instintivo, innato, juega un papel crítico en el establecimiento de relaciones duraderas entre individuos de nuestra especie. Así nació lo que ellos llaman la «teoría del apego».

—

La memoria filética

La memoria filética está constituida por todas las estructuras nerviosas y sus funciones, que el organismo utiliza para adaptarse al medio ambiente. Son estructuras y funciones comunes a todos nosotros. Todos nacemos con ellas, y todas ellas están sujetas a períodos críticos para su desarrollo, alrededor del nacimiento, antes de que alcancen su madurez definitiva.

Por lo tanto, la memoria filética comprende los órganos y sistemas de los sentidos, los sistemas motores y los sistemas de conducta instintiva. Es un conjunto tan extenso y heterogéneo que desafía cualquier calificativo unitario más allá de un sustrato genético común. Su origen, sin embargo, va más allá de los genes del individuo, si bien estos la actualizan y la transmiten de generación en generación. El concepto de «memoria filética», en mi opinión, es la base capital de la ley de la especialización de las especies en el curso de la evolución. Lo esencial del concepto es que las especies animales desarrollan de manera selectiva los medios necesarios para adaptarse al ambiente en el que viven y para sobrevivir y reproducirse en él. De ahí surgen de manera paulatina, en escala evolutiva, los órganos de los sentidos, los sistemas motores y los instintos. Naturalmente, ello conlleva el desarrollo de los sistemas nerviosos que los sustentan.

Pero ¿por qué llamar «memoria» a entidades tan dispares como el ojo, el olfato, el sistema motor, el sexo, el laberinto del oído y los reflejos defensivos? Hay dos razones fundamentales para hacerlo. La primera es que todas esas estructuras y sus funciones constituyen los medios por los que la especie, «en la noche de los tiempos», *aprendió* a adaptarse, defenderse, sobrevivir y procrear. Es una memoria que se ha adquirido con la evolución, dispuesta a ser evocada cuando el organismo la necesite para la percepción del mundo, para sus acciones sobre el mismo y para el despliegue de los instintos biológicos. Es la «memoria de la especie», la cual «se recuerda» y se refuerza con cada sensación, cada acto motor y cada pauta de conducta instintiva. Hayek, en 1952, fue uno de los primeros en aplicar el concepto de «memoria de la especie» a los órganos de los sentidos. Por cuanto esa memoria tiene *objetivos vitales*, es (como la vida misma) «teleonómica», según la concepción de Monod. Es teleonómica porque tiene fines u objetivos biológicos, no sólo presentes, sino futuros.

Como toda memoria, la memoria filética «se evoca», «se recuerda» y entra en funcionamiento en cualquier contacto activo o pasivo del organismo con su medio ambiente, incluso si se trata del «ambiente» interno de los humores y las vísceras (*internal milieu*). Por ser innata, la evocación es por lo común inmediata, sin tanteo. Por ejemplo, una imagen viene a nuestros ojos y se proyecta en la retina. El ojo, la retina y la imagen retiniana *son* memoria filética, y así es el sistema visual que transmite la imagen al cerebro. En este caso, la memoria filética es simplemente una sensación visual y su sustento nervioso. La percepción y la memoria personal de esta sensación dependen de lo que haga el cerebro con ella.

La activación de la memoria filética puede no ser consciente. En realidad la inmensa mayoría de las sensaciones, los movimientos y las reacciones instintivas de nuestra vida ordinaria son completamente inconscientes. Y es bueno que así sea, pues de otro modo sobrecargarían la corteza cerebral, la conciencia y las funciones cognitivas, a expensas de lo que en un momento dado requiere atención y decisión.

De todos modos, la memoria filética comparte con la memoria personal cuatro características esenciales: se adquirió o «aprendió» (en el caso de la primera, con la evolución), se conserva, se recuerda (aunque sea inconscientemente) y se deteriora por envejecimiento o degeneración.

La otra razón para llamar «memoria» a todo el aparato biológico que nos relaciona con el entorno está en que este aparato constituye el fundamento y el andamiaje sobre los que se va a construir el edificio de nuestra *memoria personal.* Sin memoria filética que la origine y sustente, no hay memoria personal. Esta última es pues una extensión estructural y funcional de la memoria evolutiva con la que venimos al mundo.

En el mismo Instituto Max Planck en que yo trabajaba, aunque en otro laboratorio, Detlev Ploog, que eventualmente asumiría el cargo de director del instituto, estudiaba las bases neurofisiológicas de la conducta social filética, instintiva, del mono ardilla. Este pequeño primate tiene un extenso repertorio de vocalizaciones, con las que se comunica con sus congéneres. Gracias a una serie de minuciosos estudios conductuales, fisiológicos y acústicos, Ploog y sus colegas demostraron varios principios acerca del sustrato cerebral de aquellas vocalizaciones, así como de sus funciones sociales. Los investigadores observaron que, del mismo modo que sucede con el aparato orofaríngeo, aquel sustrato es innato, aunque sea modulado después del nacimiento con el aprendizaje y el contacto social; todo ello ocurre con el objetivo —teleonómico— de permitir la comunicación social, al servicio de los instintos primarios. Esta modulación sería una función de la corteza cerebral. Con ello se establecería la organización jerárquica de aquel sustrato, de modo análogo y paralelo a la organización del lenguaje en el ser humano, aunque menos fina y diferenciada que en el caso del lenguaje.

En resumidas cuentas, albergamos en nuestro organismo dos grandes clases fundamentales de memoria filética y personal jerárquicamente organizadas: la cognitiva y la emocional. La primera es la que usan nuestras funciones cognitivas: atención, percepción, memoria, inteligencia y lenguaje. La segunda es la que usan nuestros instintos biológicos y nuestras relaciones emocionales con el entorno. Ambas funcionan ligadas estrechamente entre sí. Por ejemplo, es un hecho bien conocido que fuertes emociones pueden impactar positiva o negativamente, en nuestra memoria cognitiva de los eventos de nuestra vida.

Memoria instantánea del asesinato de Kennedy

Bayerischer Rundfunk. Guten Abend. Die Nachrichten: Präsident Kennedy wurde heute in Dallas ermordet (Radio Bávara. Buenas noches. Las noticias: el presidente Kennedy ha sido asesinado hoy en Dallas). La voz del locutor es melódica y algo sombría, su acento alemán perfecto (*Hochdeutsch*). Escucho su terrible noticia a través del pequeño aparato Grundig blanco, algo amarillento, de bordes y esquinas redondeados, que está encima del antepecho de la ventana de nuestro dormitorio. Estoy de pie con mi frente contra el frío cristal de la ventana y mis piernas contra los tubos calientes del radiador. Afuera, la nieve cae despacio, blandamente en la oscuridad, y centellea a la luz del farol de la calle.

Mi recuerdo es lo que se llama *flashbulb memory* o «memoria instantánea». El fenómeno es muy común. Se trata del recuerdo vívido y minucioso de la situación en la que uno vivió un incidente con un fuerte impacto emocional. Es un fenómeno extremo de la facilitación de memoria filética y personal bajo intensa emoción. Tiene su explicación en el aflujo masivo de impulsos de las estructuras del sistema límbico (cerebro emocional), la amígdala y el hipocampo, sobre las redes neuronales de la corteza cerebral.

Pero el efecto de la emoción intensa sobre la memoria puede ser completamente lo opuesto: una inhibición del recuerdo y del reconocimiento conscientes. Se trata de lo que, en términos psicoanalíticos, se llama «represión» y suele interpretarse como un mecanismo de defensa contra la ansiedad y la angustia. Aquí nos quedamos de momento sin explicación neurológica, pero el psicoanálisis nos ofrece plausibles explicaciones psicológicas de la represión dentro de su metodología teórica. Esta es una metodología que hoy día ningún estudioso de la mente y de la neurociencia cognitiva puede ignorar. Sin embargo, el psicoanálisis adolece de la falta de un requisito que Karl Popper, el insigne filósofo de la ciencia, considera esencial para cualquier teoría científica: la posibilidad de ser demostrada falsa, de ser refutada.

No obstante, Freud construyó su metodología sobre dos hipótesis que tienen sin duda una base neurocientífica potencialmente demostrable. La primera hipótesis es el determinismo biológico, es decir, la causalidad de los fenómenos psíquicos a partir de los instintos primarios; la segunda es la existencia del inconsciente, un estado o entidad psicológica que mantiene fuera de la consciencia conflictos personales y memorias pasadas penosas.

No existe un conocimiento suficiente de los mecanismos cerebrales que sirva para demostrar la validez de una u otra hipótesis. Pero lo que sí existe es un conocimiento bastante aproximado de las estructuras cerebrales que albergan la memoria filética de los instintos. Estas estructuras constituyen el llamado «cerebro límbico» o «sistema límbico». También existen nociones aproximadas de las funciones de la corteza cerebral para fundamentar el papel de las asociaciones nerviosas en la formación de memoria, así como el método de la asociación libre, ideado por Freud para desvelar en el inconsciente memorias lejanas y conflictos de la mente.

Aun hoy día, después de que la histeria haya desaparecido de nuestras clínicas y libros, continúa la discusión acerca del papel de la fisiología anormal en los trastornos psicológicos, pues no hay psicología sin cerebro ni cerebro sin psicología. Se comprende que, mientras reinaba la ignorancia de las relaciones fisiológicas entre ambos, Johannes Müller, uno de los más prestigiosos *psicólogos* de todos los tiempos, rechazase de un plumazo el dualismo cartesiano de cerebro y mente, cuando escribió su famosa frase latina: *Nemo psychologus nisi physiologus* (Nadie es psicólogo si no es fisiólogo).

Esa frase figura en la primera página del libro que, más que ningún otro, determinó mi decisión de venir a América y dedicar el resto de mi vida a la neurofisiología de la mente. El libro se titula *Cerebro interno y mundo emocional*, escrito por el médico y antropólogo gallego Juan Rof Carballo. Me lo regaló mi padre en 1953, el año en el que me licencié en medicina.

JUAN ROF CARBALLO (1905-1994)

Juan Rof Carballo era un personaje extraordinario. En España y en Alemania (pasó la Guerra Civil española en Berlín) trabajó o se asoció con muchos de los médicos, pensadores y escritores más prestigiosos de su tiempo: Jiménez Díaz, Ortega y Gasset, Pi i Sunyer, Eppinger, Sternberg, Grande Covián, Marañón, Zubiri, Garma, Laín Entralgo, etc. Es difícil, si no imposible, encontrar en el siglo XX una persona española con mayor cultura médica, fisiológica, literaria y filosófica que Rof Carballo. Su fuerte era la medicina psicosomática. Sabía por experiencia que no hay ninguna enfermedad somática sin una alteración más o menos profunda de la psique, y que más de la mitad de los síntomas somáticos que observa en el enfermo el médico internista están causados o modulados por factores psicológicos.

Figura 5.6. Juan Rof Carballo. Dibujo de J. A. Ávila.

El cerebro límbico y el psicoanálisis

Aquel libro de Rof Carballo que me regaló mi padre, *Cerebro interno y mundo emocional*, caló muy hondo en mi mente juvenil (aquí lo tengo, al alcance de la mano, profusamente anotado y subrayado). Es un ensayo monumental (516 páginas de prieta escritura) acerca de las presuntas funciones fisiológicas del sistema límbico y el sistema neurovegetativo en las emociones. Su razonamiento está profundamente influenciado por los estudios experimentales de Selye, Hess, Cannon, MacLean, Magoun, Cobb y Gellhorn, y los teóricos de Bertalanffy, Zubiri, Uexküll, Piaget y Freud.

La base fisiológica de las emociones se encuentra, según Rof, en el «arquiencéfalo» o cerebro filogenéticamente primitivo, constituido por las estructuras «límbicas» que se cobijan en el interior del cerebro, entre los dos hemisferios, y que en especies primitivas eran todo lo que había en la cúspide del sistema nervioso. Las principales entre esas estructuras son el hipocampo, la amígdala, el tálamo medial, el hipotálamo y la circunvolución cortical cingular. En el ser humano, todas ellas juegan un papel primordial en la expresión de las emociones, en la regulación autónoma de las vísceras y en la conducta instintiva.

Rof arguye que nuestro sistema límbico es la sede de algunas de las entidades psicológicas que postulan el psicoanálisis y la fenomenología psiquiátrica: el inconsciente, el ello (fuente de instintos), el ego (yo) y el superego (agencia moral). El conflicto entre estas entidades es el que genera la patología de la emoción y, por lo tanto, la patología psicosomática. En términos biológicos, el conflicto es reductible a un problema de adaptación del organismo al medio en que vive. Así es que las reacciones de estrés y de trastorno adaptativo, con todas sus manifestaciones neurovegetativas y autónomas, expresan en términos patológicos el esfuerzo o fracaso de la adaptación. En el libro de Rof volví a encontrar la importancia del inconsciente en la patología psicosomática. Inconsciente que él dice que es, citando a san Agustín, «lo que sabes pero ignoras que lo sabes».

A continuación, ilustración de los hemisferios cerebrales.

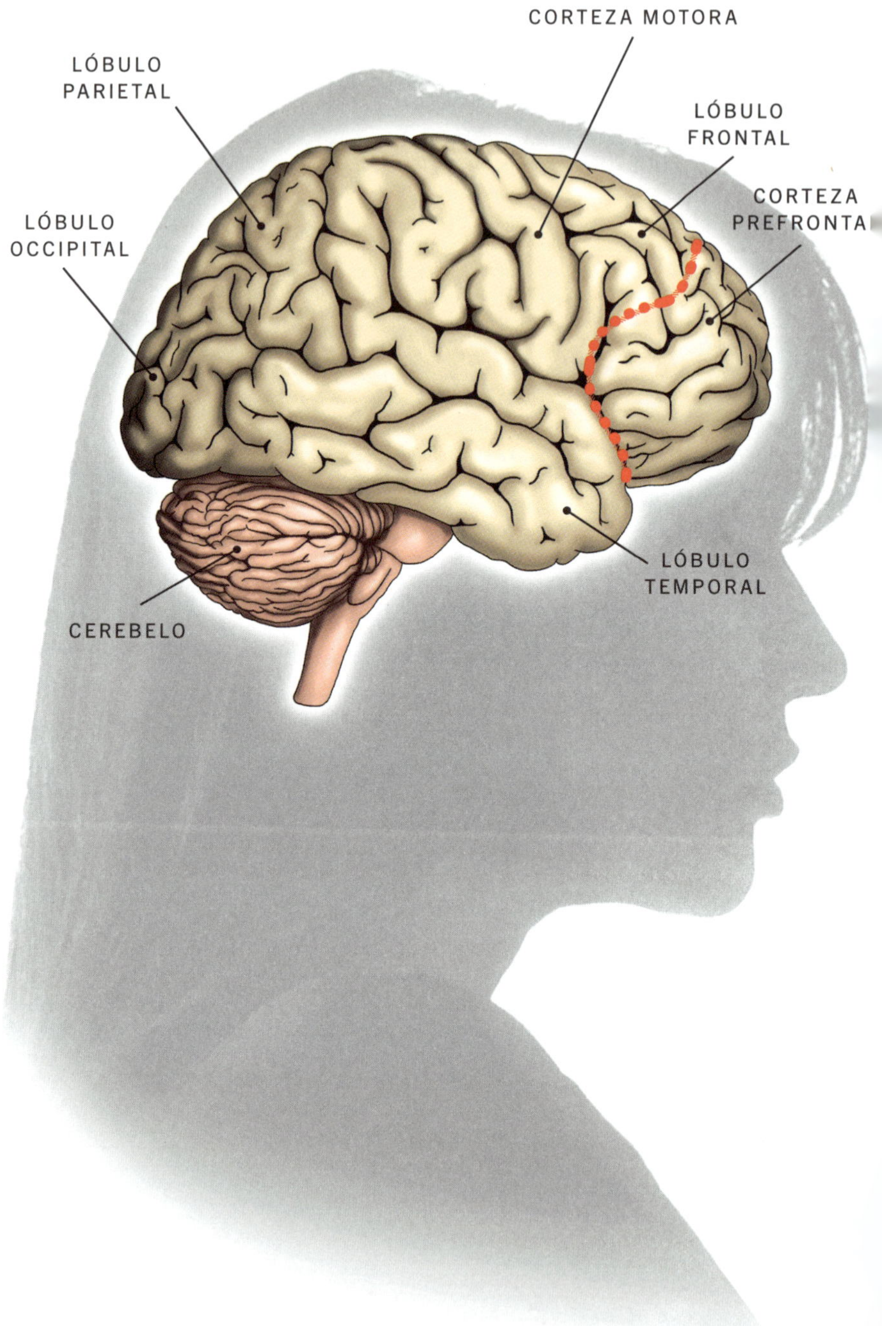

Hemisferio cerebral derecho, aspecto lateral
(la línea roja marca el límite posterior de la corteza prefrontal).

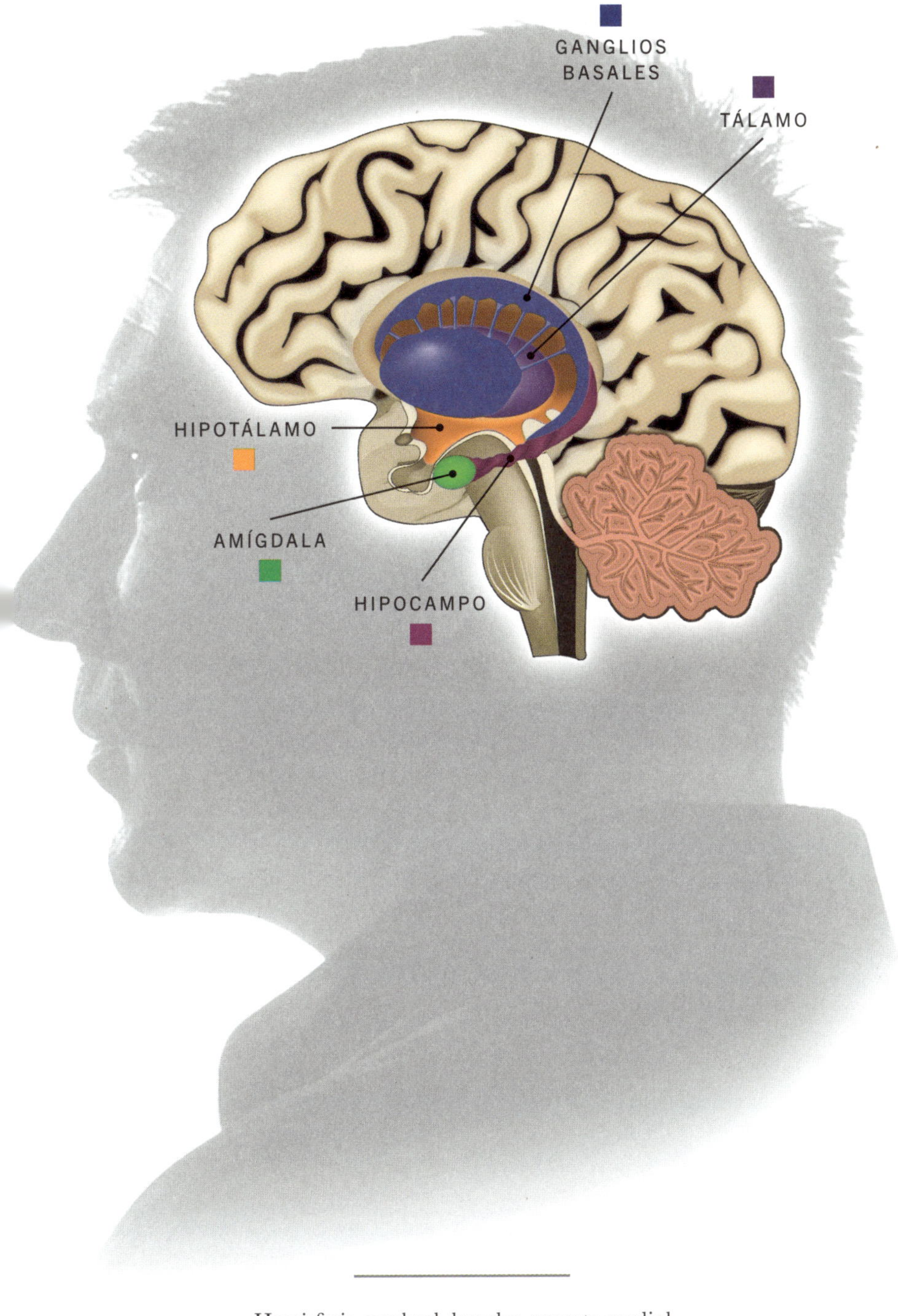

Hemisferio cerebral derecho, aspecto medial, con las estructuras principales del sistema límbico: amígdala, hipocampo e hipotálamo.

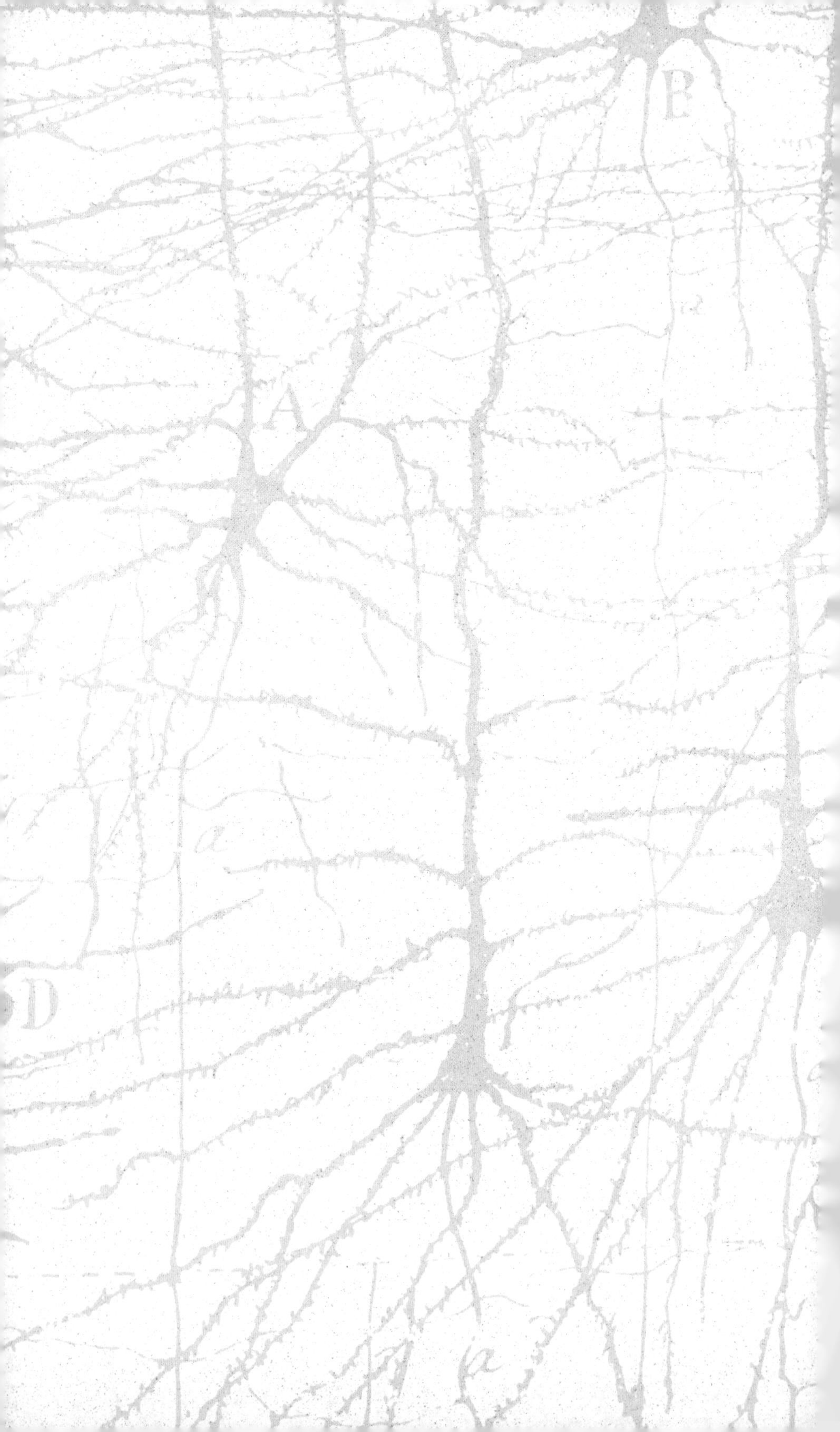
B
A
a
D
a

El autor sitúa el ello en el cerebro interno, límbico, mientras reserva el neocórtex para el yo y la cognición. Ambos, cerebro interno y corteza cerebral, están involucrados en el ciclo adaptativo que liga el organismo al medio ambiente, así como al *milieu* interior de las vísceras y los humores. Rof encuentra la raíz de aquel ciclo en los trabajos del insigne fisiólogo báltico, Jakob von Uexküll, a quien ya mencioné en el primer capítulo. Este fue, sin ninguna duda el padre de la cibernética biológica, la cual postula una relación dinámica circular entre el organismo y el *Umwelt* (entorno). Esta relación, tanto en el terreno emocional como en el cognitivo, sería lo que un día daría origen a mi concepto del «ciclo percepción-acción». Los mecanismos de este ciclo biocibernético (por *feedforward* y *feedback*) son, a mi modo de ver, de importancia capital para la armonía y ajuste del ser humano a su entorno en el aprendizaje, la conducta social, el razonamiento y el lenguaje.

Recuerdos de la ciencia nazi en la biblioteca

La biblioteca del Max Planck estaba en el último piso del edificio. Desde sus ventanas, mirando hacia el oeste, más allá de la Kraepelinstrasse y de un descampado, se veía una colina alargada de unos cien metros de altura cubierta de hierba. Tenía la forma de un ataúd gigantesco. Según me dijeron, contenía los escombros de los edificios bombardeados en la ciudad durante la guerra.

Completando la imagen de la colina y despertando mi curiosidad malsana, en los estantes de la biblioteca se encontraba la colección completa, en volúmenes esmeradamente encuadernados, de la revista *Die Rasse* (La Raza). Durante el nazismo, esa revista era el órgano publicitario oficial de propaganda racista y seudocientífica dirigida a médicos y otros profesionales por parte de los organismos sanitarios oficiales. Profusamente ilustrada, la revista describía con todo detalle las características físicas y psicológicas de las distintas razas humanas. Naturalmente, exaltaba a la raza aria y denigraba a la judía. Era la clase de literatura, originada en el siglo XIX, que fomentaba la ideología eugenésica y que eventualmente condujo a la «eutanasia» y la esterilización de enfermos mentales, así como a la prohibición del matrimonio entre arios y judíos. Es la misma ideología que condujo a la infame persecución de los judíos y a su exterminio en campos de concentración. Uno de los supervivientes de aquel holocausto era Viktor Frankl, a quien he mencionado en el capítulo 3, en el contexto de mi formación médica.

VIKTOR FRANKL (1905-1997)

Viktor Emil Frankl nació en Viena en el seno de una familia judía. Su padre era un funcionario del gobierno austríaco. Viktor estudió medicina en la Universidad de Viena y durante un tiempo, bajo el régimen del Anschluss nazi, trabajó en el Hospital General de aquella ciudad. Entre 1937 y 1942 practicó psiquiatría en privado y en el hospital judío vienés de Rothschild.

En otoño de 1942, Frankl, junto con su familia, fue deportado al campo de concentración de Theresienstadt. Allí comenzó una trágica odisea que les llevaría a internamientos sucesivos en cuatro campos distintos, a cual peor. En todos ellos, Frankl adoptó una actitud a la vez estoica y altruista. Ayudó a muchos otros prisioneros a aceptar su destino y rechazar el suicidio. Es ahí donde experimentó su epifanía, si así podemos llamar al descubrimiento de la última realidad existencial de la vida humana: su *sentido*. Frankl sobrevivió al Holocausto y fue liberado por las tropas americanas en 1945. Sin embargo, su esposa y sus padres perecieron en los campos.

Al terminar la guerra regresó a su actividad clínica y académica en la Universidad de Viena, donde en 1949 recibió el doctorado en filosofía y, en 1955, fue nombrado profesor y director de la Clínica Neurológica. A partir de 1961, visitó varias universidades americanas (Stanford, Harvard, Dallas...), en algunas de las cuales realizó estadías como profesor visitante u honorario.

En 1945, inmediatamente después de la guerra, escribió la primera versión de *El hombre en busca de sentido*, donde trata como psiquiatra de la condición psicológica del prisionero en un campo de concentración. Como resultado de su análisis y de su propia experiencia personal, afirma que, a pesar de un sufrimiento abismal, el hombre puede encontrar una razón para vivir. Esta razón se asienta firmemente en el espíritu humano y trasciende todas las condiciones físicas imaginables, por detestables que estas sean. La busca de esa razón de vivir es la base del análisis existencial de Frankl y de su logoterapia, la tercera escuela psicoterapéutica vienesa del siglo XX, después del psicoanálisis de Freud y la psicología individual de Adler.

El sentido o significado de la vida es para Frankl la última y trascendente razón de vivir, su propósito y quintaesencia existencial. Según él, el sentido está íntimamente ligado a la espiritualidad natural del ser humano. El sentido de la vida es tan primario como un instinto, aunque es distinto en cada individuo y puede cambiar con el tiempo y las circunstancias. No se inventa sino que se descubre, y este es el objetivo de la logoterapia (del griego «λόγος», palabra, razón). El sufrimiento por sí mismo y por sí solo no da sentido a la vida (si así fuera, sería masoquismo), pero sí facilita su descubrimiento. En realidad el sentido suele trascender al individuo y proyectarse sobre los demás en muchas formas: amor, caridad, familia, altruismo, ciencia, enseñanza, profesión liberal, etc. ¡Ojalá pudiéramos añadir la política o la *res populi,* pero en nuestros tiempos se hace difícil! Una característica fundamental del sentido es su aspecto creativo: una vez se ha descubierto, se hace activo y creador, con una dimensión futura inconfundible.

Otra característica del sentido de la vida es su ligazón ineludible a la libertad y a la responsabilidad, ambas inseparables una de otra. Frankl solía decir que en la orilla del Hudson opuesta a la que se erige la Estatua de la Libertad tendría que construirse una Estatua de la Responsabilidad.

—

Munich y la música

Desde el fin de la Guerra Civil española, he vivido casi siempre en ciudades en las que la buena música cunde y florece. Munich es un buen ejemplo. Tanto la música sinfónica como la de cámara, tanto la ópera como el canto de *lieder*, nos brindaban representaciones excelentes. La sala de espectáculos variaba, según fuera el tipo de representación. Frecuentábamos sobre todo la Herkulessaal (Sala de Hércules) que está situada en el centro de Munich, y parte de la Residencia de los Wittelsbach, que era la sede de la Orquesta de la Radio Bávara. Con menor frecuencia asistíamos a la ópera en el Teatro Nacional (Staatstheater) de Baviera.

Desde los tiempos del reinado de Karl Theodor, príncipe elector y duque de Baviera 1777-1799, Munich ha gozado de una tradición musical de primer rango. El príncipe era uno de los más generosos mecenas de la historia y era su intención hacer de Munich una capital musical. Para ello se trajo de Mannheim, de donde era oriundo, la que en aquel tiempo era considerada la mejor orquesta de Europa. Mozart también residió en Munich por un tiempo, y allí compuso y estrenó una de sus escasas óperas serias, si no la única: *Idomeneo*. Sin embargo no pudo satisfacer los deseos de la nobleza y la burguesía bávaras, que deseaban que se le nombrase compositor de la corte. El príncipe admiraba a Mozart y gozaba de su música, pero dudaba, con razón, de sus dotes como organizador. Además, no era organista, uno de los requisitos para el cargo. Disgustado, Mozart abandonó Munich y se fue a la lucrativa Viena.

Otro compositor con impacto en Baviera fue Wagner. El rey Luis II de Baviera, uno de los monarcas más excéntricos de la historia (el Rey Loco), desarrolló una desmesurada afición a la persona y la música del compositor. Wagner presentó por primera vez varias de sus óperas en el Staatstheater de Munich (*Tristán e Isolda*, *El oro del Rin*, *Los maestros cantores de Núremberg* y *La valquiria*). Luis II quería construir un teatro de la ópera para Wagner en Munich, a orillas del río Isar, pero las autoridades de la ciudad se negaron debido al excesivo gasto que ello supondría, y tanto el rey como Wagner abandonaron Munich. El rey se retiró a sus legendarios castillos y el compositor se fue a Bayreuth, donde se le construyó su teatro.

El compositor auténticamente muniqués de nacimiento fue Richard Strauss. Nació en el centro de la ciudad antigua, hijo mayor del músico Franz Joseph Strauss. Su madre pertenecía a los Pschorr, una adinerada familia de cerveceros. En el centro de la placita debajo de su vivienda, no lejos de la Hofbräuhaus, se yergue un monumento a Strauss. Aunque estudió filosofía e historia del arte en su ciudad, abandonó todo para dedicarse a la composición. La música de Wagner tuvo mucha influencia sobre su estilo orquestal. Mis obras straussianas favoritas son *Don Quijote*, *Till Eulenspiegel*, *Una vida de héroe* y la ópera *Electra*. Después de haber firmado un contrato con el Staatstheater, que le ligó por poco tiempo, Strauss se estableció primero en Berlín y luego en Viena. Viajó por el mundo, incluso Estados Unidos, dirigiendo orquestas sinfónicas. El abuelo paterno de mi esposa Elisabeth le conocía personalmente. La familia de mi esposa conserva como memento la batuta que utilizó en un concierto que dio en Barcelona.

Figura 5.7. Teatro Cuvilliés, Munich.

En la primavera de 1964, cayó el telón del Teatro Cuvilliés, una auténtica joya del barroco (figura 5.7), después de una representación de *Las bodas de Fígaro*, cerrando así la temporada. A los pocos días caía también el telón de mi estancia en Munich. Nuestro trabajo sobre registros intracelulares había sido recientemente aceptado para su publicación, el año siguiente, en la *Revista de Fisiología Comparada*. En el consulado de Estados Unidos, junto al Isar, se estampó un visado de inmigrante en mi pasaporte. Así terminaba uno de los capítulos más exitosos de mi vida.

B
A
a
D
a

6
Mi regreso a California

Ciencia en la tierra de Jauja

«¡Vaya tributo al pueblo de California!» Nuestro visitante profería estas palabras repetidamente en voz alta, mientras deambulaba por los pasillos del nuevo Centro de las Ciencias de la Salud, también llamado Centro Médico, cuando este tenía todavía sólo tres pisos de altura. Era un señor bajito, bien vestido, erguido, con cara jovial y facciones que recordaban a las de un boxeador. Una secretaria que salía de su oficina con unos papeles en la mano me dijo sonriente: «Es Goodwin Knight, el exgobernador de California». Al parecer, el hombre se daba pisto porque el edificio había comenzado a construirse durante su mandato (1953-1959). Además, no quería que el que ahora era gobernador, Edmund «Pat» Brown, se llevara un mayor crédito.

Knight era republicano y Brown demócrata, pero la chulería del primero se basaba sobre todo en el afán de prestigio personal y no en el partidismo político. Efectivamente, en la próspera California de la posguerra, la política partidista jugaba un papel muy secundario en las decisiones que favorecían el bienestar público. Había pocas batallas por los presupuestos en medio de la abundancia que reinaba en la California que yo, entre amigos, denominaba Jauja.

En los años cincuenta y sesenta, la que yo llamaba Jauja era el espectacular resultado de muchos factores pero sobre todo, número uno, la elevada moral social del público californiano de aquel tiempo. La gente era universalmente consciente de que la ética del trabajo, en una sociedad de «frontera» como aquella, se traducía con rapidez en mejor calidad de vida y en la prosperidad económica personal. Era un pueblo joven y confiado en un país rico.

En realidad, fueron tres gobernadores sucesivos (Warren, Knight y Brown) los que presidieron el esplendor de la California de la posguerra, y en particular el auge de la Universidad de California en Los Ángeles (UCLA), la cual, con sus varias ramas o campus, era y es la primera universidad pública de la nación. El trabajo abundaba en todos los niveles sociales. Y todos se beneficiaban de una inmigración constante, no sólo proveniente del resto de la nación sino también de Europa, de las otras Américas y del Oriente.

Aquí acudían, desde cualquier parte del mundo, médicos, abogados, industriales, banqueros, ingenieros, clérigos, actores y actrices, agentes de fincas, educadores, albañiles, artesanos y trabajadores del campo. La mayoría de estos últimos eran mexicanos, que sostenían la primera industria del estado: la agricultura. Aún hoy en día, sigue siendo la primera, por encima del turismo, la informática, la biotecnología y el cine. Recientemente, la economía de California sobrepasó a las del Reino Unido y de Francia para situarse como la quinta economía del mundo, detrás de Estados Unidos (en su totalidad), China, Japón y Alemania.

En octubre de 1964, cuando regresé de Munich con mi familia, el Centro Médico se había incrementado con dos nuevos edificios adosados al mismo y en idéntico estilo arquitectónico: el Instituto Neuropsiquiátrico (Neuropsychiatric Institute, NPI) y el Instituto de Investigaciones Cerebrales (Brain Research Institute, BRI). El primero fue subvencionado con siete millones de dólares del Departamento de Higiene Mental del estado de California. Era la institución gemela (el NPI del sur) del Instituto Psiquiátrico Langley Porter, subvencionado en la Universidad de California en San Francisco, por el mismo departamento estatal de salud mental.

El BRI fue financiado en su mayor parte por la universidad y totalmente destinado por sus fundadores (Magoun, French, Lindsley y Sawyer) a la investigación del cerebro y sus funciones. Era lo que la universidad llamaba una «unidad organizada de investigación», con funciones subvencionadas en buena parte por el gobierno federal (en forma de *grants* de los Institutos Nacionales de Salud) y por fundaciones privadas. Con el tiempo, el BRI original se expandiría con la adición de un nuevo edificio pagado con dinero privado, el Gonda Brain Research Center. También con el tiempo y con dinero privado, el NPI se convertiría en el Instituto Semel de Neurociencia y Conducta Humana.

El NPI albergaba los departamentos clínicos de psiquiatría, neurología y neurocirugía. Cuatro miembros de la Facultad de Psiquiatría, yo entre ellos, teníamos oficina en el NPI y laboratorio en el BRI. En mi laboratorio fueron a parar mis monos de 5-F (véase capítulo 4), los cuales durante mi ausencia en Alemania habían estado en manos de mi colaborador, el joven psicólogo Arthur Uyeda. Él me ayudó a completar el estudio de los efectos de la estimulación eléctrica cerebral sobre la discriminación taquistoscópica.

La exploración del espacio desencadenada en Estados Unidos por el primer satélite soviético (Sputnik 1) produjo en California una enorme revolución tecnológica. La industria de la aviación se desarrolló de modo asombroso, en especial en todo lo relacionado con cohetes y satélites. Esta revolución coincidió con el rearme provocado por la guerra fría con la Unión Soviética. Las industrias aeronáuticas que más se beneficiaron de este doble empuje fueron Lockheed, Convair, Hughes Aircraft, Northrop, y Douglas Aircraft.

La revolución espacial y la neurología

Al poco tiempo de llegar de nuevo a California, la revolución espacial benefició mi trabajo de investigador de dos maneras. La primera consistió en proporcionarme un técnico electrónico de primera categoría. El Instituto Neuropsiquiátrico, con su presupuesto del Departamento de Higiene Mental (con sede en Sacramento, capital del estado), empleó para sus investigaciones a Bill Bergerson, quien había trabajado para Lockheed, donde se había familiarizado con los últimos adelantos de la electrónica moderna. Aunque en el instituto trabajaba también para otros tres investigadores, se dedicó siempre sobre todo a nuestro laboratorio, simplemente porque le dábamos más trabajo que los otros.

Bill era extraordinariamente ingenioso y capaz de resolver cualquier problema que le planteáramos en relación con nuestra especializada investigación, por complejo que fuera. En neurociencia, como pronto aprendí, la clave del éxito está en la aplicación de los últimos adelantos tecnológicos. Esto es especialmente verdad cuando se trata de la neurociencia cognitiva con primates. Por este motivo, Bill fue una de las personas que más me ayudó a salir adelante en mi carrera científica. Trabajó con nosotros durante casi cuarenta años.

La revolución espacial me benefició de otro modo bastante curioso. Uno de los problemas con el que tropezaron al principio los fabricantes de satélites era que los satélites dejaban de funcionar y de enviar señales a la Tierra cuando, debido al calor producido por la fricción con la atmósfera, sus componentes electrónicos se dañaban de manera irreparable en vuelo. Larry Ott, un ingeniero que trabajaba en Hughes Aircraft para la NASA, resolvió el problema al diseñar pequeños termopares con los que se equipaban los satélites antes de ser lanzados al espacio. Estos funcionaban por el efecto de Peltier, un físico francés que lo descubrió en 1834: cuando dos piezas de distintos metales están en contacto una con otra y se pasa corriente entre ellas, se produce un gradiente térmico, de modo que una se enfría y la otra se calienta. Disipando el calor de la última, se consigue con la otra, la fría, un extractor de calor. Este método servía a los ingenieros aeronáuticos para enfriar los componentes eléctricos vulnerables al calor.

Se me ocurrió que el efecto Peltier podría utilizarse para desactivar *reversiblemente* partes del sistema nervioso. Con Bill me fui a Hughes a ver a Ott, y allí, entre los tres, diseñamos un dispositivo para enfriar de manera selectiva una zona determinada de la corteza cerebral del mono mientras el animal estuviera despierto y ejecutando una tarea de prueba psicológica. El aparato (figura 6.1) consistía en dos partes. Una parte era el termodo propiamente dicho: una sonda de cobre (buen conductor de calor) recubierta de oro (biológicamente inerte) hechurada a la zona de la corteza que queríamos enfriar. El termodo sería implantado sobre la corteza, a través del cráneo, con el animal bajo anestesia general.

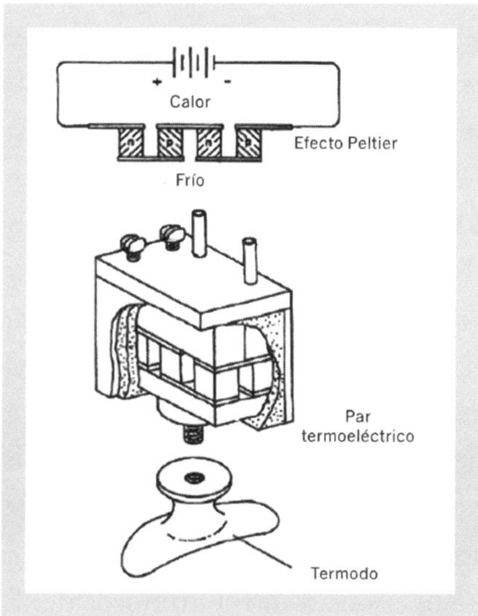

Figura 6.1. Asamblea termoeléctrica para el enfriamiento local de la corteza.

La otra parte del dispositivo consistía en un par termoeléctrico de forma cúbica, montable sobre el termodo en el animal despierto, activo y sentado en una silla de primate. Con el animal ejecutando una tarea conductual, podíamos bajar la temperatura de una zona concreta de la corteza sin que el animal se diese cuenta. Sabíamos que el enfriamiento ligero (por debajo de la temperatura normal, 37 grados centígrados) produciría una inactivación reversible del tejido nervioso. Así es que nuestro termodo nos permitía deprimir una función cortical durante un tiempo y volver a restablecerla a la normalidad con el recalentamiento de la sonda implantada a temperatura normal.

Gatos, conejos y monos

Con Uyeda comenzamos a experimentar de manera tentativa con nuestros termodos, tratando de averiguar los efectos del enfriamiento cortical sobre el electroencefalograma y los potenciales evocados visuales. Pero la aplicación sistemática del enfriamiento cortical en pruebas de conducta no tendría lugar hasta un par de años más tarde, alrededor de 1969, después de perfeccionar el método con la ayuda de Bill Bergerson, y con la colaboración de Gary Alexander, mi estudiante graduado, y Richard Bauer, un psicólogo posgraduado.

Entretanto, el laboratorio en la «barraca», como llamábamos al quonset T-67 del Veterans Hospital, seguía funcionando. Aunque el edificio había sido condenado como «trampa de fuego» por el jefe de bomberos del hospital, la burocracia del Veterans no había llegado a él todavía. Allí se unió a nuestro equipo Germán Sierra-Marcuño, un investigador visitante de la Universidad de Santiago de Compostela. Era un hombre inteligente, práctico y con sentido del humor irónico y perspicaz. Con él emprendimos un estudio de los efectos de estímulos luminosos de distinta intensidad sobre los potenciales que aquellos inducían en la corteza de gatos y conejos. El objetivo era esclarecer los fundamentos cerebrales de las leyes psicofísicas. Para nuestro asombro, la relación exponencial entre intensidad luminosa y potencial evocado resultó ser semejante a la que habíamos observado en Munich entre estímulo y potenciales sinápticos intracelulares.

También con Germán, emprendimos un estudio, en este caso en el conejo, de los efectos de la estimulación del sistema límbico sobre los potenciales visuales en la corteza. Tenía yo en la cabeza el libro de Rof Carballo, gallego como Germán, que tanto había pesado sobre mi decisión de venir a América. En aquel libro, para fundamentar su razonamiento sobre el papel de la amígdala límbica con respecto al significado instintivo y emocional de estímulos visuales, Rof Carballo mencionaba un estudio clásico de Klüver y

Bucy. Estos investigadores habían practicado en monos lesiones del polo del lóbulo temporal, con la amídgala en su interior, de ambos hemisferios. Después de la operación, los animales mostraron una conducta severamente anormal, caracterizada entre otras cosas por la falta de emotividad, la hipersexualidad y la hiperfagia. Comían indiscriminadamente objetos nocivos o aversivos para un animal normal, como son clavos y heces. Todo ello indicaba que los animales sin amígdala habían perdido la noción del significado biológico, bueno o malo, de los objetos de su entorno.

Basándonos en aquellos hechos, razonamos con Germán que la corteza visual debía tener acceso a influjos moduladores procedentes de la amígdala. Para sustanciar tales influjos, nos dedicamos a estimular eléctricamente esta estructura límbica, mientras observábamos los potenciales corticales evocados por estímulos visuales. Los resultados eran sorprendentemente semejantes a los que habíamos obtenido con la estimulación reticular (véase capítulo 4). Todo esto indicaba claramente que en el animal normal la percepción cortical de objetos visuales estaba sujeta no sólo a la modulación por parte del estado de alerta, sino también a la modulación límbica mediadora del significado instintivo o emocional de aquellos objetos.

Pero el conejo está muy lejos de los primates. Con Art Uyeda en el BRI, nos encontrábamos en mejores condiciones para investigar esas cosas en primates. Decidimos dedicarnos a registrar neuronas del sistema límbico (emocional) de monos sometidos a estímulos visuales apetitivos (agradables) y aversivos (desagradables). Si bien existían muchos relatos sobre los efectos de lesiones del sistema límbico sobre instintos y emociones, la literatura fisiológica de este tema era prácticamente virgen. Art estaba muy interesado en ello, porque su tesis en psicología, bajo su mentor, el profesor Seward, versaba sobre la recompensa y la motivación en ratas.

Entrenamos a monos para que discriminaran entre estímulos visuales asociados con consecuencias agradables o desagradables. Para el animal, cuatro hileras paralelas y horizontales de luces contiguas en un tablero cuadrangular significaban y precedían el acceso a una golosina; pero cuatro hileras verticales significaban y precedían una descarga eléctrica moderada a los pies y posaderas del animal (sentado como estaba sobre una rejilla metálica).

Mientras los monos discriminaban la orientación de aquellas hileras luminosas, registrábamos (con microelectrodos introducidos en el cerebro por medio de mi micromanipulador) la descarga de células nerviosas en varias estructuras del sistema límbico del animal. Un sistema hidráulico nos permitía mover el microelectrodo dentro del cerebro del animal a distancia, desde una habitación contigua a la cámara en la que ejecutaba su tarea. Los registros celulares revelaron la validez de nuestras conjeturas. En tres regiones límbicas, a saber, la amígdala, el hipocampo, y la corteza piriforme, muchas neuronas respondían con cambios de descarga a los estímulos visuales apetitivos o aversivos. Entre ellas había células, en especial en la amígdala, que respondían de manera diferencial a los dos estímulos, en función de su significado (golosina o *shock*). Por lo tanto, esas células parecían estar en sintonía con el significado emocional de los estímulos: unas con la expectativa placentera y las otras con la ansiedad ante la probabilidad de *shock* eléctrico. El papel de la amígdala en la emoción y la motivación adquiriría creciente importancia en años venideros.

Incursión en el psicoanálisis

El Instituto Psicoanalítico de Los Ángeles estaba en el corazón de Beverly Hills. Su director, el doctor Ralph Greenson, me recibió muy cortés, aunque algo receloso. Había conversado conmigo de antemano por teléfono y sabía quién era y cuál era el motivo de mi visita. «Conque usted quiere ser admitido en nuestro instituto para recibir educación psicoanalítica, ¿no? Pero siendo usted un investigador del cerebro que trabaja con monos, ¿para qué necesita el psicoanálisis?» Le expliqué que mi interés en el método era puramente científico, como lo era mi trabajo con monos; que ambos tenían como objetivo entender mejor la mente humana, y que no tenía ninguna intención de diplomarme como especialista en psicoanálisis.

No le dije que sabía que él era el psiquiatra de Marilyn Monroe, aunque sí le dije que tenía intención de seguir una carrera académica en el Departamento de Psiquiatría de la UCLA, donde en aquel tiempo el psicoanálisis era una disciplina de rigor. Me despidió diciendo que en breve me informaría acerca del resultado de mi solicitud.

A los pocos días, Greenson me convocó de nuevo en su oficina. Me recibió de buen humor para darme la buena noticia: había sido admitido en el instituto. Puesto que mi interés en el psicoanálisis era sobre todo intelectual y no profesional, se me había concedido un entrenamiento máximo de tres años sin diploma final de psicoanalista. Por lo demás, mi entrenamiento sería el habitual para todos los candidatos. Era obviamente una concesión excepcional la que se me ofrecía. Para corresponder a esta concesión, Greenson me pidió sonriente y con manifiesta ironía que al terminar mi período didáctico yo aclarara a los miembros del instituto en qué parte del cerebro está el superego. Tres años más tarde, el instituto habría cumplido su parte del «contrato»; yo, no.

Como sea que la educación psicoanalítica requería el análisis personal del educando, se me había asignado como analista a un miembro del instituto: Hanna Fenichel, una analista de enorme reputación. *Née* Johanna Heiborn, había nacido en Berlín a finales del siglo XIX, hija del director general de AEG, la mayor industria eléctrica de Alemania. Después de ejercer durante unos años como trabajadora social en su ciudad natal, se trasladó a París por un año para ampliar estudios de psicología. En 1934, se fue a Praga, donde permaneció durante cuatro años. Allí entró en el círculo psicoanalítico de aquella ciudad, en el que se encontraba su futuro esposo, Otto Fenichel. Después de casarse, ambos emigraron a Estados Unidos, concretamente a Los Ángeles. Otto era oriundo de Viena, donde estudió medicina y fue durante un tiempo discípulo de Freud. Era un escritor prolífico, y su obra más conocida es *Teoría psicoanalítica de las neurosis*. Fue el analista de Ralph Greenson.

El psicoanálisis es un proceso o tratamiento carísimo, y este es uno de los motivos de su declive mundial en los últimos años, además del advenimiento de la psicofarmacología. Los seguros médicos privados no lo cubren, con mayor razón los del gobierno. Pues bien, en los años sesenta, el gobierno de Estados Unidos cubrió mi análisis personal con la doctora Fenichel. ¡Qué tiempos aquellos! Recordará el lector que me fui a Alemania con un *grant* de investigador de carrera del Instituto Nacional de Salud Mental. De vuelta de Alemania, bajo los términos del *grant*, se me autorizaba, incluso se me financiaba, el psicoanálisis personal. Naturalmente, el Instituto Nacional consideraba el análisis una ampliación de los estudios de un joven investigador de los problemas de la salud mental.

En términos personales, el psicoanálisis no me fue claramente beneficioso. Algunos amigos que me conocían bien me decían, con cierta ironía, que no me sirvió de nada, cuando menos en lo que se refería a mi carácter... Desde el punto de vista intelectual, sin embargo, es indiscutible que me ayudó mucho. Me ayudó a entender el poder extraordinario de las asociaciones cognitivas y emocionales en el desarrollo de la personalidad y en el ajuste al medio ambiente. Me ayudó a entender la importancia del desarrollo de las funciones ejecutivas en la educación del niño. En resumidas cuentas, el psicoanálisis personal me fue muy útil para cimentar mis ideas incipientes acerca del conexionismo cerebral en la memoria, así como las funciones cognitivas de la corteza frontal. El psicoanálisis, por otra parte, completaba la educación psiquiátrica que había adquirido en España, donde el psicoanálisis freudiano era una disciplina sin importancia académica.

Mientras el psicoanálisis freudiano o junguiano se extendió mucho en América del Norte y del Sur, nunca entró de lleno en las universidades españolas. Había en España, sin embargo, grupos de psicoanalistas privados, muchos de ellos diletantes y aficionados, ligeramente afiliados a las escuelas de medicina. Cabe hacer men-

Figura 6.2. Sofá del doctor Freud en su despacho de la Berggasse 19, Viena.

ción aquí de algunos médicos internistas interesados en la medicina psicosomática, como Marañón y Rof Carballo, que solían hacer interpretaciones psicoanalíticas, más o menos profundas, de los síndromes médicos que trataban en su práctica.

Cuando llegué por primera vez a Los Ángeles, no había prácticamente ningún catedrático de psiquiatría en todo el país que no estuviera educado en psicoanálisis. El que a partir de 1958 fue mi jefe en psiquiatría, después de mi beca Del Amo en anatomía, era Norman Brill, un entusiasta practicante del método psicoanalítico. El método formaba parte de la educación de todos los médicos residentes en psiquiatría. Así que mi educación psicoanalítica en los años sesenta entraba de lleno en el *esprit de corps* de mi nuevo departamento clínico, aunque seguía ocupando, además, mi cargo de investigador del sistema nervioso en anatomía.

SIGMUND FREUD (1856-1939)

Nació en la ciudad de Freiberg (Moravia), conocida hoy como Príbor, en la República Checa. Hijo de un mercader de lana, el pequeño Sigmund emigró con su familia primero a Leipzig y eventualmente a Viena, donde en 1873 inició sus estudios de medicina. Después de graduarse en la Universidad de Viena, entró de médico asistente en el servicio de neurología del Hospital General de aquella ciudad. Allí comenzó a interesarse en la psicopatología de las enfermedades del sistema nervioso, especialmente la histeria. Allí también comenzó su amistad y colaboración con Josef Breuer, quien puede ser legítimamente considerado, con Freud, cofundador del psicoanálisis. De aquella colaboración salió el concepto del «inconsciente» y la «histeria», como una enfermedad resultante del encubrimiento inconsciente —y represión— de conflictos sexuales o de otro género. Breuer y Freud utilizaron la hipnosis como un procedimiento práctico para burlar al inconsciente y hacer que la paciente (la histeria era mucho más frecuente en mujeres que en hombres) sacase a relucir sus conflictos y defensas patológicas para resolverlos. Con la verbalización de conflictos y defensas, el terapeuta ayudaba al paciente a liberarse de sus síntomas y de la subyacente ansiedad.

Como decía en un capítulo anterior, en 1885 Freud viajó a París para trabajar durante unos meses con Charcot, el maestro experto en la «gran histeria». Charcot opinaba que esta era una enfermedad neurológica de origen genético. De todos modos, Freud tuvo una influencia decisiva sobre Charcot, convenciéndole de que la histeria era una enfermedad de origen psicológico.

De regreso a Viena, Freud abrió un despacho en su domicilio para la práctica privada de la neurología. Al poco tiempo, se casó con Martha Bernays, de la que tuvo seis hijos. En su despacho privado entró de lleno en el tratamiento de pacientes, sobre todo mujeres, con trastornos psicógenos del sistema nervioso. Tal como había hecho con Breuer antes de su viaje a París, usó la hipnosis para hacer que sus pacientes verbalizaran los antecedentes de su vida y las causas inconscientes de sus trastornos. Pronto se dio cuenta, sin embargo, de que la apertura del inconsciente podía lograrse, sin hipnosis, por dos procedimientos capitales del método terapéutico psicoanalítico que él inició y posteriormente impulsó: el estudio de los sueños y el de la libre asociación.

Ambos procedimientos requerían que el paciente se relajara en un sofá (figura 6.2) y así, espontáneamente, con mínima intervención del terapeuta, verbalizara lo que le viniera a la mente acerca de sus problemas personales y vida pasada, así como sus sueños. El terapeuta estaba sentado detrás de la cabecera del sofá tomando notas. Gracias a la transferencia con el terapeuta, la cual consistía en un apego personal que era parte del proceso terapéutico, el paciente evocaba sus vivencias y conseguía con ello adoptar defensas psicológicas más normales que las que usaba y así librarse de sus síntomas.

Freud era persona de una gran cultura, con pleno dominio de varias lenguas clásicas y modernas, y escribía con una elocuencia y un estilo incomparables. Con el tiempo, él y sus discípulos fundaron asociaciones psicoanalíticas en varios países. La primera Asociación Psicoanalítica Internacional fue fundada en 1910, con Carl Jung como presidente. Este fue en un principio un discípulo próximo y colaborador de Freud, pero posteriormente se distanció de él por desavenencias personales e intelectuales.

CARL GUSTAV JUNG (1875-1961)

Suizo de nacimiento, Jung pasó un tiempo en Burghöltzli, el asilo mental de la Universidad de Zurich, estudiando psicopatología con Eugen Bleuler, famoso psiquiatra que sistematizó la esquizofrenia y sus variantes con criterios diagnósticos que aun hoy son de uso común en todo el mundo. Jung fue el primero en usar los calificativos de «introvertido» y «extravertido» para distinguir dos tipos de personalidad caracterizados por distintos modos de relación del individuo con el entorno, especialmente su relación social. Continuó e incrementó el uso de pruebas diagnósticas de asociación, tratando a los enfermos psicológicamente, con el método de la asociación libre. Al mismo tiempo desarrollaba sus ideas sobre el inconsciente.

A diferencia de Freud, Jung restó importancia al papel de los conflictos sexuales como base de los «complejos» —palabra suya— que desde el inconsciente generaban neurosis. Creó, en su lugar, el concepto de «inconsciente colectivo», al cual podríamos llamar una especie de «memoria filética de alto nivel». Según Jung, es común a toda la humanidad y rige nuestra conducta desde los arquetipos de una recóndita espiritualidad. Esos arquetipos colectivos, representando el yo en su más genuina y profunda perfección, se manifiestan a través de la imaginación y de los sueños en forma de figuras visuales simétricas y armónicas llamadas «mandalas» (figura 6.3), reminiscentes de las imágenes de expresión mística de algunas religiones asiáticas. Según Jung, la plenitud del yo (*Selbst*, *self*) se alcanza en la segunda mitad de la vida.

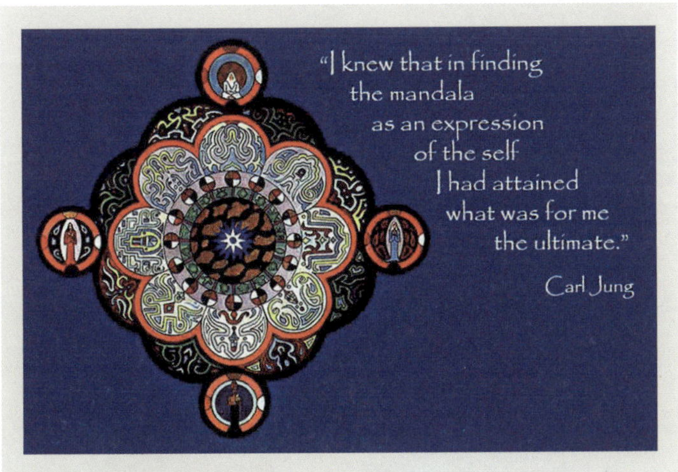

Figura 6.3. Un mandala, imagen del perfecto yo. Escribe Jung: «Sabía que encontrando el mandala como expresión de mí mismo había conseguido lo último».

Los consejos de Mellinkoff

El psicoanálisis era sólo una parte de mi reeducación como médico psiquiatra en la UCLA, donde había iniciado mi formación como investigador y donde quería iniciar mi carrera académica. Para conseguir esto último me faltaba revalidar mi licencia médica en California y poner al día los estudios que había realizado para conseguir el título de médico especialista en psiquiatría en España. Aquí me siento obligado a reconocer el consejo, orientación y gestiones del profesor Mellinkoff, quien durante veinticuatro años fue decano de la Escuela de Medicina de la UCLA. Él, más que nadie, encaminó mis esfuerzos hacia mi elevada posición académica de profesor en esa escuela.

Sherman Mellinkoff era un individuo excepcional en todos los sentidos. A pesar de su manifiesta humildad, era un hombre de los que en América llamamos *larger than life* (más grande que la vida). Personificaba en grado máximo las cuatro virtudes cardinales: prudencia, justicia, fortaleza y templanza. Quizá debido a esto, en sus discursos solía citar pasajes bíblicos.

Figura 6.4. Sherman Mellinkoff.

Mellinkoff nació en 1920 en McKeesport, Pensilvania, hijo de un vendedor de zapatos y su contable. Se graduó en medicina en la Universidad de Stanford. Después de dos años de servicio médico-militar en la guerra de Corea, donde alcanzó el rango de capitán, se trasladó primero a la Universidad de Johns Hopkins y después a la de Pensilvania, donde se especializó en gastroenterología. Fue reclutado por la UCLA en 1953, a los dos años de fundarse la Escuela de Medicina. Trabajó en el Departamento de Medicina Interna hasta que el rector de la universidad, Franklin Murphy, le nombró decano en 1962.

Mi primer contacto con Mellinkoff tuvo lugar como paciente suyo a fines de los años cincuenta, antes de ir a Alemania. Fui a verle con motivo de un trastorno gastrointestinal que resultó ser de origen psicosomático, ocasionado sin ninguna duda por el estrés de varios eventos que se acumularon por aquel tiempo en mi vida: encontrar alojamiento adecuado para mi familia (nuestra hija Lisa recién nacida), dar a conocer los primeros resultados de mi investigación con monos, conseguir una posición académica, resolver mi problema con Del Amo, conseguir un visado de residente, etc. Nunca olvidaré que aquel joven médico, en el curso de una sigmoidoscopia, me pidió excusas por someter a un caballero español a aquella indignidad.

Unos años más tarde, él ya decano y yo en situación más estable, Mellinkoff me llamó a su despacho para darme tres valiosos consejos. El primero era que estudiase para conseguir la licenciatura médica en California. El segundo que me involucrara en las funciones clínicas del Departamento de Psiquiatría: él hablaría con mi jefe, Norman Brill, para que se me permitiese atender sesiones clínicas con los médicos residentes de su departamento. El tercer consejo era que participase en el programa interdepartamental de graduados, subvencionado por el Instituto Nacional de Salud Mental y administrado por el BRI. Después de que Mellinkoff conversara con el director del BRI, Jack French, se me nombró representante de psiquiatría en el programa.

Aquellos consejos reflejaban la visión que Mellinkoff tenía de las responsabilidades académicas de los clínicos en la facultad de la Escuela de Medicina. Empezó su mandato imponiendo el criterio de que aquellos se involucrasen de lleno en la investigación y la enseñanza. Con este criterio, inició en la universidad un programa pionero de educación conjunta de médicos investigadores (M. D./ Ph. D.). El programa era semejante a los que siempre han existido en España y en otras naciones europeas, con estudios de posgrado, investigación y defensa de una tesis doctoral. Yo tuve en mi laboratorio a cuatro estudiantes del programa haciendo su trabajo de tesis bajo mi tutela.

A continuación, en los años sesenta, Mellinkoff impulsó la «dedicación exclusiva», de nuevo un concepto que conocemos bien en España pero practicamos sólo a medias (una buen número de médicos universitarios dedican la mañana a la universidad y la tarde a la consulta privada). En la UCLA, desde Mellinkoff, la dedicación exclusiva significa que todo miembro del profesorado médico tiene la obligación de dedicarse a la enseñanza o la investigación, o a ambas. Para ello, el médico firma un contrato anual con su jefe de departamento que le adjudica un sueldo básico y un suplemento que proviene bien de sus prospectivos ingresos clínicos o bien de *grants* para investigación. Cuando se implantó la norma, causó consternación entre clínicos que usaban el prestigio del profesorado universitario con la intención de atraer a pacientes ricos que llenaran sus arcas, sin control de la universidad. Con la normativa de Mellinkoff se produjo una desbandada de médicos, especialmente cirujanos, que dejaron la escuela porque en la calle ganaban más sin las restricciones que imponía la universidad.

Para mí, la dedicación exclusiva era ideal. Con ella, podría seguir mi labor de investigador y al mismo tiempo practicar la enseñanza y profesión de la psiquiatría. Pero aún no lo tenía todo. Aunque tenía la licencia y el título de especialista en psiquiatría españoles, carecía de licencia médica en California o de título académico en la UCLA.

Estudiando desaforadamente y atendiendo clases y conferencias, logré conseguir ambos. Mi examen de reválida, en San Francisco, fue una experiencia durísima en penosas circunstancias. Los temas eran difíciles (la bioquímica era casi enteramente nueva para mí) y mi entorno no era nada acogedor. Me alojaba en una residencia de estudiantes sucia e incómoda de la Universidad de San Francisco: un residente licenciado de otro estado, regresó un atardecer de su fracaso en el examen de patología y se suicidó. Con todo, pasé mi licenciatura con una respetable calificación del 88,5 por ciento.

Al poco tiempo, entré en el profesorado del Departamento de Psiquiatría con dedicación exclusiva, y mi sueldo subió de manera considerable. Sin embargo, mi carrera científica había sufrido un retroceso. Había dedicado tanto tiempo a mis estudios médicos y psiquiátricos que mi trabajo en el laboratorio había sufrido un bajón, y con ello su producción. El trabajo había seguido adelante, sobre todo en manos de Arthur Uyeda y estudiantes graduados, pero el número y calidad de nuestras publicaciones descendieron. Además, mi protector, el catedrático de psiquiatría, Norman Brill, cayó en desgracia y un psiquiatra de Oklahoma, Jolyon West, vino a tomar su puesto en 1969. Jolly, como todo el mundo le llamaba, era otro individuo excepcional de los que entraron en mi carrera académica. Fue nuestro *chairman* durante veinte años.

West siempre ejerció manga ancha en nuestra universidad y dio libertad intelectual a todos sus investigadores. Yo fui sin duda uno de los beneficiados. Recuerdo, sin embargo, que West era un entusiasta de la ecología y de los animales, con poca tolerancia para la investigación que de algún modo pudiera estropear el medio ambiente o hacer sufrir a un animal. En esto último, él y yo coincidíamos. Antes de que surgieran en las universidades los movimientos estudiantiles en defensa de los derechos de los animales, recuerdo que él firmaba con gusto, y así me lo decía, mis solicitudes de *grants* para trabajar con monos, las cuales yo siempre terminaba con la frase: *Only happy animals give good data* (Sólo los animales felices dan buenos datos).

LOUIS JOLYON WEST (1924-1999)

Hijo de judíos rusos que emigraron a Nueva York, salió de una infancia miserable a base de fuerza de voluntad y dedicación al estudio. Desde muy joven sentía una profunda devoción a la libertad individual y a los derechos humanos. Toda su vida se sintió llamado a protegerlos a toda costa. Estudió medicina en la Universidad de Minnesota y se especializó en psiquiatría en la de Cornell (Nueva York). Después de servicio médico-militar (fuerza aérea) en San Antonio (Texas), tomó la posición de catedrático de psiquiatría en la Universidad de Oklahoma. En los años cincuenta, durante la guerra de Corea, y estando de servicio como psiquiatra militar en San Antonio, fue llamado a formar parte de un panel nombrado por un tribunal militar. El panel tenía la misión de averiguar los motivos por los que treinta y seis pilotos americanos capturados por los coreanos se habían declarado públicamente culpables de crímenes de guerra. Después de ser liberados por el ejército de Estados Unidos, se les acusó de haber cometido alta traición. West los interrogó a todos y, en contra de las sospechas de que habían sido sometidos a tortura, drogados o hipnotizados para hacerles confesar, llegó a la conclusión de que el método más común y eficaz utilizado por sus captores para arrancarles la confesión era simplemente la privación crónica, sostenida, del sueño. El informe del panel fue redactado por West. Fue el testimonio decisivo para que el tribunal absolviera a todos los pilotos.

La psiquiatría de West era distinta de la de sus predecesores académicos. El psicoanálisis ya no era para él la piedra de toque de la mente humana. Era un «organicista» y creía firmemente que la enfermedad mental era producto de un trastorno cerebral. En sus años de profesorado vivió muy de cerca dos movimientos de empuje decisivo que marcaron sus actividades profesionales y académicas. Uno fue el advenimiento de la psicofarmacología; el otro, la revolución social y cultural que resultó de la intervención de Estados Unidos en dos guerras impopulares que terminaron en derrota: Corea y Vietnam. No menos importantes en este sentido fueron el asesinato de Kennedy y la dimisión forzada de Nixon. Curiosamente, la crisis sociocultural de la década de 1960 en Estados Unidos se asemeja a la crisis de 1898 en España. Ambas se caracterizaron por la desmoralización y el pesimismo generales en la población, así como por el desafío a todo género de autoridad.

La psicofarmacología surgió con la introducción —tardía en América— de los medicamentos neurolépticos para el tratamiento de las psicosis, así como de la popularidad de sustancias psicodélicas, sobre todo entre gente joven. El movimiento *hippie* comenzó a fines de los sesenta, y con él se extendieron el uso y el abuso de alucinógenos. Ya mientras estaba en Oklahoma, Jolly West se interesó vivamente en los alucinógenos, particularmente por sus efectos en la conducta social y en las experiencias de trance anímico. Muy a pesar suyo, se hizo célebre con su experimento fallido inyectando LSD a un elefante.

El elefante macho periódicamente entra en un estado peculiar que en inglés se llama *musth*. Durante este estado que en castellano podemos designar como estro o celo, el animal se muestra extraordinariamente agresivo y su conducta se torna errática. El nivel de testosterona en su sangre llega a ser seis veces por encima de lo normal. En el Parque Zoológico de Oklahoma había un elefante llamado *Tusko* que solía exhibir *musth* de modo exagerado. Mientras *Tusko* estaba en él, a West y sus colegas se les ocurrió administrarle LSD, razonando que la droga lo calmaría. Le inyectaron una dosis masiva, de varios gramos; el lector recordará que tan sólo unos pocos microgramos de la sustancia bastaban para alterar la conducta visuo-motora del mono. Aun teniendo en cuenta las diferencias de peso entre el mono y el elefante, el LSD le sentó a *Tusko* muy mal, pues a los cinco minutos de la inyección entró en convulsiones. Basándose en la teoría, entonces en boga, de que el LSD produce una psicosis artificial, los investigadores decidieron administrar a *Tusko* una dosis no menos masiva (casi tres gramos) de promazina, un fármaco antipsicótico. Este no logró contrarrestar los efectos del LSD, y el animal murió a los cuarenta y cinco minutos.

Si fue el LSD o el neuroléptico, o la dosis del uno o del otro, nadie aclaró qué fue lo que mató a *Tusko*. Unos años más tarde, en la UCLA, un investigador, Ron Siegel, logró inducir en dos elefantes una conducta errática reminiscente de *musth* añadiendo LSD al agua que bebían.

—

Carlos Castaneda y los alucinógenos

West siguió en Los Ángeles profundamente interesado en las sustancias psicodélicas o los alucinógenos, y sus efectos sobre la mente. Le interesaban, en particular, aquellas sustancias, como el alcaloide mescalina, que producen estados de alteración o expansión de la consciencia, además de alucinaciones visuales vívidas y espectaculares. Un día me invitó a tomar una cerveza en un bar de las cercanías del campus para discutir conmigo *Las enseñanzas de don Juan*, un libro de un tal Carlos Castaneda, que había sido publicado recientemente por la editorial de la UCLA. El autor, de origen peruano, había sido alumno del Departamento de Antropología. El libro era la base de su tesis de máster, o viceversa.

El libro relata las experiencias del autor como aprendiz del hechicero Juan Matus, un indio de la tribu yaqui, en Sonora (México). Juan era un *shaman*, un «hombre de conocimiento» y practicante de la magia. Ejercía sus poderes mágicos bajo la influencia de los efluvios («humitos») emitidos por la quema del polvillo extraído del peyote

Figura 6.5. Peyote, el hongo mágico.

(figura 6.5). Así salía del cactus el «espíritu». Mescalito, considerado una fuente de profundo conocimiento y de armonía interior.

El interés de West en la cultura india se extendía a muchas tribus. Por un tiempo aquel interés se concentró en la tribu de los tarahumara, que habitaban en la Sierra Madre de México. Con ellos puso a prueba sus ideas sobre la violencia, una tendencia del ser humano que aborrecía. Los tarahumara sostenían la no violencia como un valor supremo. Nunca castigaban físicamente a sus hijos, que por ello crecían sin expresar rabia o ira. Los crímenes violentos eran prácticamente inexistentes entre los tarahumara. West concluyó que la violencia engendra violencia.

A lo largo de toda su vida, y especialmente mientras fue nuestro jefe, Jolly West fue un campeón de la justicia y la libertad, como salió a relucir en todas sus relaciones sociales y sus testimonios públicos ante tribunales de todo género. Terminaré esta sección con un extracto de la nota biográfica de dominio público, que después de su muerte publicaron sobre él dos miembros de nuestra facultad, los profesores Herbert Weiner y Joe Yamamoto (traducción libre):

La suya es una historia típica de éxito en Estados Unidos: el hijo de inmigrantes pobres que a fuerza de inteligencia y energía saca lo mejor de la libertad y la oportunidad que se le ofrecen para realizar sus objetivos. Desde una edad temprana y durante toda su vida, West luchó por la igualdad de derechos de los demás y para que tuvieran oportunidades para la autorrealización como las que él tuvo. Era audaz y valiente. Adoptando las causas más dispares, lideró el camino hacia la integración de las especialidades médicas, así como la lucha por los derechos civiles en el sur de Estados Unidos. Luchó de manera incesante por la libertad y la dignidad individual, oponiéndose a los prejuicios, la intolerancia, la violencia, la tortura, la subyugación, el castigo y el maltrato por parte de los gobiernos, el poder judicial, los militares, los secuestradores, los líderes de culto y los falsos profetas. Se puso siempre del lado de los pobres, de las minorías, de los niños, de los marginados, de los enfermos mentales, de los no educados y de los débiles.

Psiquiatra para hispanos

«¡Mujer, tienes la casa tan llena de santos y tú estás tan llena de odio!» Así se expresaba en mi despacho el bueno del señor G. dirigiéndose a la buena de su esposa. Me costó reprimir la carcajada. Era un matrimonio cubano, ambos setentones, a quienes yo había convocado para entender mejor la dinámica conyugal. Él era un paciente de la Clínica Psicosocial de Hispanos, en la que yo trabajaba bajo la dirección de Cynthia Telles, una psicóloga que era hija del que había sido embajador de Costa Rica en Estados Unidos. Los motivos por los que entré al servicio de la doctora Telles requieren un poco de explicación.

Resulta que, como consecuencia de la enorme cantidad de tiempo y esfuerzo que dediqué a mis estudios psiquiátricos, mi trabajo como investigador sufrió un bajón. Habiendo juzgado de manera peyorativa, como correspondía, el número y calidad de mis más recientes publicaciones, Washington dejó de renovarme el *grant* de investigador de carrera que el NIMH me había concedido diez años antes. Lo peor es que con ello me quedaba sin sueldo. ¡Un palo de los gordos!

Afortunadamente, Jolly West salió en mi rescate. Estaba buscando un psiquiatra para la clínica de hispanos y yo le vine como anillo al dedo. Puesto que yo tenía ya mi licencia californiana de médico y había ampliado en su departamento mis estudios psiquiátricos, se le ocurrió ponerme en el cargo, y hacerme responsable de los servicios médicos de la clínica de hispanos. Él la había fundado recientemente, otra de sus meritorias obras sociales. Conmigo podía justificar el restituir con fondos del NPI los 25.000 dólares anuales que el NIMH me había quitado. Cuando menos hasta que yo recuperara mi *grant.*

Esto ocurrió al año siguiente, después de haber publicado un par de artículos sobre la corteza frontal del mono y así haber podido demostrar que mi laboratorio había recobrado su empuje. Sin embargo, nunca dejé la clínica; seguí trabajando en ella *pro bono,* y así lo he estado haciendo durante más de cuarenta años hasta el día de hoy. Bien es verdad que antes le dedicaba más tiempo que ahora.

En buena parte, el motivo por el que mis servicios psiquiátricos se hicieron tan necesarios al NPI era que, aunque parezca paradójico en una ciudad como Los Ángeles, con casi la mitad de la población hispanoparlante, existía y existe una escasez alarmante de psiquiatras que dominen el español. Los pocos que hay se encuentran en la práctica privada, inaccesible a la población indigente, de la cual hay mucha entre los latinos. Ni que decir tiene, el dominio de la lengua es de importancia capital en la psiquiatría, mucho más que en ninguna otra especialidad médica.

Obviamente, toda la fenomenología psiquiátrica, así como toda clase de psicoterapias, se basan en el uso del lenguaje. El médico tiene que entender lo que dice el paciente, y viceversa. Rousseau decía que el lenguaje surge de la emoción, mientras que Kant afirmaba que surge de la razón. Ambos estaban en lo cierto, y el enfermo mental muestra con su lenguaje que tiene ambos, la emoción y la razón, alterados debido a su enfermedad.

El pájaro carpintero no tiene dolores de cabeza

«Joaquín —me preguntó un día Phil seriamente pero con un destello de ironía británica—, ¿cómo es que el pájaro carpintero no tiene dolores de cabeza?» «No lo sé, Phil. Si los tuviera no andaría por el mundo picoteando madera con tanta furia. Pienso que tendríamos que investigarlo.» Así comenzó uno de los estudios más fascinantes de mi vida.

Philip May, en paz descanse, era un buen amigo, psiquiatra de nuestra facultad. Educado en Cambridge y Stanford, fue director clínico del NPI desde 1956, el año de mi primera llegada a América. También dirigía un programa de investigación sobre el tratamiento de la esquizofrenia, por el que se hizo famoso, en el Hospital Mental de Camarillo, al norte de Los Ángeles. Allí, junto a su ventana, le visitaba habitualmente un pájaro carpintero con su martilleo (figura 6.6). Y allí es donde Phil se hizo por primera vez la pregunta acerca de la presunta inmunidad del pájaro a las cefaleas. Por eso vino a mi oficina en la UCLA para hablar del asunto. Con la ayuda del personal técnico del Departamento de Anatomía, pusimos en marcha el estudio. No nos costó ni un céntimo, pero su comienzo fue un poco dificultoso.

Problema número uno: el pájaro carpintero es una especie protegida. No podíamos trabajar con ejemplares nativos sin entrar en posibles conflictos con el gobierno. Por consiguiente, pensamos que una solución posible era ir a buscar los pájaros fuera del país, en Centroamérica, donde abundan. Phil tenía amigos en la Oficina de Investigación Naval (ONR), en Washington. Tal vez les interesaría el proyecto y, si era así, podrían ponernos a los dos a bordo de uno los buques de la Marina que frecuentaban la zona del Canal de Panamá; con objeto, naturalmente, de ir a buscar nosotros mismos ejemplares foráneos para el estudio. La propuesta fracasó por el simple motivo de que la ONR olió en todo ello un *boondoggle* (una empresa que cuesta tiempo y dinero sin ningún fin práctico).

Figura 6.6. Pájaro carpintero junto al autógrafo firmado por el compositor brasileño Heitor Villa-Lobos después de un concierto en Barcelona. En el pentagrama, fragmento de su *Chôros n.º 3*, «Pica-pau».

De momento, teníamos que contentarnos con el estudio anatómico minucioso de la cabeza del animal. Así lo hicimos con unos especímenes que un profesor de zoología de la universidad, Howell, tenía en unos frascos con formalina. Nos ofreció dos de ellos, gustoso (y curioso), para nuestro estudio. Nuestra primera preocupación, antes de empezar, era que la anatomía de aquellos animales fijados en formol no podía aproximarse a la normalidad, ni de lejos. Ya *a priori* nos parecía imposible verificar una hipótesis que barajábamos: el cerebro del animal está rodeado de líquido cefalorraquídeo que podría «acolchonarlo» y así protegerlo de impactos. La hipótesis era ingenua y errónea. Así nos lo confirmó un oficial de correos que consultamos. «¡Ni hablar! —nos dijo riendo—. Si queréis proteger el contenido de un paquete del ajetreo y los golpes del transporte, no metáis en él nada de líquidos ni de aire en su derredor; a lo más, espuma, y densa.»

En efecto, como pudimos comprobar al seccionar la cabeza de los dos pájaros, el cerebro está rodeado de una capa finísima de líquido cefalorraquídeo. Por lo demás, dentro del cráneo, todo es tejido compacto. Pero fue en la configuración del mismo cráneo donde descubrimos las claves de la invulnerabilidad del cerebro al impacto repetido del martilleo (veinte golpes por segundo, desaceleración al choque con madera, mil *g*): la base del pico es de hueso esponjoso, que serviría de amortiguador. Además, el cráneo es de considerable grosor y está dotado de robustos arcos cigomáticos y de una cresta sagital interna para desviar del cerebro las líneas de fuerza. Se podría decir que el cráneo del pájaro carpintero está construido en cierto modo como una catedral gótica, con sus columnas y arbotantes, para aguantar el peso del techo (el impacto del pico en el caso del pájaro).

Publicamos el estudio en *The Lancet* de Londres, la revista médica de más prestigio de Inglaterra. En el artículo ofrecíamos datos de anatomía comparada con el tucán, un ave con un pico enorme que no martillea madera como el pájaro carpintero. Además, mostrábamos la imagen de un casco militar británico de la Primera Guerra Mundial, acompañada de sugerencias para mejorar su construcción, con objeto de evitar la contusión cerebral por impacto en la cabeza del soldado.

El impacto publicitario de nuestro artículo en varios países fue fenomenal. Me veo, en mi memoria, corriendo por los pasillos del Centro Médico huyendo despavorido de las cámaras cinematográficas de las televisiones italiana y canadiense. Nunca mis monos atrajeron tal publicidad.

Quedaba por resolver la cuestión de la trayectoria de los movimientos de la cabeza del pájaro durante el picoteo. La cuestión era importante. La anatomía nos había dado respuesta a la pregunta de cómo el animal evitaba el daño cerebral si el pico golpeaba perpendicularmente la madera. Pero, ¿qué pasaría si se lo da oblicuamente? La evidencia procedente del boxeo es, en este sentido, literalmente «contundente». Los golpes más dañinos al cerebro del boxeador son los que vienen a la cabeza de abajo o de lado, sobre todo si son inesperados, a saber, sin tensión preparatoria de los músculos del cuello. Tales golpes (por ejemplo, el maldito *uppercut*) ocasionan rápidas e intensas fuerzas centrífugas dentro del cerebro que frecuentemente desgarran su tejido. Era necesario analizar con atención el picoteo del pájaro en película de cine y a cámara lenta.

Un estudio cinematográfico de Hollywood nos proporcionó un film de un pájaro carpintero en acción natural que había servido en la década de 1940 para llevar a la pantalla a Woody Woodpecker (el Pájaro Loco), la famosa creación del dibujante Walter Lantz. El film no nos sirvió de mucho, pues la velocidad de sus imágenes sucesivas era demasiado lenta para el estudio dinámico del rápido picoteo. Decidimos que lo mejor sería hacer un film nosotros mismos con una máquina de cine digital de alta velocidad. Pero, ¿dónde encontrar al sujeto? Después de numerosas pesquisas, lo encontramos, en la cabaña de un guardabosque del parque de Placerita (California) que tenía uno domesticado. El pájaro picoteaba con gusto un tronco que tenía allí dentro de la cabaña a su disposición. ¡Lo divertido es que el bicho a veces se ponía a hacerlo cuando oía el ruido repentino de una máquina de escribir!

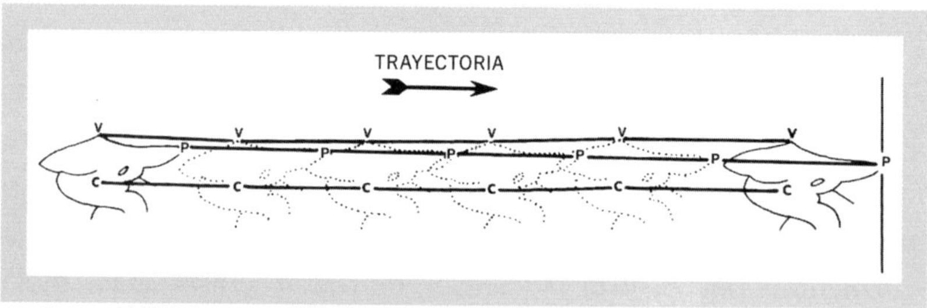

Figura 6.7. Trayectorias lineales del pico (P), vertex (V) y cabeza (C) del pájaro carpintero martilleando madera.

El análisis estereométrico digital nos llevó a la conclusión de que el pájaro carpintero martillea la madera con movimientos lineales de la cabeza (figura 6.7), evitando así la rotación perjudicial para el cerebro. Asombra imaginar la exquisita coordinación adaptativa de los músculos del cuello que se logró a lo largo de la evolución del pájaro, para evitar la rotación y daño consiguiente. Cerraré este capítulo con el descubrimiento de dos graciosas maniobras antropomórficas de nuestro pájaro. Una es también defensiva: cerraba los párpados veinticinco milisegundos antes de cada picotazo, aparentemente para proteger los ojos de las briznas de madera o para impedir que se salieran de la órbita por la inercia del impacto. La otra maniobra del animal era dar, para empezar, un par de picotazos suaves, «de tanteo», a la madera, antes de desplegar su furia, ¡como hace un carpintero antes de darle con fuerza al clavo!

B
A
a
D

7

Mi debut en los lóbulos frontales y las células con memoria

A lo largo de dos siglos, neurólogos y psicólogos han hecho todo tipo de conjeturas acerca de las funciones cognitivas del sistema nervioso, basándose en lo que ocurre cuando una de sus partes ha sido dañada por un trauma, una enfermedad o una lesión deliberada. Contra el viento y marea de las dudas y las críticas, han continuado los esfuerzos para localizar la memoria y el conocimiento, en base a las consecuencias de lesiones cerebrales. Bien es verdad que, en la actualidad, los métodos funcionales ponen en entredicho el «localizacionismo» y sostienen el concepto más adecuado de red neuronal distribuida e integradora. Pero la tendencia a localizar por lesión está tan enraizada que merece una mención, cuando menos histórica. Todo empezó con la frenología de Franz Joseph Gall.

FRANZ JOSEPH GALL (1758-1828)

La frenología es una pseudociencia que nació en Alemania en el siglo XVIII y se extendió por toda Europa, en especial en Gran Bretaña (la primera sociedad internacional frenológica se formó en Edimburgo) y, posteriormente, en Estados Unidos. Su fundador fue un médico, Franz Joseph Gall, y su más influyente divulgador fue su colaborador Johann Gaspar Spurzheim, quien inventó el término «frenología», en contra de las objeciones de Gall, quien se consideraba ante todo un fisiólogo y neuroanatomista. El movimiento frenológico tenía antecedentes en Francia, donde después de la Revolución, el racionalismo de la Ilustración era excepcionalmente receptivo a ideas nuevas. Una de esas ideas era que existía una relación entre los rasgos fisiognómicos y la personalidad; otra era la relación entre el cerebro y la mente o psique (el «alma» hasta entonces). Ambas ideas influyeron en el pensamiento de Gall y de sus adeptos y les llevaron a su frenología.

No es difícil colegir cualidades personales a partir de las facciones de la cara, pero sí lo es (en realidad, es un conocimiento ilusorio) hacerlo a partir de la forma del cráneo. Eso es justamente lo que hizo Gall, aunque la base de datos que utilizó no está ni mucho menos clara. Publicó sus datos e inferencias en un libro con ampuloso título: *Anatomía y fisiología del sistema nervioso en general, y del cerebro en particular, con observaciones sobre la posibilidad de reconocer muchas disposiciones intelectuales y morales del hombre y de los animales por la configuración de sus cabezas*, publicado en 1819.

Según los frenólogos, el cerebro está dividido en una serie de órganos y cada uno de ellos alberga una función psíquica determinada (figura 7.1). Bultos en el cráneo denotan los órganos subyacentes y, por consiguiente, la magnitud o predominio personal de sus correspondientes funciones.

Figura 7.1. Ejemplo de mapa frenológico.

De la frenología a las redes neuronales

A pesar de sus paparruchas, la frenología tuvo en su tiempo una enorme popularidad, sobre todo entre gente inculta, aunque esa fama disminuyó de manera rápida a mediados del siglo XIX y hoy en día es motivo de burla. Sin embargo, Joseph Gall merece un lugar en la historia de la neurociencia por haber establecido dos principios que en su tiempo eran novedosos pero que hoy son universalmente aceptados:

1. Que la mente está en el cerebro.
2. Que distintas partes del cerebro («órganos») tienen funciones psicológicas distintas.

En los años 1850-1860, cuando la frenología ya había entrado en declive, un acontecimiento notable la reavivó y la dotó de mayor objetividad que la que tuvo durante su apogeo. Un médico francés, Paul Pierre Broca, hijo de un cirujano de Napoleón, antropólogo darwiniano empedernido, descubrió en el cerebro el *centro* del lenguaje hablado.

Broca practicó autopsias en una docena de enfermos neurológicos que en vida habían manifestado un trastorno peculiar del lenguaje, un tipo de afasia. El trastorno consistía en una disminución global de la expresión verbal. El enfermo mostraba una marcada incapacidad de articular correctamente frases y palabras, si bien solía pronunciar de manera compulsiva sílabas aisladas o frases «telegráficas», sin artículos ni preposiciones. Era un trastorno en la *producción* del lenguaje.

En las autopsias, Broca observó que los cerebros de sus enfermos de manera invariable habían sufrido una lesión (tumoral, vascular, traumática o infecciosa) en un área determinada, o en su inmediata vecindad, de la corteza del lóbulo frontal del hemisferio izquierdo, a la que se le dio su nombre. El área de Broca (figura 7.2) está situada en la tercera, o inferior, circunvolución frontal izquierda.

Unos años más tarde, otro neurólogo, el alemán Carl Wernicke, identificó una segunda área cortical implicada en el lenguaje, situada en este caso en la parte posterior del hemisferio izquierdo y ocupando sectores de sus lóbulos parietal y temporal (figura 7.2). Lesiones del área de Wernicke y sus alrededores provocan una afasia receptiva. Se trata en esta ocasión de un trastorno de la *comprensión* del lenguaje: el enfermo habla mucho (logorrea), pero lo que dice apenas tiene sentido o significado. En consecuencia, muchos pensaron que las funciones lingüísticas de las dos áreas se complementaban: la de Wernicke servía para entender el lenguaje hablado, mientras que la de Broca servía para producirlo.

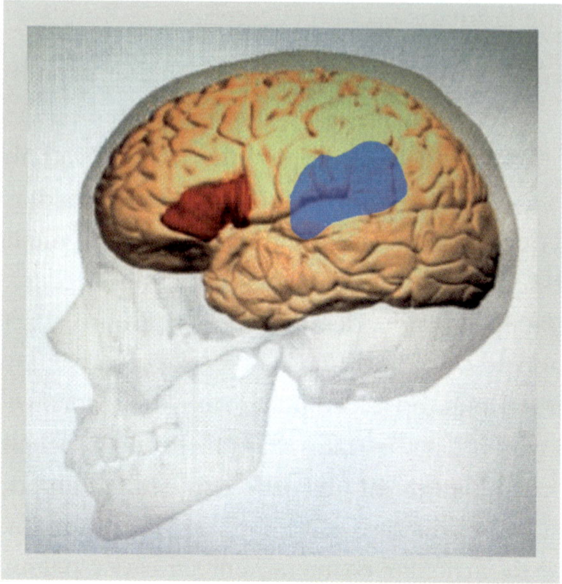

Figura 7.2. Área de Broca (en rojo) y área de Wernicke (en azul).

Hoy sabemos que las cosas no son tan sencillas. Ambas áreas son regiones focales dentro de extensas redes neuronales involucradas en el lenguaje, pero casi toda la corteza cerebral contribuye en cierto grado a las funciones cognitivas del lenguaje. Es verdad, sin embargo, que la corteza del hemisferio izquierdo (dominante en la mayoría de los individuos) contribuye más al lenguaje que la del derecho (no dominante). También es verdad que, dentro del hemisferio izquierdo, existen dos áreas concretas, la de Wernicke y la de Broca, que por su riqueza de asociaciones con redes sensoriales y motoras, respectivamente, son bastante críticas para la comprensión y la producción del lenguaje hablado. Las dos áreas constituyen los dos polos del ciclo percepción-acción del lenguaje.

Lo dicho acerca de la presunta localización del lenguaje es paradigmático de lo que ocurre con respecto a la localización de *todas* las funciones cognitivas. Un área determinada aparenta ser crítica para una función determinada cuando observamos los efectos de su lesión. Pero el estudio funcional demuestra que dicha área no es más que un denso nudo de conexiones dentro de una extensa red cortical que es el verdadero sustrato de la función. Lo mismo ocurre con la corteza prefrontal del mono con respecto a su presunto papel en la memoria reciente, mejor dicho, memoria *operante* o de trabajo.

La respuesta retardada

En los primeros años de la década de 1930, Carlyle Jacobsen, un psicólogo de la Universidad de Yale que trabajaba en el laboratorio del fisiólogo John Fulton, demostró en monos de varias especies que después de una ablación frontal se producía una alteración de la conducta que resultó ser el más constante y reproducible de todos los déficits cognitivos por lesión cerebral en primates. Los animales, a los que se les había extirpado bilateralmente la corteza asociativa del lóbulo frontal (corteza prefrontal), eran incapaces de retener en su mente una señal visual durante más de tres o cuatro segundos.

La prueba psicológica con la cual Jacobsen demostró el déficit era el test de la respuesta retardada (*delayed response*). El test consistía en lo siguiente. A la vista del animal, el investigador ponía un trocito de comida (por ejemplo, una pasa o un pedacito de manzana) debajo de uno de dos objetos idénticos situados sobre un tablero, uno a la izquierda y el otro a la derecha del campo visual del animal. Una cortina opaca descendía entonces para esconder los objetos durante unos segundos, el período de retardo o demora (*delay*). Al final de este retardo, el investigador levantaba la cortina y le daba al animal acceso a los dos objetos para que eligiera uno desplazándolo con la mano. Si era el correcto (cebado), se llevaba la comida como recompensa; si era el otro, la cortina descendía y el animal se quedaba sin recompensa.

El investigador repetía la prueba una y otra vez, variando la duración del retardo y registrando el número de respuestas correctas. Si el número resultante era sólo del 50 por ciento era porque el animal elegía el objeto al azar, pero respuestas correctas por encima del 50 por ciento denotaban su capacidad de memoria reciente.

Jacobsen observó que los animales con lesión frontal se equivocaban si el retardo era superior a dos o tres segundos, con lo que dedujo que su memoria reciente era defectuosa. Ergo, la corteza prefrontal almacenaba memoria a corto plazo. Ahora bien, ¿sería esa corteza el centro de la memoria visual reciente? Esta y otras preguntas semejantes salieron a relucir. Pero también se formularon críticas y conclusiones más generales, pues las lesiones de Jacobsen, además del déficit en la respuesta retardada, producían efectos más extensos sobre la conducta del animal. Algunas de las cuestiones suscitadas no se limitaban al terreno de la cognición.

El camino a la lobotomía

Londres, julio-agosto de 1935, Segundo Congreso Internacional de Neurología. Pocas veces se habían reunido tantas figuras ilustres del mundo de la neurología y la neurociencia. Sus nombres son hoy históricos, todos ellos cargados de prestigio profesional y científico: Pavlov, Le Gros Clark, Lhermitte, Barré, Goldstein, Brickner, Schaltenbrand, Minkowski, Penfield, Holmes (representando a Sherrington, que estaba enfermo)...

Fulton y Jacobsen presentaron su experimento sobre dos chimpancés, *Lucy* y *Becky*, a los que habían sometido a una ablación bilateral de lóbulos frontales. Antes de la operación, los dos animales eran de temperamento nervioso y beligerante. Después de la lobotomía, ambos se habían vuelto dóciles y más tranquilos. El efecto de la operación había sido especialmente destacado en *Becky*, que había dejado de tener sus frecuentes pataletas. Entre la audiencia, escuchando con atención, se encontraba António Egas Moniz, un médico neurólogo portugués que encontró en el relato de los chimpancés la justificación para una operación neuroquirúrgica a la que pensaba someter a enfermos mentales a su regreso a Lisboa: la lobotomía frontal.

—

Moniz era un célebre personaje, aunque controvertido en muchos sentidos. En su juventud, antes y después de hacerse médico en la Universidad de Coimbra, se dedicó intensamente a la política. De ideología liberal, estuvo dos veces en la cárcel por incitar a la gente a la violencia en manifestaciones públicas contra la monarquía. Más tarde, siendo decano de la Escuela de Medicina de la Universidad de Lisboa, fue arrestado por enfrentarse a la policía en defensa de estudiantes manifestantes, una situación semejante a la de mi abuelo materno, rector de la Universidad de Barcelona (véase capítulo 1).

Durante algunos años, sin embargo, Moniz estuvo en buenos términos con el gobierno. Fue durante un tiempo embajador en España y poco después ministro de Asuntos Exteriores, y representó a Portugal en la Conferencia de Versalles de 1918, al final de la Primera Guerra Mundial.

En 1926, a la edad de cincuenta y un años, Moniz dejó la política y se dedicó de lleno a la medicina. Se hizo famoso al introducir la arteriografía cerebral por radiología de contraste. De este modo, logró ser la primera persona en el mundo que pudo visualizar radiográficamente los vasos del cerebro: presentó el método por primera vez públicamente en la Sociedad Neurológica de París y en la Academia de Medicina Francesa.

En 1936, después del Congreso de Londres y de asistir a la ponencia de Fulton y Jacobsen, Moniz pidió a su colega Almeida Lima, neurocirujano, para que practicara la leucotomía prefrontal a veinte enfermos mentales en los que otros tratamientos habían fracasado. (Moniz no podía hacerlo porque no tenía licencia quirúrgica y además sufría de gota incapacitante de las manos.) La mayoría de los pacientes eran esquizofrénicos, obsesivos o depresivos, casi todos sujetos a incontrolable ansiedad.

En los primeros diez pacientes, bajo anestesia general, Lima interrumpió las fibras de conexión entre la corteza prefrontal y el resto del cerebro inyectando alcohol absoluto en la substancia blanca de ambos lóbulos frontales. En los otros diez pacientes, lo hizo por medio de un instrumento llamado «leucotomo», que consistía en un bucle de hilo de acero retraído dentro de una cánula. El bucle salía de la cánula y se expandía cuando la cánula había sido introducida en el cerebro y, por rotación, seccionaba las fibras nerviosas en su interior. Según Moniz, el resultado final de la operación en los veinte pacientes fue de siete curas, siete mejorías y seis sin cambio. La leucotomía prefrontal tuvo su auge en los años cuarenta y a Moniz se le concedió por ella el Premio Nobel en 1949.

—

En América, el neurocirujano Walter Freeman, de San Francisco, aplicó la leucotomía frontal de Moniz en numerosas ocasiones y le dio una ruidosa publicidad. Pero en los años cincuenta su uso cayó en picado por razones éticas, así como por la variabilidad individual de sus efectos y por las secuelas adversas que tenía sobre la personalidad del enfermo. En 1954, junto con H. Urban, mi jefe en la Clínica Neuropsiquiátrica de la Universidad de Innsbruck, escribimos un artículo crítico acerca de la leucotomía que se publicó en la revista *A Medicina Contemporânea* de Lisboa (donde vivía Moniz). En él decíamos, en castellano, que era injustificada la «reducción de una persona, aun estando su mente gravemente enferma, a la posesión de un psiquismo automatizado y regresivo, a una conducta y un carácter inconsistentes, a una amputación de la conciencia moral, a una pérdida de nivel intelectual». Urban no hablaba español, por lo que me inclino a pensar que ese ampuloso lenguaje era producto de mi mentalidad juvenil, de veinticuatro años.

Los efectos de la leucotomía eran variables y complejos porque la operación era ciega y destruía conexiones de múltiples áreas prefrontales con funciones distintas (figura 7.3). En líneas generales, la corteza prefrontal lateral está involucrada en funciones cognitivas (memoria, percepción, lenguaje, inteligencia), mientras que las cortezas medial y orbitaria lo están en las emociones. La leucotomía seccionaba fibras de conexión con las tres áreas de modo imponderable. De aquí que la operación alterase con frecuencia ambos aspectos de la personalidad, el cognitivo y el emocional.

Los efectos eran semejantes a lo que le ocurrió a un tal Phineas Gage, quien sufrió una leucotomía accidental a mediados del siglo XIX. Gage era un obrero que trabajaba en la construcción de línea férrea en el este de Estados Unidos. Una explosión accidental de dinamita proyectó hacia su cabeza una barra de hierro, de tal manera que le atravesó el cráneo, entrando por una órbita ocular y saliendo por la convexidad superior de la frente. La víctima sobrevivió milagrosamente al accidente, pero, después de su recuperación, su personalidad cambió de manera tan profunda en todos los sentidos que sus compañeros decían que «Gage ya no era Gage».

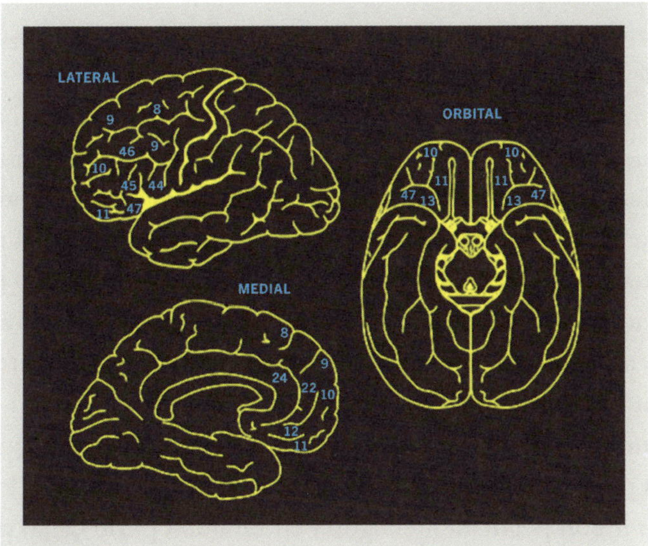

Figura 7.3. Los tres aspectos de la corteza prefrontal humana (con números *azules* correspondientes al mapa citoarquitectónico de Brodmann).

Lesiones reversibles

En medio del barullo causado por la leucotomía y sus promotores, continuaron los intentos, de cariz más científico, para localizar en el cerebro del mono las funciones psicológicas de la corteza del lóbulo frontal. Los experimentos de Jacobsen con la tarea de respuesta retardada habían dado por sentado el papel de la corteza prefrontal en una forma de memoria reciente. Pero no estaba claro si esta memoria era sólo visual o si se extendía a otras modalidades sensoriales, si era memoria a corto o a largo plazo. Tampoco estaba claro cuál era exactamente la región de corteza prefrontal que resultaba crítica para la memoria en cuestión.

Varios neuropsicólogos de prestigio, como Pribram, Rosvold, Mishkin y Goldman-Rakic, se dedicaron a investigar estas cuestiones por medio de lesiones de la corteza frontal cada vez más selectivas, y empleando pruebas conductuales cada vez más sofisticadas. Todos ellos fueron capaces de reproducir uno u otro aspecto del déficit que

Jacobsen había demostrado, pero ninguno fue capaz de resolver ninguna de las preguntas más importantes de modo definitivo.

El efecto Jacobsen adolecía del problema que contamina todos los estudios por lesión nerviosa, tanto en el hombre como en los animales: la lesión de una parte del sistema nervioso produce de manera inevitable efectos secundarios en otras partes del mismo. Esos efectos pueden consistir en la compensación parcial o total de la función perdida o en el deterioro degenerativo de las funciones de esas otras partes. En uno u otro caso, la función de la parte lesionada queda enmascarada.

Solución: producir lesiones reversibles, de tal modo que cada animal puede ser usado de manera repetida como control de sí mismo, sin lesión permanente alguna en ninguna parte de su cerebro. De esta manera se evitan los efectos secundarios de compensación y degeneración remota. Para lograr producir lesiones reversibles, nos pareció que disponíamos del método ideal: el enfriamiento temporal con las sondas Peltier, que habíamos diseñado con Ott, Bergerson y Uyeda.

Experimentos con lesiones reversibles

Dos personas me ayudaron a poner en práctica la lesión criogénica reversible de corteza prefrontal en monos, al ejecutar pruebas de memoria reciente. Una fue Gary Alexander, estudiante de medicina y candidato a su Ph. D. conmigo; la otra fue Richard Bauer, psicólogo postgraduado oriundo de Montana. Con ellos demostramos que el enfriamiento de la corteza prefrontal lateral producía un déficit reversible en las pruebas de respuesta retardada. El déficit aparecía con el enfriamiento de la corteza a 25 grados centígrados y era más acusado a 20 grados (no solíamos enfriar a temperaturas más bajas para evitar provocar una lesión irreversible del tejido nervioso). Además, el déficit aumentaba en función de la duración del período de retardo en la prueba de memoria, pues era mínimo con un período de cinco segundos pero mayor con treinta segundos o más. Por último, los déficits a cualquiera de las temperaturas corticales aplicadas ocurrían sin que el animal mostrase el menor trastorno aparente de sensación, movimiento o motivación.

Jacobsen y sus seguidores necesitaban que el animal, en su tarea de respuesta retardada, recordase por unos segundos un estímulo visual, definido de manera concreta por su posición en el espacio, derecha o izquierda. De aquí salió la noción de que la función de la corteza prefrontal era la memoria visual, y en concreto la espacial. Con Bauer demostramos que el estímulo a recordar no tenía por qué ser espacial, sino que podía ser, por ejemplo, un color. Empleando dos colores, rojo y verde, en una tarea de respuesta retardada (comparación retardada a un patrón, *delayed matching-to-sample*), el animal con la corteza prefrontal enfriada también fallaba, especialmente si el intervalo de retención mnemónica era largo (más de diez segundos).

Pero ¿es que aquella corteza era sólo necesaria para la memoria a corto plazo de estímulos visuales? Me parecía improbable. Para demostrar que no era así y generalizar el tipo de memoria para el que la corteza frontal resultaba imprescindible, se me ocurrió experimentar con la modalidad sensorial táctil.

Para hacerlo necesitaba dinero, y eso hizo necesario que me encontrara por segunda vez con la Oficina de Investigación Naval (ONR). A diferencia de la primera ocasión, cuando buscaba con Phil ayuda para estudiar pájaros carpinteros, este segundo encuentro fue fructífero. Resultó que la ONR estaba interesada en la modalidad táctil, ya que estaba diseñando robots con habilidad háptica (tacto activo, palpación) para explorar el fondo del mar.

Por nuestra parte, diseñamos una tarea de memoria reciente con estímulos táctiles. El mono tenía que palpar, sin verlo, un objeto entre varios, y después retenerlo en su memoria para elegirlo más tarde entre dos que se le hacían accesibles al tacto, a ciegas. Como esperaba, el enfriamiento prefrontal a 20-25 grados se traducía en un déficit de memoria operante táctil.

La relación entre la memoria táctil del mono y la exploración submarina es, por decir algo, muy tenue, pero la ONR me dio el *grant* que solicité después de visitar mi laboratorio y mis monos. La verdad es que a lo largo de mi proyecto mostraron un interés extraordinario en él. En 1988, en la Estación Oceanográfica de Woods Hole, Massachusetts, la ONR organizó una conferencia de los investigadores que habían subvencionado. Allí presenté mi investigación sobre la memoria táctil, incluyendo no sólo los datos del enfriamiento frontal, sino también los registros de células de corteza parietal con memoria táctil, que por aquel entonces habíamos ya publicado.

Entre los asistentes a la conferencia se encontraba Robert Ballard, el oceanógrafo y oficial de marina que, con la ayuda de un equipo francés, había descubierto tres años antes los restos del naufragio del *Titanic*. Como es sabido el *Titanic* era un transatlántico inmenso que, en abril de 1912, en el curso de su travesía inaugural entre Southampton y Nueva York, se había hundido en el Atlántico Norte, después de chocar con un iceberg. Más de mil quinientos pasajeros perecieron en el naufragio. Ballard, que nos dio una charla interesantísima sobre su descubrimiento del transatlántico, tenía la intención, el año siguiente al de nuestra conferencia de Woods Hole, de pilotar su última versión del *Alvin*, un sumergible equipado con un brazo mecánico, para rescatar objetos del *Titanic* (figura 7.4).

Figura 7.4. *Derecha*, submarino *Alvin* provisto de un brazo mecánico háptico, con el que Ballard extrajo objetos del naufragado *Titanic*, cuya proa se ve, *a la izquierda*, a 4.000 metros de profundidad.

Full professor en la Universidad de California en Los Ángeles (UCLA)

En 1967 conseguí en la UCLA la posición académica de *full professor*, con lo que aumentaron mis obligaciones clínicas. Para un médico universitario en cualquier parte del mundo, combinar la investigación con la clínica ha sido siempre difícil. Hay quien dice que es imposible hacer las dos cosas bien. El problema no es sólo la falta de tiempo, sino la dificultad de dedicar a ambas tareas la energía intelectual y la motivación que requieren. Somos muy afortunados quienes hemos contado con los recursos personales y la comprensión de nuestros colegas y superiores para poder hacerlo.

Una de las tareas clínicas más interesantes y agradables para mí ha sido siempre la supervisión de médicos residentes en el Departamento de Psiquiatría. Por lo general, el programa de educación de residentes me asignaba cada año dos o tres de ellos, que acudían periódicamente a consultarme a mi despacho, con sus pacientes.

El programa solía asignarme residentes con intereses científicos, algunos de ellos doctorandos o doctorados (Ph. D.) Después de discutir con ellos un caso clínico, nuestras sesiones solían terminar con una discusión científica acerca de un tema de interés común. En mi currículum figuran varias publicaciones de trabajos realizados en colaboración con residentes en psiquiatría: W. Ashford, K. Koch, J. Erb, J. Quintana, S. Saxena, L. Baxter, y otros.

Uno de mis residentes era una mujer de talento excepcional: Allison Doupe. Nacida en Canadá, estudió medicina en la Universidad McGill de Montreal y, tras obtener un Ph. D. en Harvard, hizo su residencia en psiquiatría con nosotros. Al mismo tiempo, Allison tenía entre manos un proyecto de investigación interesantísimo sobre los circuitos cerebrales involucrados en el canto de los pájaros. Trabajaba con el pinzón cebra, un gracioso pájaro australiano (figura 7.5) con vistoso plumaje, que tiene alrededor del cuello un diseño acebrado. El pájaro macho nace con la habilidad de emitir un canto característico de la especie, que le servirá, entre otras cosas, para atraer a la hembra. En el macho juvenil, el canto es simple y estereotipado, sujeto a factores genéticos y hormonales. Pero entonces interviene un «tutor», un macho adulto, de ordinario el padre, que le enseña a modular el canto a partir de una variación del tema original, que el tutor entona y que el pupilo repite, imitándolo. Según Nottebohm y sus colaboradores, cuarenta repeticiones bastan para que el joven aprenda la melodía, de unos treinta segundos de duración. Para aprender a entonar su canto, el pájaro necesita oírse a sí mismo.

Figura 7.5. Pinzón cebra macho.

Allison descubrió que para que el pájaro aprendiera y ejecutara su canto le resultaba imprescindible un pequeño núcleo de su cerebro designado con el ampuloso nombre de «núcleo lateral magnocelular del neoestriado anterior» (LMAN). Lesiones en este núcleo impiden que el pájaro aprenda y ejecute su canto de manera correcta. Esto era, en sentido muy laxo, un fallo de sintaxis. ¿No sería el LMAN el precursor en el ave de la corteza prefrontal? Nos divertía especular acerca de esta posibilidad.

Con otra residente, Jane Erb, penetramos más seriamente en la corteza prefrontal humana, gracias a la investigación de un caso clínico pintoresco y triste a la vez. Jane trajo a una paciente a mi despacho poco después de su ingreso, pero antes de que se le hicieran los test neurológicos pertinentes. Se trataba de una mujer de mediana edad, obesa, eufórica y parlanchina, que a los pocos minutos de nuestra entrevista se descolgó con chistes verdes. Jane, la residente, ya me había dicho que en la sala no paraba, que comía horrores, que por la noche apenas dormía, a pesar de los hipnóticos, y que con sus dichos y gestos eróticos no dejaba a los hombres tranquilos. Yo corroboré el diagnóstico inicial de Jane, y al considerar el tipo somático de la paciente (rechoncha y de facciones anchas, «pícnica», según Kretschmer), me pronuncié de acuerdo con el diagnóstico inicial de ingreso: un acceso maníaco típico. Nos equivocamos. A los pocos días llegó el informe radiológico, que reveló que la paciente padecía de múltiples infartos vasculares, circunscritos a la corteza prefrontal orbitaria de ambos hemisferios. Era evidente que padecía de un defecto masivo del control inhibitorio que aquella corteza ejerce normalmente sobre los impulsos instintivos primarios y la motilidad. De ahí la bulimia, la hipersexualidad, el exhibicionismo y la hiperactividad de la pobre mujer.

¿Y qué ocurre cuando los mecanismos inhibitorios de la base del cerebro se sobreexcitan en vez de aplacarse, como en el caso de aquella señora? Otro residente, Lewis Baxter, me ayudó a averiguarlo. Con él empleé por primera vez la técnica de imagen aplicada a la psiquiatría. Por medio de la tomografía de emisión de positrones (PET), estudiamos el metabolismo cerebral (utilización de glucosa) en enfermos con neurosis obsesiva. Al compararlos con individuos normales, en estos enfermos encontramos una activación anormal de la corteza prefrontal inferior (orbitaria). Esto se conecta con el hecho de que estos pacientes sufren de un exceso de inhibiciones, además de una preocupación excesiva por males inexistentes o triviales; así como también preocupaciones morales, con sobrecogedores escrúpulos. En consecuencia, mientras que la desactivación de la corteza prefrontal inferior induce la desinhibición incontrolada de impulsos primarios y el rechazo de las normas sociales, la activación de la misma corteza induce una inhibición desmesurada de aquellos impulsos y una moralidad obsesiva y angustiosa.

Un extraño caso en Urgencias

A las tres y pico de la madrugada, me despierta el teléfono. Estoy de guardia *on call*, lo cual quiere decir que tengo que estar pendiente de las llamadas del residente de turno para darle las órdenes oportunas relacionadas con cualquier enfermo ingresado durante la noche. A las ocho de la mañana me reuniré con los demás residentes; visitaremos a los nuevos pacientes y discutiremos los casos uno por uno.

Esta vez el residente me llama de Urgencias. A un paciente lo han traído del aeropuerto internacional de Los Ángeles en una ambulancia acompañada por la policía. Según me informa el residente, el paciente ha salido del compartimento del tren de aterrizaje de un 747 que hace un par de horas ha llegado de Papeete (Tahití). En un rincón de aquella oquedad apenas si cabe una persona acurrucada (figura 7.6). El paciente casi no puede andar y no habla en absoluto; ni siquiera da señales de entender, afirmar o negar nada, aunque está obviamente despierto. Está siendo atendido de una incipiente congelación de las piernas, consecuencia de *viajar* 6.600 kilómetros a 10.000 metros de altitud. Es un milagro, dice el residente, que el enfermo haya sobrevivido al frío y a la falta de oxígeno. Hay que recordar que, en una lista oficial de 113 casos de polizones aéreos en condiciones semejantes, 86 han muerto. Le digo al residente que deje al personal de Urgencias que se ocupe del paciente y que no le administre nada hasta que llegue yo.

Figura 7.6. Compartimento de ruedas *(wheel well)* de un avión Boeing 747.

A las ocho en punto me presento en Urgencias. Fidel, el paciente, está sentado en la cama. Es un negro alto, atlético, bien parecido y de ojos azules (!). Le tiendo la mano y él, con ligero titubeo, me ofrece la suya. En presencia de tres residentes comienzo la entrevista en inglés: «¿Cómo te llamas?», «¿cuántos años tienes», «¿de dónde vienes?», «¿qué te trajo acá?»... No contesta a ninguna de mis preguntas y mantiene en todo momento una impasibilidad tenaz. Tres posibilidades pasan por mi cabeza: ¿mutismo psicógeno, psicosis, o ficción? Al borde de la impaciencia, se me ocurre cambiar de idioma. Tahití es parte de la Polinesia Francesa y sus habitantes son ciudadanos franceses. Le pregunto en francés, entre otras cosas, si consume bebidas alcohólicas: «¿Vino, coñac, ginebra, cerveza?».

Al oír la última palabra (*bière*), se ilumina de repente su rostro con una sonrisa inefable, me mira directamente a los ojos y me dice: «¡Heineken!». Rompiendo la seriedad profesional, los cuatro facultativos casi nos caemos al suelo, arrebatados por la risa.

A los pocos minutos, «finita la comedia», Fidel se nos confía, en inglés defectuoso. Resulta, nos dice, que trabajaba en las pistas del aeropuerto de Papeete, de ahí su familiaridad con las «entrañas» de los aviones. Había tenido problemas con su jefe y no le gustaba el trabajo, que pagaba poco. Harto de su mala situación laboral y sin familia, decidió viajar a París de polizón, escondido en un rincón del avión, que él conocía bien. Al ser detenido en Los Ángeles, donde el avión aterrizó para repostar, fingió ser un enfermo mental.

Al cabo de una semana, ya restablecido, los agentes de inmigración ordenan su deportación a Tahití. El caso sale en los periódicos. Un ciudadano generoso de Santa Mónica hace gestiones a través del consulado de Francia para que se le encuentre un trabajo mejor en Papeete y le paga el billete de regreso, en cabina.

Unos días más tarde, sin saber nada de todo eso, mi madre llama a mi esposa desde España por teléfono para saber cómo estábamos. Al final de la conversación pregunta:

—¿Dónde está Joaquín?

—Hoy está de guardia —le contesta mi esposa.

—¿De guardia? Dile que me llame cuando llegue.

Así lo hice, y ella apenas me dejó hablar: «¡Hijo mío, tu hermano menor jubilado y tú de guardia! ¿Qué clase de hospital es ese? A lo menos que te suban el sueldo…».

A finales de aquel año académico, tal como hacían todos los miembros de la facultad, me reuní privadamente con mi jefe de departamento para, como se decía, *negociar* mi sueldo para el año siguiente, de acuerdo con ingresos académicos y subvenciones externas. Le dije por las buenas que mi madre me había dicho que les pidiera que me subieran el sueldo. Soltó una carcajada, y no me subió el sueldo. Hace poco le conté el incidente a mi hijo Marcos, que hace investigación y guardias en cuidados intensivos en el hospital de la Universidad de California, San Diego. Pidió, con cierta sorna, que su madre, mi esposa, intervenga de alguna manera para que le suban el sueldo a él. Hay que seguir probando.

Visita a Cuba

«Cubana de Aviación anuncia la salida de su vuelo…» El aeropuerto de Ciudad de México era un jaleo del demonio:

carros con un diminuto o invisible conductor sobrecargados de bártulos y gallinas enjauladas, niños llorando, monjas, soldados y, por todas partes, sombreros y sarapes y pelo negro. Por fin estaba listo para embarcar en un viejo Ilyushin rumbo a La Habana, después de visitar varias ventanillas para hacerme con un visado y un billete, que venían de parte del gobierno de Fidel Castro. Me habían invitado a participar en un simposio internacional titulado «La maquinaria de la mente». Puesto que el Departamento de Estado norteamericano no me permitía viajar a la «isla prohibida», tuve que ir a México y de allí a mi destino en La Habana.

Al anochecer, en una residencia de estudiantes de la Universidad de La Habana, me encontré con otro de los pocos norteamericanos invitados a la conferencia: mi buen amigo Walter Freeman (hijo del ya mencionado doctor Freeman, neurocirujano leucotomista), quien treinta años antes había sido profesor asistente de fisiología en la UCLA, donde le conocí. Había venido de Berkeley a Cuba por Canadá. Aquella noche compartimos una habitación inhabitable infestada por mosquitos y cucarachas en una atmósfera sofocante de calor húmedo. Walter pasó casi toda la noche junto a la ventana con un ordenador de construcción casera (era un genio de la electrónica y la computación digital) tratando de captar internet. Yo la pasé matando mosquitos en el techo con una almohada, saltando de cama en cama. Cuando brevemente pude conciliar el sueño, me sobresaltó la pesadilla de que fue un cubano, Carlos Finlay, quien había descubierto que los mosquitos transmitían la fiebre amarilla...

A la mañana siguiente, con sueño y sin ducha, vino a buscarnos un minibús con otros asistentes a la conferencia. Todos nuestros acompañantes, excepto Walter, venían de países eslavos; el chófer y yo, a su lado, éramos los únicos que hablábamos español. A la media hora de viaje por tortuosas calles, el vehículo llegó al Palacio de Convenciones, un suntuoso edificio construido en 1979, que era orgullo del gobierno. Estaba rodeado de alambradas y junto al portón de entrada, cerrado, estaba un guardia en su garita.

Se acercó a nosotros con cara de pocos amigos y un enorme fusil en las manos, y preguntó: «¿Quiénes son ustedes y a qué vienen?». Pensando que él sabría ya algo de la conferencia, le contesté a través de la ventana del chófer y apoyándome en su volante: «La maquinaria de la mente». El guardia nos miró a todos con recelo, y dirigiéndose a mí dijo enfáticamente: «¡Eso aquí no es!». La ironía quedó grabada para siempre en mi memoria. Le pedí que, por favor, preguntase a sus superiores. Subió a la garita y allí le vimos darle a la manivela de un teléfono arqueológico, como los de los *Keystone Cops* de Charlie Chaplin.

Después de su consulta telefónica, el guardia abrió el portón, regresó hacia nosotros sin abandonar su mal talante y, sin decir una palabra, nos *empujó* hacia adentro con un gesto simbólico de la culata del fusil. Después de un desayuno no menos simbólico en la antesala de conferencias, empezaron a aparecer en grupos los demás participantes. Los dos hermanos Valdés, prestigiosos neurofisiólogos de la Universidad de La Habana, quienes habían jugado un papel crucial en la organización de la conferencia, dirigieron, más o menos abiertamente, su curso.

Gracias a la intercesión de los Valdés y tras nuestra protesta por las infames condiciones de la primera noche, los organizadores nos trasladaron a la lujosa residencia para profesores visitantes del instituto de Parasitología. Allí nos hospedamos algunos de los participantes durante el resto de la conferencia. Era un placer soberano descender cada mañana por la escalera alfombrada hasta un comedor suntuoso, en el que podíamos disfrutar de un desayuno como Dios manda. La residencia tenía todo el aspecto de haber sido en tiempos lejanos el domicilio particular de un ricachón cubano; posiblemente, después de la Revolución, pasó a ser patrimonio del gobierno y una dependencia del instituto.

Freeman y tres principios de la neurociencia

Una de las mejores charlas de la conferencia la dio mi amigo Walter (figura 7.7). Se titulaba «Sobre la falacia de asignar un origen a la consciencia». En aquel tiempo y lugar, la charla era extraordinaria, no tanto por la refutación de un absurdo como porque me sugirió tres principios fundamentales de la neurociencia cognitiva, antes de que esta se convirtiera en un campo de investigación novedoso y fértil. Uno de los principios era que la información cognitiva del cerebro, es decir, la memoria y el conocimiento, está distribuida en amplias redes neuronales, las cuales yo en su día denominaría «cógnitos». El segundo principio era que, en las relaciones del organismo con el medio ambiente, las funciones cognitivas engarzan esas redes en el ciclo percepción-acción, con retroalimentación o reaferencia (*reentry*) en la base de sus mecanismos nerviosos. El tercer principio era que, debido a su multiplicidad y complejidad, las interacciones dentro de las redes cognitivas están sujetas a lo que los matemáticos y Walter llamaban «caos».

Figura 7.7. Walter Freeman (1927-2016).

Un sistema dinámico es «caótico» cuando pequeñas alteraciones iniciales en el mismo resultan con el tiempo en estados portentosos e impredecibles. Son tantos los factores interactivos que determinan el clima meteorológico, que ni siquiera los más sofisticados ordenadores pueden pronosticar el tiempo en un lugar de la Tierra con más de diez días de antelación. Se ha dicho que, debido al caos en las condiciones climatológicas, las diminutas corrientes de aire producidas por el aleteo de una mariposa pueden modificar el clima en las antípodas. Es el «efecto mariposa», basado en un ejemplo sin duda extremo, pero ilustrativo.

¿Y qué tiene que ver el caos con el cerebro? Según nos decía Walter, el caos en las redes neuronales puede resultar no sólo en la destrucción de información (a saber, entropía, olvido) sino también en la emergencia de información nueva, como son las ideas originales y creativas.

Aquel día, al atardecer, nuestros anfitriones nos invitaron a una espléndida cena. Nunca he visto en ninguna otra parte una profusión semejante de carnes, pescados, fiambres, panes, vinos y frutas tropicales. Todo aquello me parecía extravagante en un país donde tenía entendido que reinaban el hambre y el racionamiento (a lo más, un pedazo de pollo por persona por semana). En aquel festín conocí por primera vez a Fidel Castro, alto, fornido, sonriente, en su uniforme militar de rigor y mascando su cigarro puro. En un aparte, sabiendo que era español, me habló de Galicia y me contó cómo su padre destilaba y embotellaba brandy, volteando en el aire una botella virtual con sus manotas.

Fidel no era el único que sabía que yo era un español procedente del país de Ronald Reagan. No tardé en darme cuenta de que se me vigilaba con diligencia. Había un par de estudiantes que a lo largo de la conferencia se situaban siempre a mi lado o cerca de mí. Debían ser espías, pensé, y por eso no me dejaban solo. La constante compañía, con el auxilio de la lengua, generó amistad e incluso una cierta camaradería con mis espías. Por eso, el día antes de que finalizara la conferencia, entre dos sesiones, me atreví a pedirles un favor especial.

La conferencia tenía lugar en las afueras de La Habana y, por el motivo que fuera, no se nos había llevado a ver el centro de la ciudad. Aquella tarde hice un aparte con los dos estudiantes y les dije que me gustaría ver La Habana Vieja, y les pedí que me llevaran a verla. Sin ninguna expresión de rechazo o de aprobación, me pidieron que permaneciera donde estaba y uno de ellos se ausentó por unos minutos para pedir la autorización de alguien. Regresó con un taxi, en el que me llevaron a la ciudad. Los tres paseamos por las pintorescas calles de La Habana y por el famoso paseo marítimo, el Malecón. Terminamos nuestra visita turística en El Floridita, el bar que solía frecuentar Hemingway, donde invité a mis dos acompañantes a una cerveza, después de lo cual regresamos en taxi a la conferencia.

Mi partida de La Habana fue un poco accidentada. A poco de embarcar en el avión, los empleados de seguridad del aeropuerto se dieron cuenta de que no tenía visado para entrar en México. Lo que siguió es digno de película y se desarrolló con rapidez. Mis dos «escoltas» me sacaron de mi apuro en menos de media hora. Aunque era sábado y el consulado de México en La Habana estaba cerrado, parece que se comunicaron por teléfono con un empleado, que se personó rápidamente en su oficina, donde nos esperó para estampar el visado en mi pasaporte. Con mis dos acompañantes, hicimos el viaje desde el aeropuerto al consulado en un taxi, a velocidad vertiginosa. Al llegar, encontramos la puerta de la oficina entreabierta y, dentro, el empleado con el tampón en la mano. El trayecto de regreso al aeropuerto fue tan vertiginoso como el de ida. Por fortuna, el avión salió con retraso debido a que esperaban a varios miembros del famoso equipo nacional cubano de esgrima, el cual viajaba a México para un campeonato internacional.

Sentado en mi asiento, rodeado de campeones de esgrima y con el avión a punto de despegar, presencié una escena inaudita. Uno de los asistentes de vuelo cerró la puerta del avión y, para afianzarla bien, ató su manivela con una cuerda a un asidero en la pared. En un instante pasaron por mi mente un montón de preguntas acerca de la presión de cabina en el Ilyushin, las bisagras, el cerrojo, etc. Ya en vuelo, compartiendo una cerveza con los campeones, me tranquilicé, pensando que el gobierno cubano no pondría en riesgo a todo un equipo de esgrima que era el orgullo de la nación.

Una epifanía

En el vuelo de México a Los Ángeles, mientras pensaba en la conferencia y en mis experiencias, tuve lo que en inglés se llama una *epiphany*, una revelación. Curiosamente mi revelación surgió de lo que la conferencia *no había sido* y de mis reflexiones sobre lo que Walter había dejado entrever en su charla: toda la información cognitiva (conocimiento y memoria) está distribuida en forma de infinitas redes de neuronas corticales, unidas por innumerables asociaciones de coincidencia temporal y espacial gracias a la plasticidad de sus sinapsis. Cajal, Hebb y Hayek, pensé, estaban en lo cierto.

Mi revelación surgió también al reflexionar sobre los datos que había adquirido hasta entonces de la corteza de monos que hacían uso de memoria operante. Esos datos no tenían relación con apenas nada de lo que se había dicho en la conferencia. En cualquier caso, no me parecía que existiese algo como una «maquinaria de la mente», pues la mente no es una máquina, tal como las ideas pavlovianas de algunos de los conferenciantes hacían suponer.

Por aquel entonces ya teníamos datos de laboratorio que demostraban que la corteza prefrontal no era la única involucrada en tareas de memoria operante. Habíamos encontrado «células con memoria» en amplias zonas de las cortezas parietal y temporal, además de la frontal. Es más, enfriando una corteza y registrando células en otra, verificamos que una tarea, y el rendimiento del animal en ella, dependían estrechamente de las interacciones entre áreas corticales. Los datos de enfriamiento con registro celular también apoyaban el concepto de una activación reverberante entre áreas corticales durante la memoria operante. Así, por ejemplo, durante la memoria operante visual, se producía una activación recurrente entre la corteza prefrontal y la corteza inferotemporal. Esta activación recurrente sería un día confirmada por estudios de neuroimagen en humanos.

En resumidas cuentas, se estableció en mi mente la idea de que la información necesaria para ejecutar la tarea de percibir un estímulo sensorial, recordarlo en la memoria y ejecutar una respuesta adecuada al mismo, se adquiría por el aprendizaje y estaba distribuida en vastas zonas de la corteza. Y que, además, la tarea se llevaba a cabo gracias a la activación sucesiva y coordinada de amplias redes neuronales corticales. Cada red representaba un aspecto distinto de la tarea: el estímulo, su retención en la memoria, la respuesta motora selectiva al mismo y la recompensa (una golosina, por ejemplo) después de cada decisión correcta. La memoria operante consistiría, en definitiva, en la reverberación recurrente entre la red que representaba el estímulo y las otras redes. Esta activación conjunta resultaba, pensaba yo, no sólo en la retención de memoria sino también en la preparación de la respuesta motora consiguiente. Así se explicaba que en una tarea de memoria visual se activaran *sobre todo* las células de la corteza inferotemporal, mientras que en una tarea de memoria espacial lo hicieran las de la corteza parietal.

Es decir, que la memoria operante de un estímulo sensorial activaba una red de células en el área cortical de memoria asociativa correspondiente a la modalidad del estímulo (área inferotemporal si el estímulo era visual, parietal si era espacial, supratemporal si era auditiva). Además, como resulta que cualquier tarea de memoria operante requiere la integración de un estímulo sensorial con un acto motor, cualquier tarea conlleva por ello una activación de corteza prefrontal, a saber, del área de la memoria asociativa ejecutiva.

En este razonamiento no había lugar para el concepto un tanto simplista de la corteza prefrontal como «centro» de memoria operante. Quien más promocionó este concepto fue Patricia «Pat» Goldman-Rakic en la Universidad de Yale. En fechas cercanas a las de mi viaje a Cuba, Funahashi y Bruce llevaron a cabo en su laboratorio y publicaron un meticuloso trabajo que introduciría en la literatura aquel concepto.

Inspirados por mis experimentos celulares de veinte años atrás, los investigadores de Yale adiestraron a monos para que percibieran un breve punto luminoso en una pantalla, lo recordaran por unos segundos y ejecutaran un movimiento con los ojos hacia al lugar en que había aparecido el punto luminoso. Mientras el animal ejecutaba su tarea, se controlaban sus movimientos oculares y se registraban los potenciales de células de la región de la corteza prefrontal que abarca el área de control de los movimientos oculares. Aquí observaron neuronas que «recordaban», con la activación de su descarga, la posición del punto luminoso. Este hallazgo les llevó incluso a la descripción de «campos de memoria», en los cuales se concentraban neuronas con una posición preferida del estímulo a recordar o memorándum. Pese a toda su precisión, el estudio de Pat Goldman y los suyos adolecía de la dificultad de distinguir, en el breve período de demora, entre la descarga celular que se relacionaba con la memoria del estímulo y la que se relacionaba con el movimiento ocular.

Posteriormente, al explorar áreas prefrontales más amplias con dos españoles, Javier Quintana y Javier Yajeya, y con los americanos Mark Bodner y Moushin Shafi, encontramos una gran variedad de células prefrontales, a juzgar por el curso de su descarga durante el período de demora entre estímulo y respuesta motora. Utilizando períodos más largos que los del laboratorio de Yale, pudimos verificar que unas células reflejaban el estímulo, mientras que otras anticipaban la respuesta. Con Quintana encontramos células cuya descarga disminuía gradualmente durante la demora y otras, vecinas, que al mismo tiempo aceleraban su descarga. Evidentemente, las primeras «recordaban», mientras que las segundas anticipaban, a saber, preparaban la acción. De estas observaciones surgió en mí la idea de que todas esas células, cada una a su manera, permitían la mediación de contingencias a través del tiempo: «Si ahora esto, después aquello; si antes aquello, ahora esto». Es una idea fundamental para comprender el papel de la corteza frontal en la organización temporal de la conducta.

La idea de la mediación transtemporal como función clave de la corteza frontal por encima de la memoria operante recibió apoyo definitivo en un estudio que, con Kroger y Bodner, publicamos en la revista *Nature* en el año 2000. En el experimento, el mono tenía que asociar un sonido con un color a través del tiempo. Escuchaba un breve tono y al cabo de varios segundos se le presentaban dos imágenes en color para que escogiera una de ellas según hubiera sido el tono inicial. Si el tono había sido de alta frecuencia, el animal tenía que elegir un color; si había sido de baja frecuencia tenía que elegir otro color. Lo más notable era que las células descargaban con mayor o menor frecuencia según la combinación vigente en cada prueba. Unas células favorecían una combinación tono/color, y otras la otra. Y lo hacían incluso *durante la memorización del sonido*. En ambos casos, en consecuencia, la mediación no sólo era transtemporal sino también transmodal: sinestésica, de sonido a color.

Naturalmente, esas mediaciones neuronales a través del tiempo entre modalidades sensoriales, y entre estas y sus consecuentes acciones motoras, apuntaban a una función prefrontal amplia de integración en el tiempo. Integración en el tiempo que, si añadimos intención y objetivo, apuntaba a la función más amplia y elevada de organización temporal. Yo había llegado a esta función global de la corteza prefrontal a través del estudio de una de sus funciones ejecutivas subordinadas, como es la memoria operante. Para decirlo con más precisión, llegué a la idea de la organización temporal al considerar la prueba de memoria operante *en su totalidad*, como una *gestalt* de percepción-y-acción con un objetivo.

La memoria de trabajo

Pocos temas en psicología han sido tan debatidos como el de la llamada «memoria de trabajo». El término y el concepto fueron propuestos en los años sesenta por Miller, Galanter y Pribram cuando intentaron identificar en el primate una función de memoria a corto plazo como la que ejecutan los ordenadores digitales en el procesamiento de datos con discontinuidades temporales (Random Access Memory, RAM). En la primera edición de mi libro sobre la corteza prefrontal, la denominé «memoria provisional» y posteriormente «memoria de trabajo» (*working memory*), como lo hace hoy día la mayoría de la gente. En castellano parece más adecuado llamarla «memoria operante» o «memoria operativa».

Nadie dio mayor calado conceptual a la memoria operante que el psicólogo inglés Alan Baddeley. En los años setenta, él y sus colaboradores propusieron que ese tipo de memoria es un *sistema* especial de procesamiento de información, con una serie de componentes que incluyen la atención selectiva y un «ejecutivo central». El sistema en cuestión tendría capacidad limitada de almacenar memoria (según Miller, el límite eran siete elementos, el «mágico siete»), y además una misteriosa función de «manipulación». (Por cierto, en 2007, en San Francisco, se me otorgó el prestigioso Premio George Miller de Neurociencia Cognitiva.)

La definición de Baddeley puede ser (y lo ha sido) objeto de muchas críticas, pero incluye un calificativo fundamental que muchos psicólogos y neurocientíficos por desgracia ignoran y que es una propiedad capital de la memoria operante: su objetivo primordial de preparar una decisión y la acción consecuente. En uno de sus escritos, Baddeley dice claramente que el sistema de memoria de trabajo retiene memoria *para* ejecutar una tarea o para resolver un problema. Esta propiedad teleológica es la que distingue la memoria operante de cualquier otro tipo de memoria a corto plazo.

Por lo demás, considerar la memoria operante como un sistema especial de memoria, aparte de todos los demás, es erróneo. En realidad, como ya he señalado, el sustrato neuronal que puede participar en la memoria operante se encuentra esparcido por casi todo el cerebro, esto es, por muchos de sus sistemas sensoriales y motores. En el prólogo de uno de mis libros digo: «No hay sistemas de memoria, sino memoria de los sistemas». Cada sistema alberga memoria a largo plazo, pero, en un momento dado, esa memoria puede formar parte de la memoria operante. Quien mejor ha expresado este concepto, tan de acuerdo con nuestra experiencia con redes neuronales en memoria operante, es Cowan, para quien la memoria operante no es más que memoria a largo plazo activada y *atendida* para la acción que tenemos entre manos. El mismo Baddeley ha especulado con que la memoria operante no sea más que atención dirigida a una representación interna. En todos los sistemas, la atención es un mecanismo económico para focalizar los recursos limitados del sistema nervioso con el objetivo de procesar información de cualquier clase. En este sentido, la memoria operante es sinérgica, si no idéntica, con otra función prefrontal: la atención ejecutiva.

Las mejores pruebas de memoria operante en el mono son los test de respuesta retardada: el clásico de Jacobsen, con los dos objetos sobre un tablero (uno de ellos esconde el cebo), el de respuesta retardada alternante y el de pareo retardado a una muestra *(delayed matching to sample)*. Nosotros comprobamos que el enfriamiento de la corteza prefrontal causaba un déficit en todas esas respuestas. Lo cual apunta a un papel genérico de esa corteza en la memoria operante.

Neuronas con memoria

En los años sesenta empecé a pensar que si las células prefrontales participaban en la memoria operante, me sería posible aproximarme a ellas con un microelectrodo y verlas retener memoria durante el intervalo de retardo (de memoria) entre el estímulo y la respuesta. Para lograrlo, disponía de mi micromanipulador de construcción propia para uso en animales vigiles.

Nunca confirmé una predicción experimental tan claramente como aquella. Al registrar las descargas de neuronas de corteza prefrontal en monos ejecutando la tarea clásica de Jacobsen, apare-

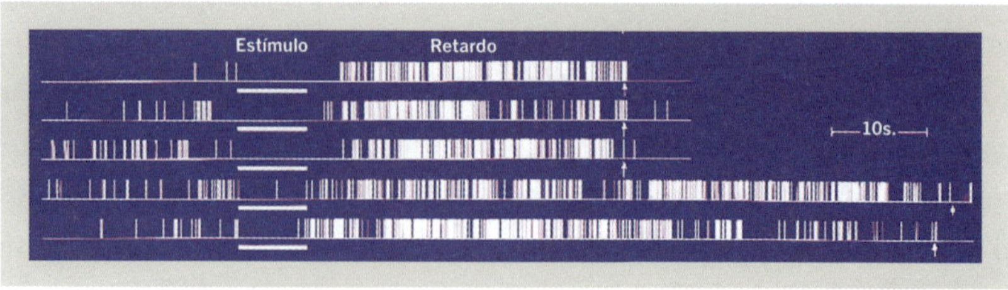

Figura 7.8. Una neurona prefrontal con memoria que publiqué en *Science*, 1971, con G. Alexander. Registro durante cinco pruebas de respuesta retardada a un estímulo visual (la posición del objeto cebado). La célula descarga potenciales de acción de manera persistente durante la memorización del estímulo (período de retardo, 30 segundos en las primeras dos pruebas y 60 segundos en las dos últimas). Después de la respuesta del animal (*flechita hacia arriba*), la célula vuelve a su descarga espontánea de base entre pruebas.

cieron ante mis ojos las neuronas con memoria que hasta entonces sólo habían aparecido en mis sueños (figura 7.8).

Eran células que mostraban una descarga elevada de manera persistente durante el intervalo de memoria entre el estímulo y la respuesta manual del animal. El hallazgo resultó crucial y fecundo. Pero, precisamente por su claridad, yo diría que casi contundencia, movilizó enseguida a críticos e incrédulos. Antes de que se atribuyera como auténtico y mío, el hallazgo tuvo que pasar el orden inexorable de los tres críticos epítetos en rima: *It's not true...; it's not new...; it's not you.* No es la única vez en que me ha ocurrido algo semejante. A su debido tiempo, sin embargo, las críticas se desvanecieron. En buena parte, debido a la replicación del fenómeno por otros investigadores. A partir de entonces, mi investigación se convirtió en el más citado de mis trabajos originales.

Ahora bien todo esto tenía lugar en el mono, pero ¿qué tenía que ver con la neurofisiología de la memoria humana? No tardamos en averiguarlo usando las nacientes técnicas de imagen funcional tomográfica (PET y MRI). Otros también lo hicieron. Aparecieron numerosos trabajos, entre ellos uno nuestro con la neuróloga Barbara Swartz y colaboradores, que pusieron de relieve la activación de la corteza prefrontal en los humanos durante la utilización de memoria operante. En uno de los congresos anuales de la Sociedad Americana de Neurociencia, se exhibieron en hilera una serie de pósters demostrando en sujetos humanos la activación prefrontal en memoria operante. Norman Weinberger, un investigador amigo de Washington, denominó aquella hilera, con cierta ironía, «Fuster Row».

Entretanto, nuestras investigaciones celulares seguían su curso. En todas las áreas asociativas de la corteza del lóbulo frontal (prefrontales) apareció una gran variedad de células con memoria, a saber, con descarga elevada durante el período en el que el animal retenía el estímulo a recordar para dar la respuesta correcta en el futuro próximo. Desde un principio, sin embargo, no estaba del todo claro que la descarga persistente durante el intervalo de demora tuviera que ver *sólo* con la memoria operante del estímulo. Si así fuera, las células activadas durante aquel intervalo lo estarían *también* durante el estímulo a recordar, o memorándum, que lo precedía. Algunas células lo hacían así, pero otras no, como en el ejemplo de la figura 7.8. La célula en realidad resulta *inhibida* por el estímulo antes de ser activada por el recuerdo del mismo. ¿Cómo se explicaba esta paradoja? ¿Sucedería tal vez que algunas células pasaban la información a otras, y estas a otras, como en una carrera de relevos?

Hoy sabemos que no existe tal carrera en la corteza cerebral. Lo que sí existe son redes asociativas de neuronas esparcidas por toda la corteza (cógnitos), que codifican *los distintos aspectos de la tarea* que el organismo tiene entre manos y que se activan, cada una a su tiempo, bajo la batuta de la corteza prefrontal. Esto salió a relucir con nuestros registros celulares de varias regiones corticales en diversas tareas. De este modo nacieron dos conceptos cruciales de mi pensamiento que serán discutidos por sus implicaciones pedagógicas y filosóficas en el próximo capítulo:

1. La identidad de las estructuras corticales de la memoria operante y la memoria establecida a largo plazo.

2. El reclutamiento ordenado de estas estructuras en el ciclo percepción-acción mediante las funciones ejecutivas de la corteza prefrontal, una de las cuales es la memoria operante.

Consecuentemente, he podido afirmar, como corolario, que todas las neuronas que se activan en una u otra fase de una tarea participan en la memoria a largo plazo de dicha tarea, y que esa memoria reside en una amplia red cortical, córtex prefrontal incluido. Así pues, la neurona de la figura 7.8 posiblemente participaba en una red semejante, representando la tarea en general, incluida la respuesta manual del mono; en consecuencia, su activación reflejaba, *sobre todo*, la preparación para aquella respuesta en espera.

Mutatis mutandis, la memoria operante de un estímulo sensorial a nivel celular puede observarse, tan bien o mejor que en la corteza prefrontal, en cortezas asociativas sensoriales que almacenan los aspectos más específicos de la memoria sensorial a largo plazo. Por ejemplo, la memoria operante celular visual aparece de manera vívida en la corteza asociativa de la parte inferior del lóbulo temporal. Esa corteza, inferotemporal, es esencial para todas las actividades mentales y conductuales que requieran el uso de información visual, entre ellas la memoria visual.

Véase la neurona de la figura 7.9 en la memoria operante de un color. La célula reacciona al estímulo-muestra rojo, y no al verde. La activación por el color rojo se mantiene durante la memoria operante del mismo y termina cuando se selecciona el color al final de la prueba, momento en el que la célula regresa a su nivel de actividad espontánea entre pruebas. Lo más llamativo es la activación selectiva y sostenida de la célula durante la memoria operante del rojo, a diferencia del verde, así como el cese de aquella activación cuando cesa también la necesidad de memorizarlo.

En el caso de la neurona en aquella tarea, el ciclo percepción-acción entra presuntamente en funciones cuando aparece el estímulo-muestra. Este estímulo moviliza, por así decirlo, la red (cógnito) de memoria visual en la que la neurona está inmersa *desde que el animal aprendió la*

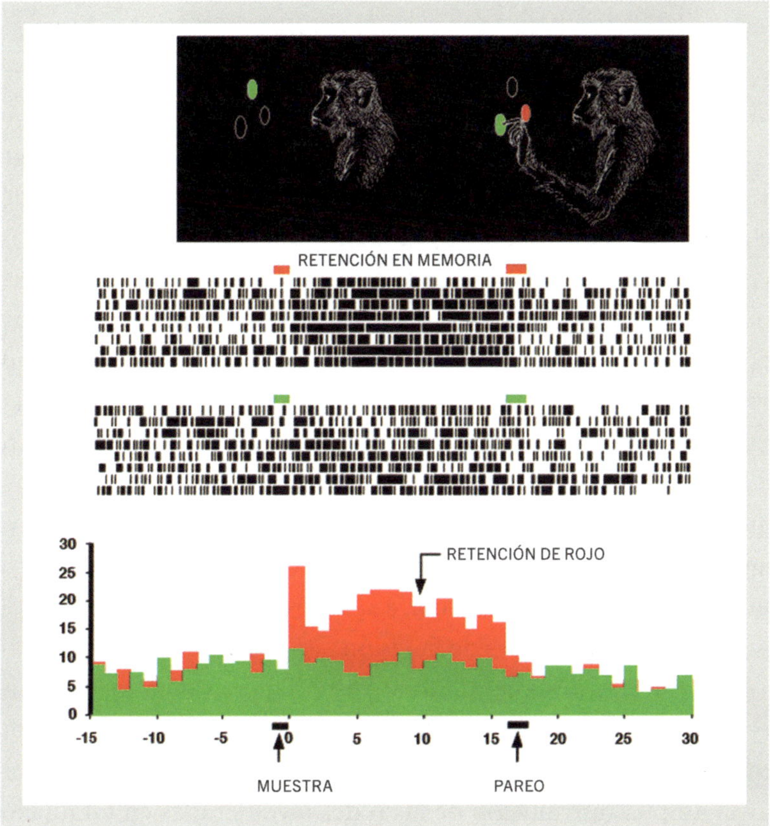

Figura 7.9. Descarga de una neurona inferotemporal con memoria visual durante una tarea de pareo retardado a una muestra. Cada prueba comienza con la breve presentación de un color, rojo o verde, en un disco translúcido. El animal tiene que retenerlo en su memoria por unos 15 segundos, después de los cuales se le presentan dos colores a la vez, el rojo y el verde, en dos botones de plástico iluminados y tiene que elegir el color de la muestra. Pareos correctos se le recompensan con zumo de fruta. El color-muestra y su posición en los dos botones para la selección cambian aleatoriamente de prueba en prueba. Los histogramas de la parte inferior de la figura muestran los niveles de descarga celular (*spikes* en la ordenada, segundos en la abscisa) durante las pruebas agrupadas por color de la muestra (Fuster y Jervey, 1981).

tarea. A través de largas conexiones cortico-corticales que son también parte de la memoria de la tarea, el estímulo activa áreas prefrontales involucradas en ella. Esas redes retroalimentan la red inferotemporal para mantener el estímulo-muestra en memoria operante.

El ciclo percepción-acción termina cuando el animal alcanza su objetivo, y con el cese del ciclo también cesa la activación inferotemporal, cuando la neurona y su red, que codifican el color *rojo,* regresan a su condición de reposo. Que aquella activación es cognitiva, y no meramente sensorial, lo demuestra el hecho de que deja de activarse después de la segunda presentación del mismo estímulo para su elección (pareo), momento en el que su memorización ya no es necesaria. Es evidente que estamos en la corteza asociativa, donde reside la memoria a largo plazo del *rojo* y el *verde* en el contexto de la tarea. El estímulo-muestra activa la totalidad de la red de aquella memoria actualizada según sea el color del estímulo. La red de la tarea está distribuida en amplias zonas de corteza, allí donde haya asociaciones con uno u otro aspecto de la misma. Como es lógico, las células que discriminan los colores están presentes de manera fundamental en la corteza inferotemporal, donde residen los cógnitos perceptuales de la visión.

Con Allen Ardestani, mi último estudiante graduado, y utilizando NIRS (espectrografía infrarroja) sobre zonas corticales de monos que ejecutaban tareas de memoria operante, pudimos comprobar la amplia distribución de las redes involucradas en tal función. Durante la presentación del estímulo y su retención en memoria, observamos en la corteza prefrontal y en áreas asociativas posteriores, una fragmentación de frecuencias eléctricas que reflejaban la participación de múltiples redes en la memoria operante.

Pasemos al cerebro humano. Para corroborar en el mismo las observaciones que habíamos hecho en el mono, sometamos a sujetos humanos a una tarea de memoria operante visual semejante a la que usamos en el animal: pareo retardado a un estímulo-muestra. Mientras los sujetos ejecutan la tarea, registremos con técnicas de imagen tomográfica las fluctuaciones del metabolismo u oxigenación cortical. La figura 7.10 ilustra lo que ocurre.

La figura es un resumen gráfico de una serie de estudios realizados por varios autores que se relacionan con la activación de áreas corticales en sujetos humanos que ejecutan tareas de memo-

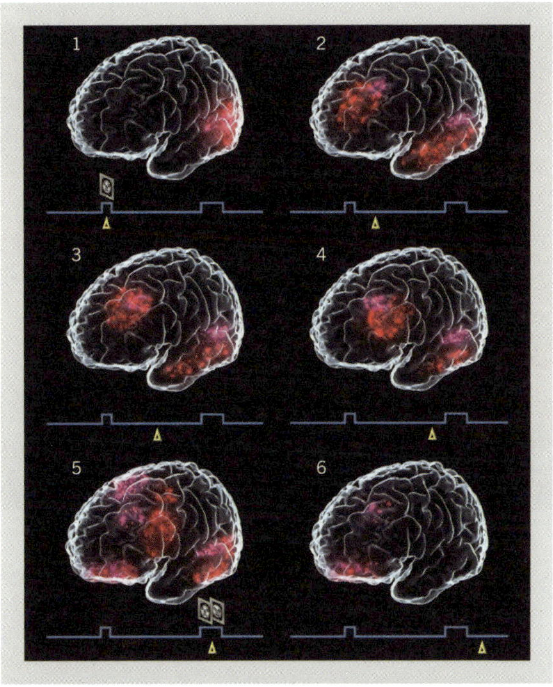

Figura 7.10. Activación, en rojo, de áreas corticales durante una tarea de memoria operante visual en un humano. El estímulo-muestra es una cara que aparece brevemente en una pantalla al principio de la prueba. El sujeto debe recordarla durante unos 10-15 segundos (período de demora), después de los cuales aparecen dos caras simultáneamente y el sujeto debe elegir la muestra. La *línea azul* marca los eventos en el tiempo (el primero la muestra, el segundo el pareo). Los triangulitos bajo la línea señalan el momento en que se ha tomado cada una de las seis imágenes sucesivas en el curso de la prueba.

ria operante visual. Como ejemplo, se usa una tarea de comparación (pareo) retardada a una muestra, semejante a la que se usó en el mono durante los registros de actividad celular de la figura 7.9. Allí el estímulo-muestra era un color, aquí es una cara. Obsérvese, durante el retardo (4, 5 y 6), la activación simultánea y presuntamente reverberante de las áreas prefrontales e inferotemporales, en el ciclo percepción-acción.

Figura 7.11. Primera y quinta ediciones del libro *The Prefrontal Cortex.*

La tarea fundamental de la corteza prefrontal

Mis experimentos sobre la corteza prefrontal del mono, junto con la evidencia procedente de los estudios de imagen tomográfica, me llevaron a la idea de que la función más elevada de dicha corteza es la *organización temporal* de la conducta, para la cual la memoria operante y la integración temporal son indispensables. A esta idea había llegado también Luria, el insigne psicólogo ruso, basándose sobre todo en los resultados de heridas de guerra. Es la idea central de mi libro, *The Prefrontal Cortex* (figura 7.11), que entre 1980 y 2015 ha conocido cinco ediciones. A lo largo de su historia, el libro ha analizado y sintetizado los avances de nuestro conocimiento en torno a las funciones de esa estructura tan importante del sistema nervioso que es el córtex prefrontal, que es también la última en desarrollarse, tanto en el curso de la evolución como en el desarrollo individual del ser humano. El libro constituye la obra literaria a la que he dedicado mayor entusiasmo y esfuerzo.

8

Memoria y educación

La culminación de mis investigaciones

Uno de los objetivos principales de este libro es trazar el paralelismo que existe entre mi biografía científica y el desarrollo de la neurociencia, en especial la neurociencia de la mente. Es una disciplina científica que ha dado un paso gigantesco en las últimas seis décadas, coincidiendo con la transición desde la neurología experimental «dura», básica, a la neurología de la cognición. Debido a que trabajé sobre los mecanismos de la atención visual del primate a mediados del siglo pasado, me precio de haber sido un pionero de la neurociencia cognitiva en mi propia institución, la Universidad de California en Los Ángeles (UCLA). Aquel trabajo supuso para mí el empuje inicial para profundizar en la neurología de otras funciones cognitivas y me preparó para mi encuentro crucial con la corteza de los lóbulos frontales. Mis trabajos sobre la corteza prefrontal se desarrollaron casi en paralelo con grandes avances en psicología cognitiva y en el uso de técnicas de imagen en el cerebro humano. Todos estos avances sirvieron de acicate y de guía para aquellos trabajos, que han culminado con mi reciente enfrentamiento con las bases neurológicas de cuatro facultades humanas de acuciante actualidad, de las que me ocuparé en estos dos últimos capítulos. El lector reconocerá en esas facultades los objetivos de la agenda humana para una sociedad futura mejor. Las cuatro facultades tienen su base fisiológica en el ciclo percepción-acción.

El ciclo percepción-acción

El ciclo percepción-acción es el procesamiento circular y secuencial de información, en el curso de la conducta y del lenguaje, a través del entorno y de los sustratos nerviosos del conocimiento y de la memoria. Es un proceso cibernético, en tanto que se regula como un servomecanismo, es decir, por retroalimentación nerviosa (*feedback*), en relación con los efectos de cada acción del organismo sobre su entorno (figura 8.1). En este capítulo, voy a explicar en líneas generales cómo funciona este ciclo de percepción-acción en la adquisición de memoria y el conocimiento, así como en la educación del niño. En el capítulo siguiente me ocuparé de dos facultades específicamente humanas en las que el ciclo percepción-acción, y la corteza prefrontal dentro del mismo, juegan un papel fundamental y decisivo: el lenguaje y el libre albedrío.

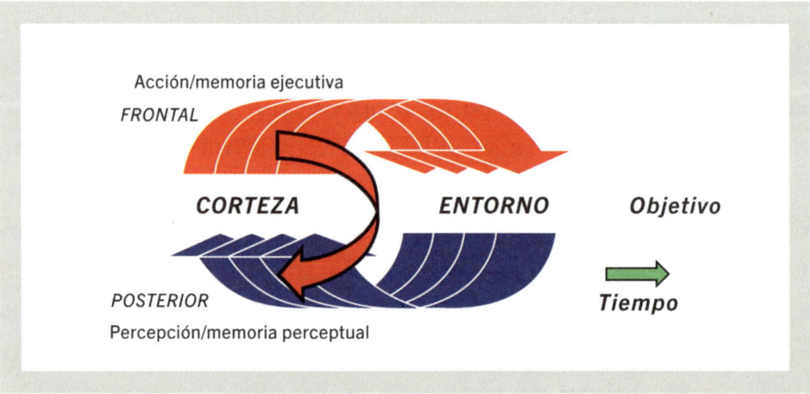

Figura 8.1. Ciclo percepción-acción. En una secuencia de acciones dirigida a un objetivo futuro, cada acción del organismo produce efectos sobre el entorno, y estos a su vez generan nuevos impulsos sensoriales; estos son analizados en corteza asociativa posterior (sede de memoria perceptual), y este análisis informa una nueva acción en la corteza frontal (sede de memoria ejecutiva), y así sucesivamente hasta que se alcanza el objetivo. La retroalimentación interna de la corteza frontal a la corteza posterior (flecha roja de corteza a corteza) permite el control cognitivo por parte de las funciones ejecutivas prefrontales. Cada revolución del ciclo externo modifica y enriquece las memorias perceptual y ejecutiva en sus respectivas cortezas.

Hay tantos ejemplos del ciclo de percepción-acción como los hay de conducta y lenguaje dirigidos a un objetivo futuro. Entre ellos podemos mencionar la navegación marítima (el «timonel» en el clásico concepto de la cibernética), la investigación científica, la cuenta comercial, los deportes estratégicos, el diálogo en una conversación, el juego del ajedrez, la conducción de un automóvil, las operaciones quirúrgicas, las tareas escolares, etc., etc. Todo lo anterior son ejemplos de ese ciclo, pues cada acción está literalmente «gobernada», mejor dicho regulada, por los efectos (y la memoria) de acciones precedentes.

Aunque en el ser humano el ciclo percepción-acción involucra sobre todo a la corteza cerebral, que está en la cima del sistema nervioso, también tiene una profunda raíz biológica. En los animales inferiores se descubren precursores del ciclo en los mecanismos adaptativos, homeostáticos, defensivos y tróficos del organismo; estos mecanismos involucran sobre todo a estructuras del cerebro primitivo —desde el punto de vista de la evolución— como son el hipotálamo y el resto del sistema límbico. Todos esos mecanismos subcorticales son reflejos innatos, genéticos. Sin embargo, pueden ser condicionados mediante la asociación con estímulos sensoriales o viscerales; incluso pueden adoptar un curso secuencial (aunque estereotipado), como lo hace la impronta instintiva (véase capítulo 5). Sin embargo, no entran en el ciclo percepción-acción hasta que involucran a las áreas asociativas de la corteza cerebral que albergan las redes cognitivas de memoria y conocimiento, de las percepciones y de las acciones del individuo. ¿Cómo se forman y organizan esas redes cognitivas?

De como la natación me llevó a Hayek

Natación diaria. Ese es el único deporte que he estado practicando con asiduidad en los últimos cincuenta años. La UCLA es ideal para deportes al aire libre por su buen clima y sus magníficas instalaciones. Nuestra piscina olímpica (50 metros) fue escenario de las competiciones de natación durante los Juegos Olímpicos de Los Ángeles de 1984. Un día a mediados de los años setenta, caminando hacia la piscina, Steve Bernstein, un colega del BRI, me dijo que el día anterior había regresado del estado de Colorado, donde había asistido a un congreso de psicólogos, y que allí había escuchado una interesante conferencia magistral sobre la percepción, impartida por un profesor austríaco llamado Friedrich Hayek.

Era la primera vez que oía su nombre, aunque le había visto citado en los periódicos como economista. Efectivamente, como me dijo Steve, había recibido recientemente el Premio Nobel. Pero ¿qué tenía que decir un economista austríaco acerca del cerebro y la percepción? A pesar de mi escepticismo, Steve me instigó a que leyera su libro *El orden sensorial*, que había sido el tema de su conferencia en Colorado. Según Steve, el hombre iba mucho «más allá» que Pavlov y Skinner en el tema de la percepción, lo cual para mí era partir de cero; pero me advirtió de que su lenguaje era algo extraño.

Más por curiosidad que por interés científico, compré el libro de Hayek y empecé a hojearlo. No tardé en darme cuenta de que Steve tenía razón: para fenómenos neurológicos presuntamente detrás de fenómenos psicológicos, aquel señor usaba términos poco usuales, además de neologismos. Sin embargo, a medida que hojeaba el libro, aumentaba mi interés. Por fin, me decidí a leerlo detenidamente desde el principio. Allí, por fortuna, encontré un prólogo lúcido y conciso escrito por Heinrich Klüver, un prestigioso psicólogo de Chicago más versado en el cerebro que Hayek. Aunque el libro estaba escrito en inglés, la gramática y la terminología tenían claramente dejes germánicos, lo cual dificultaba su lectura. Pasé un verano casi entero luchando con él bajo los pinos de la finca de mis suegros en La Molina, en el Pirineo catalán. Y allí por fin logré comprender sus conceptos básicos y ligarlos de manera estrecha a mi trabajo.

De regreso en la UCLA se me brindó la oportunidad de conocer a Hayek personalmente. Un día después de nadar, me eché a descansar en el suelo junto a otro nadador, Axel Leijonhufvud, un profesor sueco de economía que conocía mi interés en Hayek. Me dijo que este vendría en breve a Claremont College, al sur de Los Ángeles, para un simposio de economistas. También me dijo que si yo quería asistir al simposio como oyente, él me lo presentaría allí con mucho gusto. Axel era muy buen amigo de Hayek, aunque no conocía bien *El orden sensorial.* A los pocos días me dirigí al Claremont con el libro bajo el brazo. Hayek me saludó afablemente y me invitó a charlar con él durante un descanso de la conferencia. Al ver su libro en mis manos, lleno de párrafos subrayados y mis notas en los márgenes con signos de admiración, me miró con una amplia sonrisa de cariño y nostalgia, que me hizo sentir como el hijo pródigo regresando al hogar. Me autografió el libro con dedicatoria y me contó su historia; era una historia que yo ya conocía pero me deleitó oírla contada por él mismo.

Cuando Hayek tenía veintiún años, antes de entrar en ciencias económicas, estudió por un tiempo psicología en la Universidad de Viena. En aquel momento el ambiente intelectual de todas las disciplinas estaba dominado por el positivismo lógico y la psicología en boga era el empirismo, que afirmaba que la percepción era la única «entrada» a la mente. Aquella era la corriente psicológica iniciada por filósofos británicos que durante los siglos XVII y XVIII se propagó por la Europa continental.

En Viena, cuando el joven Hayek estudiaba psicología, el empirista de mayor prestigio era el insigne físico Ernst Mach (famoso por definir la unidad de velocidad del sonido, Mach1). Este físico y filósofo austríaco sostenía que toda percepción era un fenómeno pasivo —de fuera adentro— reducible a ciertas unidades físicas mínimas de sensación que impactaban los órganos de los sentidos. Hayek se rebeló contra aquel «atomismo» y escribió un pequeño ensayo en el que, basándose en las ideas de psicofísicos como Helmholtz y Johannes Müller, entre otros, especulaba que la percepción era fundamentalmente un fenómeno activo, de dentro afuera. Si bien el sistema nervioso recibía un impulso sensorial determinado que provocaba su percepción, esta era producto de la memoria previa del organismo con aquel o con impulsos semejantes. Así pues, la percepción y la memoria compartían en buena medida el mismo substrato nervioso, por lo que percibir era como meter los impulsos sensoriales en un «casillero» nervioso de memorias preexistentes. En cierto modo, percibir era re-evocar e interpretar el mundo según la memoria del mismo. Debido a lo poco que entonces se sabía acerca de neurociencia cognitiva y también a causa de sus incipientes intereses en economía, Hayek dejó de lado su ensayo inconcluso y lo metió en un cajón. No volvió a sacarlo a la luz en casi treinta años (!). En su día, el ensayo se convertiría en *El orden sensorial* (1952).

Poco después de nuestro encuentro, Hayek me escribió desde Salzburgo para decirme que sentía «... siempre un gran placer cuando, a largos intervalos, me entero de que alguien está interesado en, o que recuerda, mi *Orden sensorial*. No he visto prácticamente ninguna reacción a mi razonamiento, aunque el hecho de que recientemente se imprimió por segunda vez parece indicar que alguien lo lee». En otra carta me decía que en Londres se estaba preparando una antología de sus obras, que en su inmensa mayoría consistían en tratados y ensayos económicos, sociopolíticos y filosóficos. Me preguntaba si yo estaría dispuesto a encargarme de su obra psicológica. Le contesté que lo haría con mucho gusto. Esperando detalles, me enteré por Axel de que el editor había enfermado, y que poco después había fallecido, con lo que el proyecto quedó en el aire.

Pero yo iba a ser uno de los pocos en neurociencia que «reaccionarían» al razonamiento de Hayek. Es más, aquel razonamiento iba a sustentar el mío de modo decisivo y a inspirar dos de mis libros: uno es *Memory in the Cerebral Cortex* (1995); el otro, *Cortex and Mind* (2003). Además, en su día escribiría el prólogo para la única traducción existente, que yo sepa, de *El orden sensorial* al español (2004).

Figura 8.2. Friedrich A. Hayek.

FRIEDRICH HAYEK (1899-1992)

—

Friedrich Hayek nació en mayo de 1899 en Viena, capital del Imperio austrohúngaro, en el seno de una familia burguesa de origen checo en la que abundaban los intelectuales. El padre de Friedrich era médico en el departamento municipal de salud. Su gran pasión era la botánica, sobre la que daba clases en la universidad, y escribió varias doctas monografías sobre el tema. La madre era hija de Franz von Juraschek, uno de los más reconocidos economistas de Austria.

Debido a la afición del padre por la botánica, el domicilio de los Hayek parecía poco menos que un museo botánico. El pequeño «Fritz» (un apodo que detestaba) ayudaba a su padre a coleccionar y clasificar especímenes vegetales. Leía incansablemente sobre asuntos de biología, psicología e historia, y le encantaba Goethe. Un día, sin embargo, el adolescente Friedrich se cansó de su labor linneana y así se lo dijo a su padre, haciéndole saber también que le interesaban más los aspectos dinámicos de la biología. Con una visión amplia de aquella dinámica, el padre puso en sus manos un libro sobre la evolución. Desde entonces y durante toda su vida la evolución interesó a Hayek intensamente. De ahí, podemos suponer, salió el concepto de «memoria de la especie» o memoria genética (que yo llamo «filética»), que aparece en *El orden sensorial*.

A los diecisiete años se alistó en el ejército y durante la Gran Guerra Europea (1914-1918) estuvo en el frente del norte de Italia, primero en un regimiento de artillería y después brevemente en aviación (vuelos de reconocimiento), aunque no parece haber tomado parte en ningún combate directo. Según él, uno de los motivos para entrar en el servicio militar fue demostrar su valentía a los demás y a sí mismo. La guerra terminó en 1918 con la derrota de la alianza Austria-Hungría-Alemania y la retirada del ejército germánico de Italia, con Hayek en el mismo.

Acabada la guerra, Hayek regresó a Viena, una ciudad sumida en una miseria aterradora y, para colmo, en medio de una pandemia gripal que mató a cincuenta millones de personas en el mundo. La miseria era en gran parte resultado de las condiciones punitivas del Tratado de Versalles. La escasez extrema de víveres, carbón y vivienda trajo consigo una inflación brutal: en el invierno de 1921 los precios subieron un inimaginable ¡7.000 por ciento! A pesar de todos estos obstáculos, Hayek se matriculó en la Universidad de Viena para iniciar estudios superiores. Al principio estudió psicología y filosofía. Entusiasmado por la psicofísica, y sintiendo la necesidad de rebatir a Ernst Mach, la máxima autoridad entre los empiristas vieneses, Hayek escribió el borrador de lo que un día sería *El orden sensorial*.

Impactado profundamente por la guerra y la subsiguiente debacle económica, Hayek se interesó vivamente por cuestiones políticas y socioeconómicas. Tras un breve escarceo intelectual con el socialismo, del que salió desilusionado con su doctrina, adoptó de lleno y con entusiasmo el pensamiento liberal de Carl Menger, fundador de la famosa Escuela Austríaca de Economía. El abuelo materno de Hayek, Jurachek, había sido amigo íntimo de varios miembros de aquella escuela, cuyas ideas iban a constituir el movimiento más influyente del capitalismo occidental del siglo XX. Hayek mismo llegaría a ser asesor económico de Reagan y Thatcher. Su crítica del socialismo cristalizaría en su celebérrimo libro, *Camino de servidumbre* (1944), el cual, con ironía, dedicaría a «los socialistas de todos los partidos».

—

El orden sensorial

El orden sensorial es una monografía teórica sobre la psicología de la percepción humana. Combina tres raíces históricas: el asociacionismo, la psicofísica y la psicología de la Gestalt. Hayek nos dice que la percepción es un proceso nervioso de clasificación de objetos en nuestro entorno de acuerdo con la previa experiencia con ellos. Según él, una sensación producida por un objeto se percibe como perteneciente al objeto si está asociada en la memoria con otras sensaciones procedentes de aquel objeto, o de otros semejantes, que en el pasado la han acompañado.

Ese pasado puede ser el de nuestra especie —la evolución— o el del individuo. El pasado de la especie es la «memoria» de relaciones entre sensaciones comúnmente asociadas dentro de un ámbito sensorial innato, por ejemplo dentro del campo visual, como puede ser la continuidad de una línea o de un color. Se trata de sensaciones de continuidad o simultaneidad física que los antecesores evolutivos del organismo experimentaron «en la noche de los tiempos», con la evolución de los órganos de los sentidos. Es la «memoria» estructural y funcional con la que nacemos, común a todos nuestros congéneres, memoria que yo llamo «filética»: un ejemplo puede ser la estructura y función de la corteza visual primaria en el lóbulo occipital, con sus neuronas detectoras de la orientación de líneas o de colores, entre otros *qualia* (cualidades) visuales.

Por otra parte, el pasado perceptual del individuo conforma la memoria de la experiencia personal de las relaciones entre las cualidades sensoriales de un objeto o de un evento. Ambas memorias, innata (filética) e individual, contribuyen en mayor o menor grado a la percepción, por lo que puede afirmarse que toda percepción es una interpretación del mundo de acuerdo con la memoria del mismo, entendida en sentido amplio. Como sea que la percepción reactiva relaciones sensoriales de significado con respecto al individuo o a su entorno, y estas relaciones están sujetas a cambio con la experiencia, también puede afirmarse que percepción y memoria comparten el mismo sustrato nervioso —el «aparato de clasificación»—. Este sustrato, hoy sabemos, consiste en redes neuronales formadas por refuerzo, o reactivación por el uso, de las conexiones entre neuronas que representan las cualidades sensoriales de objetos o eventos en nuestra memoria. Esas redes, que Hayek llama «mapas» de percepciones, memorias y conocimientos están organizadas de manera jerárquica en nuestra mente y en nuestro cerebro.

Lo más importante es que la percepción y la memoria de un

objeto o evento radican no tanto en las cualidades físicas del mismo como en las relaciones entre ellas, las cuales forman una red de neuronas y sus conexiones. Esta red no sólo guarda la memoria de aquel objeto o evento, sino que también sirve de «aparato nervioso» para percibirlo de nuevo y para modificarse a sí mismo con la experiencia. Con ello, la red se hace capaz de «reclasificar» el mundo y la memoria del mismo.

Hayek insiste repetidamente en que nuestras percepciones y memorias del mundo y de sus «clases» están organizadas en el cerebro jerárquicamente, aunque no sabe cómo. Percibimos —según él, clasificamos— objetos y experiencias a distintos niveles de una jerarquía según sea su carga sensorial y cognitiva (mental). En lo más bajo están las percepciones y memorias más sensoriales (filéticas), mientras que en lo más alto están las más conceptuales y semánticas. Subiendo por esta jerarquía, se va de las sensaciones físicas más concretas a las que activan las representaciones más abstractas.

Para Hayek, la percepción a cualquier nivel tiene un carácter activo, no sólo pasivo. Es una función en buena parte «centrífuga», de dentro afuera, que se guía a sí misma por la atención selectiva para clasificar e interpretar el mundo de acuerdo con la memoria. Con la atención, el percibir se convierte en un ciclo percepción-acción en el que entran una red tras otra para asimilar lo percibido en nuestra memoria y viceversa, es decir, nuestra memoria en lo percibido. Aquí es donde cobra sentido la frase atribuida a Helmholtz, que dice «no sólo recordamos lo que percibimos sino que percibimos lo que recordamos» (véase capítulo 2). De la conversión de la percepción en una función activa, centrífuga y proyectada sobre el mundo, nace nuestra habilidad mental para completar la visión parcial de un objeto, o del resto de una melodía, o de una memoria del pasado.

Así es que, siguiendo la línea especulativa de Hayek en el contexto de lo que hoy sabemos acerca de la corteza cerebral, podemos teóricamente hacer de sus redes o «mapas» la materia prima para tres de las cinco funciones cognitivas capitales: la percepción, la memoria y la atención. Las tres funciones consistirían en transacciones nerviosas entre, y dentro de, aquellas redes o mapas de neuronas corticales. Es más, tenemos suficiente información anatómica y fisiológica para incorporar aquellas transacciones nerviosas al servicio de las otras dos funciones cognitivas que son neta y específicamente humanas: el lenguaje y la inteligencia creadora (véase capítulo 9).

El orden sensorial y los mapas

La teoría de Hayek presenta algunos obstáculos difíciles de superar en términos neurológicos. El primero es semántico. Él escribe que nuestras percepciones se reciben y almacenan en redes neuronales a modo de mapas del mundo exterior; estas redes, supone, codifican las asociaciones entre las distintas cualidades sensoriales de los objetos. El conjunto de estas redes constituye un sustrato neural activo, receptivo y al mismo tiempo plástico, es decir, capaz de cambio con la experiencia, y a la vez capaz de evocarla y clasificarla o categorizarla. El problema está en que a Hayek le cuesta deshacerse de la implicación —inescapable al hablar de «mapas»— de que en el cerebro el orden sensorial es espacial y topográfico, como la imagen visual en la retina.

A decir verdad, Hayek se esfuerza en dejar claro que aquel orden es topológico y no topográfico. Es un orden que se sale de la topografía espacial de los sentidos y se convierte en un orden de relaciones psicológicas o mentales —incluso emocionales, diría yo—. Esto significa que una red o «mapa» refleja en su urdimbre conectiva un orden cognitivo de relaciones de cualidad y cantidad entre distintos impulsos sensoriales y, al mismo tiempo, las memorias de los mismos. Ese orden, en su conjunto, es lo que clasifica el mundo real en el acto de percibirlo. Así pues, el «orden sensorial» es un orden que debe estar por encima y más allá de las áreas sensoriales primarias de la corteza, en las cuales el orden se origina. Esas áreas primarias, como he dicho, contribuirían a la percepción la «memoria de la especie» —filética— con la que nacemos. Pero por encima y más allá están las áreas asociativas que contribuirían asociaciones mentales a la percepción y a la memoria personal.

Desde que leí el libro de Hayek, hace más de cuarenta años, el verificar neurológicamente su teoría y corolarios ha sido uno de los objetivos principales de mi labor científica. Lo más acuciante al principio fue identificar en el cerebro del primate las redes cognitivas de las que hablaba Hayek como base de la percepción, y averiguar cómo estas trabajan en la conducta del animal dentro del ciclo percepción-acción. De especial interés para mí era la activación de esas redes en la memoria operante o de trabajo. El motivo era obvio si se tiene en cuenta mi suposición, no muy popular entonces, de que la memoria operante no es un tipo especial de memoria sino el estado activo, la retención *online*, de una memoria, cualquier memoria, para su utilización prospectiva en una decisión o en la solución de un problema. Sacando a relucir de manera experimental la activación neuronal de la memoria en estado operante, podríamos averiguar la constitución anatómica de aquella memoria en estado permanente.

También me parecía de importancia capital averiguar el papel de las redes cognitivas de la corteza prefrontal en la memoria operante. Poco antes de leer *El orden sensorial*, había descubierto en aquella corteza células con memoria. También había descubierto que las células que se activaban durante la memoria operante estaban ampliamente esparcidas por la corteza, y su distribución dependía de las características sensoriales y motoras de la tarea que empleábamos para ponerlas en evidencia. Las asambleas neuronales que representaban esas características, junto con sus conexiones reforzadas por el aprendizaje de la tarea, constituirían las redes o mapas de Hayek.

Pero llamar «mapas» a esas redes de memoria y conocimiento era darles una connotación topográfica artificiosa que no se ajustaba ni a la teoría de Hayek ni a mis datos experimentales. Es por eso por lo que, a pesar de mi aversión a los neologismos arbitrarios, me vi obligado a acuñar un término nuevo para designar una red cognitiva: el cógnito.

La memoria operante no es una clase de memoria

Para entender el origen de las redes cognitivas o cógnitos y el papel que juegan en el ciclo percepción-acción, así como sus relaciones con la educación, el lenguaje y el libre albedrío, me parece conveniente describir en líneas generales los principios, si no los detalles, de la neurociencia cognitiva que ha surgido a partir de los datos experimentales de los últimos cincuenta años. De importancia decisiva para establecer aquellos principios ha sido la investigación de la base cerebral de una función ejecutiva determinada, la memoria operante o «de trabajo». La idea fundamental que ha guiado mis investigaciones es la siguiente: la memoria operante es la activación temporal, con un objetivo conductual o lingüístico, de una red o asamblea de redes de memoria establecida a largo plazo, la cual ha sido actualizada para uso presente. Pongamos un ejemplo. Mi esposa me recuerda que tengo que llamar a mi amigo para felicitarle por su cumpleaños. Al decírmelo, mi esposa ha evocado en mi cerebro —además del sentimiento de afecto hacia mi amigo— muchas memorias o conocimientos a varios niveles de mi jerarquía cognitiva: el nombre de mi amigo, sus facciones, la memoria de la última vez que nos vimos, el teléfono, etc. Busco el número de mi amigo en el listín de teléfonos y lo retengo en mi cabeza mientras voy a llamarle en la habitación de al lado en nuestro teléfono fijo. Entre todos los cógnitos, esto es, todas las memorias y conocimientos (memoria semántica) que han surgido en mi mente, hay uno que ha entrado en memoria operante: el número de teléfono de mi amigo. ¿Es esta una clase especial de memoria? No lo es en absoluto. Es simplemente una activación de mi memoria semántica de diez cifras, aprendidas en mi infancia, que ahora mi mente (asistida por el listín) ha ordenado y mantenido activa por un rato hasta la llamada.

Un mono no sabe de números ni de teléfonos (aunque alguien ha dicho que los monos pueden contar). Pero sí podemos adiestrarlo para que use su memoria operante por medio de cualquiera de las tareas de respuesta retardada al uso en psicología experimental. En una de ellas, por ejemplo, se le muestra brevemente al animal un disco de color (el «número de teléfono»), y después de veinte o treinta segundos de retardo, se le presentan varios colores simultáneamente para la selección o pareo del color de la muestra. Si lo elige correctamente, se le recompensa con una golosina.

Lo mismo puede hacerse con un sujeto humano con estímulos más complejos y recompensa monetaria. Lo interesante es que para ejecutar la tarea, el sujeto, animal o humano, tiene que sacar información de su caudal de conocimiento, retenerla en memoria operante y utilizarla cuando llega el momento de elegir. Lo importante aquí es que, fuera de la tarea, la información está en memoria establecida a largo plazo —por adiestramiento, por educación o por experiencia— y que entra en estado de memoria operante cuando la tarea la activa. La única diferencia entre memoria operante y memoria establecida es que la primera es anatómicamente la misma que la segunda pero con «vigencia» de tiempo y lugar para su percepción, retención transitoria y utilización. De especial interés para nosotros es el hecho de que durante aquella retención transitoria se nos permite no sólo estudiar por medios experimentales la estructura nerviosa de un cógnito permanente, sino también su papel y mecanismos fisiológicos en un ciclo percepción-acción (eso sí, con un paréntesis temporal forzado) del que una prueba de respuesta retardada es un ejemplo apropiado. Es más, aquellos mecanismos fisiológicos de la tarea de respuesta retardada involucran y sustentan, además de la memoria operante, tres de las funciones cognitivas primordiales: la percepción (de estímulos-muestra y de pareo), la memoria a largo plazo (de la tarea en todas sus fases), y la atención (atención selectiva sobre una representación interna en memoria operante).

La importancia del hipocampo

Toda red cognitiva de memoria o conocimiento (este último es lo que se llama «memoria semántica») se forma por la facilitación de los contactos sinápticos entre grupos de neuronas corticales. Estos grupos neuronales representan los elementos de sensación y de movimiento corporal activados simultáneamente en una experiencia del organismo en su ambiente vital. En el aprendizaje de una tarea o en la adquisición de memoria, aquellos contactos sinápticos se refuerzan de acuerdo con los principios teóricos enunciados por Cajal, Hayek y Hebb, principios que ahora han sido verificados experimentalmente. El recuerdo o evocación de una memoria tiene lugar debido a la percepción real o imaginada de cualquiera de los elementos asociados constituyentes de la memoria.

En el ser humano, los cambios sinápticos que forman memoria ocurren en la corteza de la convexidad del cerebro, pero para que ocurran necesitan de la intervención de estructuras del cerebro interno de origen filogenético más antiguo, como son el hipocampo y la amígdala (figura 8.3). Estas estructuras (límbicas) no sólo sirven de mediadores del contenido cognitivo de la memoria, sino que, además, contribuyen a aquella corteza con las influencias de la emoción, la motivación y la atención, que tan importantes son para la adquisición y la consolidación de memoria.

Uno de los descubrimientos más importantes en la historia de la neurociencia fue el del papel del hipocampo en la formación y consolidación de la memoria cortical. Todo comenzó con un caso clínico fascinante.

Henry Molaison era un enfermo epiléptico. A la edad de veintisiete años, debido a la frecuencia e intensidad de sus ataques, se le sometió a una operación quirúrgica para extirparle los focos epilépticos en la parte interna de ambos lóbulos temporales. Segúnla descripción quirúrgica y la necropsia, realizadas después de su muerte, a los ochenta y dos años, la operación afectó a la mayor parte del lóbulo temporal de ambos lados, con lo que se le extirpó la totali-

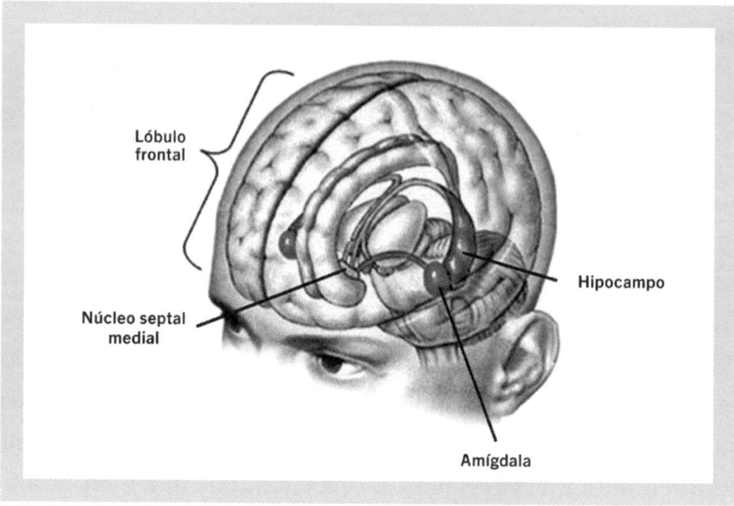

Figura 8.3. Estructuras del cerebro interno.

dad del hipocampo y partes de la amígdala y de la corteza temporal interna. Después de la operación, Molaison era capaz de recordar eventos de su vida pasada, pero era incapaz de adquirir, almacenar y recordar memoria nueva. Padecía de lo que se ha venido en llamar «amnesia anterógrada». Se desconocen los mecanismos por los que el hipocampo (corteza antigua desde el punto de vista filogenético) participa en la adquisición y consolidación de la memoria en el neocórtex, la corteza nueva.

Este es el lugar adecuado para mencionar que el hipocampo es una de las estructuras cerebrales inicialmente afectadas por la degeneración en la enfermedad de Alzheimer, así como en otras demencias. Como es lógico y bien conocido, los trastornos de la memoria son característicos de todas las demencias.

Los cógnitos

En los últimos tiempos, como dije antes, he preferido designar una red neuronal de memoria o conocimiento en el neocórtex con la palabra «cógnito». Esta designación tiene dos ventajas. La primera es la abreviación de «red cognitiva cortical». La segunda, quizá más importante, es que el vocablo elude la ambigüedad de la palabra «red», que en la literatura aparece con un sinfín de significados según la metodología del autor: por ejemplo, «redes paralelas», «redes semánticas», «redes lingüísticas», o simplemente «redes nerviosas» (no necesariamente circunscritas a la corteza cerebral), para las cuales la denominación red sirve más que nada como un comodín o cajón de sastre.

Como decía, la base de la formación de los cógnitos es la facilitación sináptica de grupos neuronales que se asocian en red por simultaneidad. Esta facilitación tiene lugar, con la experiencia o el aprendizaje, entre grupos de neuronas ubicados a lo largo de vías corticales que transmiten información desde la corteza primaria sensorial o motora hasta la corteza asociativa superior. Estas vías son anatómicamente *tangenciales* a la corteza, es decir, que siguen gradientes conectivos y de desarrollo que cursan de área en área, comenzando en corteza primaria y progresando hasta las áreas asociativas superiores de la corteza posterior (para la información sensorial) y de la corteza prefrontal (para la información motora o ejecutiva).

Aunque la palabra «cógnito» alude a una red de información cognitiva cortical, tengo que recalcar que toda red cognitiva recibe influencias que proceden del sistema límbico, las cuales no sólo permiten la formación de la red, sino que también le confieren su significado emocional. Este significado emocional entra a formar parte del contenido del cógnito. Esto hace que prácticamente no exista memoria sin un componente emocional subyacente por leve que sea (placer, alegría, dolor, ansiedad, temor, etc.). Este componente emocional interviene, en mayor o menor grado, en todas las operaciones cognitivas del ciclo percepción-acción.

Los gradientes corticales desde las áreas primarias a las áreas asociativas albergan cógnitos progresivamente más amplios y jerárquicamente más elevados. Así pues, mientras los niveles bajos acomodan cógnitos concretos y relativamente simples, como puede ser la memoria de una sensación o de un movimiento, los niveles altos acomodan cógnitos más amplios, como son las memorias episódicas, complejas y conceptuales. En la figura 8.5 se ilustran de manera gráfica esas correlaciones. Pero antes de examinarlas, detengámonos en un nivel más elemental, sináptico y celular, el de la formación de un cógnito. Usaré como ejemplo la adquisición del cógnito de un objeto simple, como es una llave; es decir, la memoria o conocimiento de una llave en particular y la de llave en general (figura 8.4).

A medida que las redes cognitivas o cógnitos se van formando por la experiencia, se autoorganizan a lo largo y ancho de la corteza (figura 8.5). Lo hacen siguiendo gradientes conectivos que se extienden a partir de las áreas primarias, que codifican los elementos simples y específicos de sensación o acción (memoria filética), hasta las áreas asociativas superiores, que codifican los aspectos más personales y generales, a saber, conceptuales, de la percepción y la acción.

Los esquemas de la figura 8.5 ilustran los principios de organización de los distintos tipos de memoria (cógnitos) en la corteza humana. La organización es jerárquica, con base en las áreas sensoriales y motoras primarias (memoria filética).

Por encima de la memoria filética se organizan las redes o cógnitos de memoria individual. En la corteza posterior se alojan las memorias perceptuales adquiridas por los órganos sensoriales, mientras en la corteza frontal se alojan las memorias ejecutivas. Las primeras, perceptuales, forman un gradiente (de azul a blanco en la figura) que se extiende desde las redes de memoria sensorial más concreta, en la corteza asociativa sensorial, a las redes de memoria más conceptual y semántica, en la corteza asociativa superior. Asimismo, en la corteza frontal, las memorias ejecutivas forman un

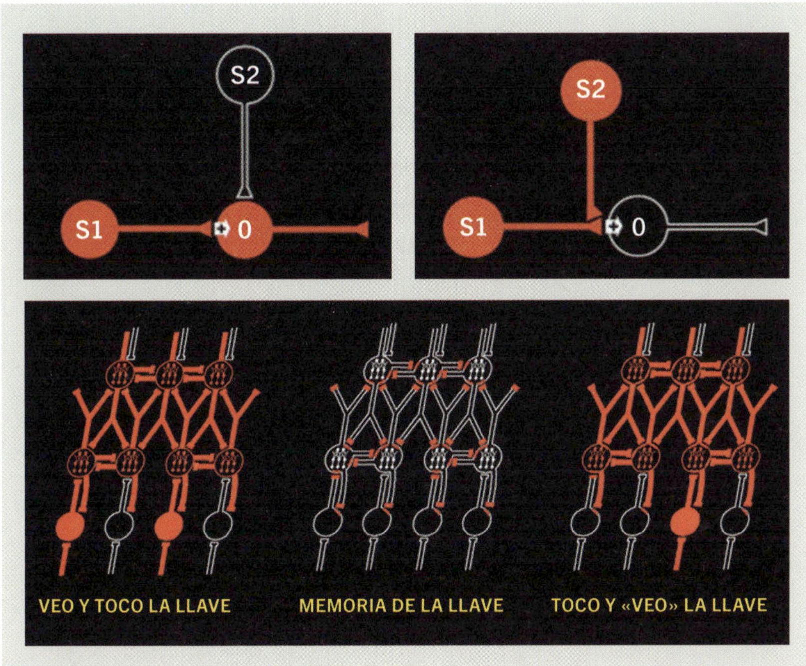

Figura 8.4. *Arriba*, dos modos (según Hebb) por los que la convergencia simultánea de dos estímulos (S1 y S2) facilita (+) las sinapsis en la célula de salida (O), de tal manera que esta última se hace más excitable que antes por cualquiera de los dos estímulos por separado (S1 o S2). *Abajo,* diagramas de las condiciones sinápticas de un cógnito durante el aprendizaje (izquierda), la memoria permanente, latente (centro), y la evocación (derecha) del cógnito de una llave. El esquema representa todos los tipos conocidos de conexión cortical: anterógrada, retrógrada, lateral, convergente y divergente. En la imagen izquierda los estímulos, visual y táctil, de la llave ascienden en paralelo por dos vías independientes (rojas) a la corteza asociativa, donde convergen para formar la memoria de la llave. La memoria queda constituida en estado permanente por las sinapsis facilitadas (centro, puntos rojos) y las células que unen. Posteriormente (derecha), el tacto de la llave, a ciegas, evoca su imagen visual. Esta es la base fisiológica de la afirmación psicológica de Vives que cité en el capítulo 2: «Si dos cosas han sido aprehendidas simultáneamente, la aparición de una de ellas generalmente evoca la representación de la otra».

gradiente (de rojo a blanco en la figura) que se extiende desde las redes de la memoria motora más específica, en la corteza motora primaria, a las redes de la memoria ejecutiva más amplia y conceptual, en la corteza prefrontal.

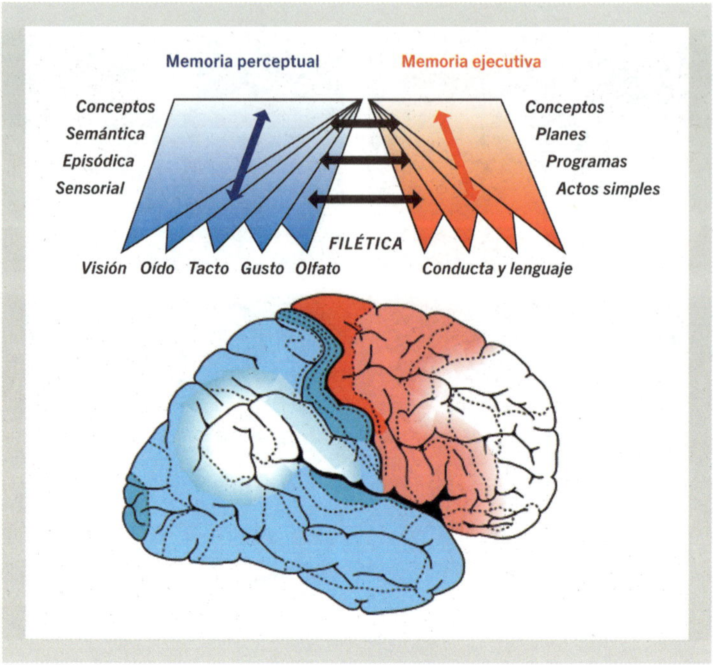

Figura 8.5. Diagrama de los principios de organización de la memoria en la corteza cerebral. La parte inferior de la figura representa con gradientes de color la distribución estratificada de cógnitos perceptuales en corteza posterior y cógnitos ejecutivos en corteza frontal. La parte superior de la figura, con el mismo código de color, indica la expansión jerárquica de los cógnitos y la interconexión entre estratos y jerarquías.

En la parte superior de la figura, con vértices en áreas primarias sensoriales y motoras, los triángulos divergentes hacia arriba simbolizan la expansión jerárquica de las redes cognitivas y de las memorias que representan. Conforme ganan altura en las jerarquías, las memorias se hacen más complejas, generales y abstractas. La creciente superposición de triángulos simboliza el hecho de que a medida que se asciende en las jerarquías, aumenta la frecuencia de cógnitos generales, con cualidades sensoriales o ejecutivas comunes. Las flechas bidireccionales negras simbolizan las asociaciones sensorio-motoras entre memorias perceptuales y ejecutivas, esenciales en el ciclo percepción-acción. Las flechas bidireccionales azul y roja a lo largo de las jerarquías perceptuales y ejecutivas, respectivamente, simbolizan el carácter mixto (heterárquico) de la mayoría de nuestras memorias.

Tres diferencias con Hayek

Implícitos en mi descripción hay tres hechos fundamentales que faltan en el relato de Hayek debido a la falta del conocimiento, cuando él escribía, de la organización microscópica de la corteza cerebral:

1. Una neurona o grupo de neuronas prácticamente en cualquier parte de la corteza puede formar parte de muchas redes cognitivas distintas. Esto hace que, debido al poder combinatorio de veinte mil millones de neuronas, tenemos una capacidad para adquirir y almacenar infinitas memorias y conocimientos, cada cógnito asociando una combinación distinta de cualidades sensoriales y/o ejecutivas.

2. Si bien he recalcado la organización jerárquica de los cógnitos tanto perceptuales como ejecutivos, en realidad hay un solapamiento masivo de todo género de redes cognitivas, con profusas conexiones entre redes de distinto nivel jerárquico. Este hecho de organización hace que la inmensa mayoría de nuestras memorias y conocimientos sean *heterárquicos*. Sirva aquí un ejemplo que he citado en otra parte. La memoria de mi visita turística a San Francisco contiene redes de lo más variadas a distintos niveles de una jerarquía: por abajo, cercanos a la memoria filética, están, entre otras cosas, los colores y sonidos del tranvía de cable (memoria sensorial). Por encima están, entre otras cosas, las fechas de mi visita (memoria episódica). Por encima está, entre otras cosas, el nombre del hotel (memoria semántica). Y por encima están, entre otras cosas, los conceptos de tracción por cable, transporte público y hotel. Todo ello forma un cógnito complejísimo, mejor dicho, una asamblea de cógnitos en mi corteza; asamblea a la cual puedo acceder sucesivamente con el recuerdo, de conexión en conexión, de asociación en asociación, por medio de mi atención interna consciente.

3. La solidez y límites (topológicos) de un cógnito, y por ende de una memoria o un conocimiento, dependen de la firmeza de los contactos sinápticos de la red que lo forma. Lo cual quiere decir que de aquella firmeza depende también la resistencia a la degeneración del cógnito y de su contenido mental frente al envejecimiento.

Funciones ejecutivas

En la primera figura de este capítulo (figura 8.1), la flecha roja arqueada, entre la corteza frontal y la corteza posterior, posee una profunda raíz biológica, como la tiene el ciclo percepción-acción que la circunda. Es la retroalimentación interna, un concepto que Uexküll introdujo en la biología (véase capítulo 1). En el cerebro humano es la infraestructura nerviosa del control cognitivo del razonamiento, de la conducta y del lenguaje, por parte de la corteza prefrontal. Representa, por lo tanto, la infraestructura de sus cinco funciones ejecutivas:

Planificación.
Atención ejecutiva.
Memoria operante.
Toma de decisiones.
Control inhibitorio.

Las cinco funciones tienen dos características comunes que las hacen singular y cualitativamente humanas; estas características son irreproducibles e irreemplazables por la inteligencia artificial. Una característica común de las cinco funciones ejecutivas es que se nutren de experiencia pasada, tanto perceptual como ejecutiva, lo cual les permite ajustar el ciclo percepción-acción a esas experiencias. De este modo pueden corregir errores pasados con flexibilidad y precisión. La otra característica, netamente humana, de las cinco funciones es que «miran» hacia el futuro, con capacidad para predecir, para anticiparse con la *preadaptación* del ciclo a lo que va a ocurrir a corto plazo en los órganos de los sentidos y en el sistema motor.

Las cinco funciones, y por lo tanto el ciclo percepción-acción que sustentan, dependen de la motivación y de factores emocionales subyacentes. Motivación y emoción constituyen, por así decirlo, el «motor» del ciclo. Este puede iniciarse en cualquiera de sus componentes (del entorno o de la corteza cerebral), pero su inicio y su curso están en cualquier caso determinados y regulados por la motivación, el instinto y el afecto. En este contexto surge una pregunta lógica: ¿a qué edad y de qué modo comienza a funcionar el ciclo percepción-acción en la vida de un individuo?

La respuesta a esta pregunta es difícil, puesto que depende de muchos factores, entre ellos la variabilidad individual en el desarrollo de la corteza cerebral. Lo que sabemos a ciencia cierta es que los primeros reflejos innatos sensorio-motores, precursores del ciclo percepción-acción (y como este también circulares), comienzan con la acción. El recién nacido comienza su vida *actuando* sobre su entorno: llorando y palpando el pecho de la madre en busca del pezón. Así comienzan los ciclos adaptativos, al principio puros reflejos innatos que en su día, condicionados, culminarán con el ciclo percepción-acción. Con la edad y con la experiencia, el ciclo percepción-acción y su circuito de retroalimentación interna, a través de la corteza prefrontal, se desarrollan y se hacen progresivamente más adaptativos. También con la edad y la experiencia los ciclos aumentan en número y duración, mientras que sus objetivos se multiplican y se hacen más lejanos, algunos situados hasta meses y años en el futuro. Ciclos con un objetivo común pero un curso temporal distinto se anidan unos dentro de otros, como las muñecas de una *matrioshka*, y así lo hacen los cógnitos activos que los constituyen.

La mielinización

El desarrollo ontogenético en cada individuo de los circuitos conectivos corticales del ciclo percepción-acción se relaciona estrechamente con el desarrollo cognitivo de ese mismo individuo. Uno de los índices de maduración más consistentes y fiables es el desarrollo de mielina en torno a las fibras de conducción larga, como son las fibras que unen las áreas de la corteza entre sí. La fibra nerviosa mielinizada transmite impulsos a larga distancia más rápidamente que la que no lo está.

El primero en estudiar la mielogénesis de la corteza cerebral fue Paul Flechsig, el prestigioso psiquiatra y neuropatólogo de Leipzig. Descubrió que, en el período que abarca los dos últimos meses de vida intrauterina y los dos primeros posnatales, la corteza cerebral desarrolla toda la mielina de la cual las fibras mielínicas van a disponer en la vida del individuo. Fibras mielínicas constituyen el cuerpo calloso, que une los dos hemisferios cerebrales, y buena parte de la sustancia blanca subcortical. Además, Flechsig (1920) descubrió que la mielinización cortical sigue un cierto orden cronológico (figura 8.6).

Las primeras áreas en mielinizar sus fibras son las áreas sensoriales y motoras primarias y el hipocampo. A continuación lo hacen las áreas asociativas sensoriales y premotoras. Por último, lo hacen las áreas asociativas superiores de corteza posterior y prefrontal. Este orden se parece al orden de desarrollo de todas aquellas áreas en el curso de la evolución. Curiosamente, pero también de manera lógica, este es el orden en que se organizan los cógnitos perceptuales y ejecutivos (de azul a blanco y de rojo a blanco, respectivamente, en la figura 8.5).

Hoy está bien demostrado que el orden de mielinización cortical que Flechsig propuso es esencialmente correcto. Lo que no es correcto es el período durante el que él postuló que la mielinización tenía lugar en su totalidad. Las técnicas de neuroimagen han

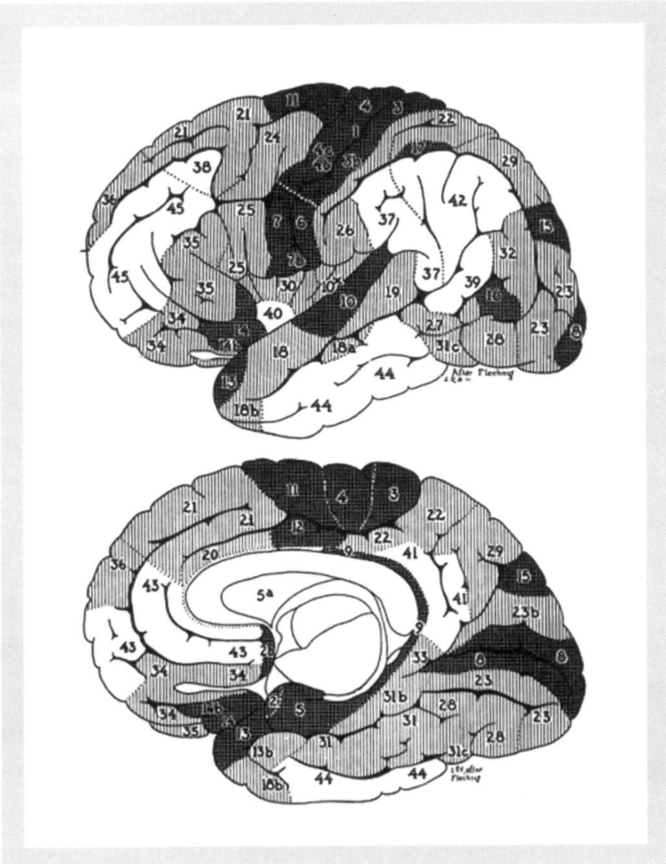

Figura 8.6. Mapa de la mielinización de áreas corticales alrededor del nacimiento, según Flechsig. Los números denotan el orden en que las distintas áreas desarrollan vainas de mielina en sus fibras. En negro, áreas primarias, sensoriales y motoras; en gris y blanco áreas asociativas.

puesto de manifiesto que la formación de la mielina continúa durante la infancia y adolescencia. En realidad, la mielinización de la corteza prefrontal (la última en desarrollarse filogenética y ontogenéticamente) no alcanza su apogeo hasta la tercera década de la vida. Este hecho es singularmente significativo, pues indica que la mielinización de esa corteza, y por ende su maduración conectiva, progresan *pari passu* con la maduración de las funciones ejecutivas, y que ambas no alcanzan su plenitud hasta mucho más tarde que el uso de razón.

También gracias a las técnicas de neuroimagen, sabemos que la mielina cortical, después de alcanzar su cénit en el adulto, empieza a declinar. Según las investigaciones de George Bartzokis, un colega neurólogo de la UCLA, el declive comienza en la década de los cincuenta-sesenta y sigue su curso descendente hacia la ancianidad, con considerable variabilidad individual.

Insisto, lo más notable del curso de la maduración cortical, especialmente prefrontal, es su prolongado desarrollo en el curso de la infancia, adolescencia y primera adultez. El paralelo con el desarrollo cognitivo del individuo es innegable. La maduración de la corteza prefrontal acompaña estrechamente el desarrollo de las cinco funciones ejecutivas enumeradas en la sección anterior. El niño con el trastorno de atención e hiperactividad, que tantos problemas causa a padres y maestros, sufre sobre todo de detención o retraso de la quinta función ejecutiva prefrontal: el control inhibitorio. De singular interés en este sentido es la entrada en funciones de los distintos sectores de la corteza prefrontal. Como veremos, este proceso neurobiológico es de importancia crucial para la educación del niño y para hacer de él un miembro responsable y productivo de la sociedad.

El proceso madurativo de la corteza prefrontal adquiere una fuerza decisiva entre los seis y doce años de edad, coincidiendo con los años de enseñanza primaria. El niño despliega durante este tiempo por primera vez en su vida las funciones ejecutivas de su corteza prefrontal. El objetivo principal de la educación primaria es favorecer en el niño el despliegue de aquellas funciones.

Figura 8.7. Valentín Carulla Margenat, mi abuelo materno.

El abuelo Carulla y la educación

«Aquí empieza todo», solía decir mi abuelo Carulla (figura 8.7) al comienzo del discurso inaugural de cualquier escuela primaria, entre las ciento veinte que inauguró en territorio catalán entre 1913 y 1923. Mientras presidía como rector la Universidad de Barcelona, al hombre le obsesionaba la enseñanza elemental del niño.

El domingo 8 de junio de 1919, mi abuelo inauguró la escuela pública en Serinyà (Gerona). Al día siguiente, el cronista del *Diario de Gerona* escribía: «Después de considerable agitación en el pueblo, se organizó la comitiva que tenía que recibir al Excelentísimo Rector de la Universidad de Barcelona y demás personalidades. A las once llegó el auto, y su llegada fue señalada con una clamorosa salva de la banda, mientras se apeaba el Dr. Carulla acompañado de su señora y su gentil hija...». La gentil hija era mi madre.

El año pasado (2019) se me invitó a leer el pregón de la fiesta mayor de Serinyà desde el balcón del Ayuntamiento. El alcalde y yo rendimos homenaje a mi abuelo, quien cien años antes había inaugurado la escuela en lo que era la Casa del Pueblo, el edificio que era a la vez escuela y ayuntamiento —y ahora sólo ayuntamiento—. Al día siguiente, organizado por María Rosa Cortada, exdirectora de la escuela, y algunos maestros y maestras, se me brindó la oportunidad de participar en uno de los actos más simpáticos de mi vida. En un aula grande, se me puso delante de una pizarra y frente a ochenta y pico de niños y niñas, entre seis y doce años de edad, que se pusieron a lanzarme preguntas al parecer completamente espontáneas sobre mi vida, mi abuelo, el cerebro, mi labor de investigador y otros asuntos. Desafiado —en desventaja— por el candor y perspicacia de aquellas mentes infantiles, me defendí lo mejor que pude tratando de responder a todas las preguntas, todas buenas y ninguna capciosa. En un momento dado, una pequeñita se levantó de su silla y me preguntó: «¿Cuántos años tienes?». Le contesté: «Ochenta y nueve», y los demás niños se pusieron a aplaudir. Terminada la reunión me ofrecieron como recuerdo un álbum de dibujos hechos por ellos en el que expresaban sus fantasías acerca de mis abuelos, de mí en el laboratorio y en el hospital, de la ciencia física, química y biológica, del cerebro, de las neuronas, etcétera. Guardo el álbum como un tesoro de creatividad. Después de una foto colectiva (figura 8.8), me despedí de todos, y me fui pensando que la señora Cortada y sus colegas sin ninguna duda habían inculcado en sus afortunados alumnos el aprendizaje activo.

La educación del niño es un tema que, como a mi abuelo, siempre me ha apasionado desde edad temprana, aunque pasarían muchos años antes de que me diera cuenta de que la clave de la educación primaria está justamente en facilitar el desarrollo de las funciones de la corteza prefrontal, a la que he dedicado tantos años de mi vida.

En cualquier caso, mi primera conferencia pública, cuando era todavía un estudiante de medicina, tendría lugar en Barcelona ante una audiencia de estudiantes de magisterio, entre ellos mi hermana Pilar, a quien, según asegura, el evento conmovió profundamente. El

Figura 8.8. Frente al Ayuntamiento de Serinyà, el autor en el centro con sus jóvenes interlocutores.

título de mi conferencia era «Psicohigiene del estudio en la escuela de enseñanza primaria», que posteriormente se publicaría en la *Revista Española de Pedagogía* (1957). Les hablé de la importancia de adiestrar al niño en el ejercicio de la atención, todavía sin saber que esta era una de las funciones ejecutivas que procedían estrechamente del desarrollo de la corteza prefrontal. La misión esencial de la educación primaria, en mi opinión, es facilitar este desarrollo. Aquí es donde mi modelo se encuentra, felizmente, con la *epistemología genética* de uno de los grandes de la psicología infantil: Jean Piaget (1952).

JEAN PIAGET (1898-1980)

Jean William Fritz Piaget nació en Neuchâtel (Suiza francesa) y era hijo de Arthur Piaget, un profesor de literatura medieval en la universidad de aquella ciudad. Después de doctorarse en ciencias naturales en la misma universidad, se trasladó a Zurich, donde realizó estudios en biología y psicología. Allí empezó su interés en el desarrollo psicológico del niño e inició contactos con prominentes psicoanalistas, como Carl Jung. Profundizó en el estudio de los trabajos de Freud, a quien conocería personalmente en 1922 con ocasión de un congreso en Berlín. En 1919 se mudó a París, donde pasó dos años estudiando intensamente la inteligencia infantil. Trabajó como docente en una escuela dirigida por Alfred Binet, quien, junto con Théodore Simon, había creado el test de inteligencia de uso universal que lleva su nombre.

De regreso a Suiza, contrajo matrimonio con Valentine Châtenay, de la que tuvo tres hijos, quienes le sirvieron de sujetos en sus estudios sobre el desarrollo de la inteligencia infantil. Durante el resto de su vida residió en la Suiza francesa, donde ocupó posiciones académicas en Lausanne y Ginebra. En esta última ciudad, en 1955, fundó el Centro Internacional para la Epistemología Genética, el cual dirigió hasta su muerte en 1980.

La epistemología genética constituye la base teórica sobre la cual Piaget edifica sus proposiciones de base empírica acerca del desarrollo de la inteligencia infantil, con sus fases y vicisitudes. Piaget adoptó el término introducido por James Mark Baldwin: «epistemología genética», un concepto de origen darwiniano que se funda en la premisa de que la habilidad para aprender se adquirió con la evolución del sistema nervioso. Se expresa en cada individuo como una característica más de adaptación al medio ambiente. Como tal, depende del ejercicio y de la retroalimentación sensorial. Ya en Baldwin toma impulso la *circularidad* del aprendizaje que asomó en Uexküll (véase capítulo 1) y que en animales y estratos nerviosos superiores se convierte en nuestro ciclo percepción-acción.

Para Piaget, la unidad básica de aprendizaje adaptativo es lo que él denomina «esquema». El recién nacido *palpa* el ambiente con actos aleatorios y casuales, los cuales en algunos casos producen efectos placenteros o desencadenan un instinto innato. Los estímulos sensoriales o viscerales resultantes de aquellos actos revierten sobre sistemas motores e inducen la repetición y refuerzo de los actos. Esta es la primera etapa del desarrollo cognitivo del niño, a la cual Piaget denomina «sensorio-motriz». En ella predomina el arco reflejo, por lo que contiene la circularidad que caracteriza toda adaptación biológica al medio ambiente (homeostasis). Pero es esencialmente egocéntrica, por cuanto enlaza el niño sólo con los objetos inmediatos que le rodean, sin involucrar otros seres humanos a excepción de la madre. Los presuntos esquemas de conducta tienen su base neural mayormente a nivel subcortical y en las áreas corticales primarias sensoriales y motoras, que según hemos visto son las primeras en alcanzar madurez y mielinizarse.

—

El desarrollo cognitivo del niño

Vygotsky (2012), el gran pedagogo ruso, sostiene que la educación es un producto de la interacción con otros seres humanos. Es a través de la interacción con otros, en particular mediante el juego, que el niño encuentra significados en el mundo que lo rodea. La conciencia y la cognición son el resultado final de la socialización del individuo. Es una visión «constructivista» del aprendizaje, muy parecida a la de Piaget, quien postula que el desarrollo cognitivo del niño se basa en la construcción de procesos internos, en etapas sucesivas, que comienza con la relación sensorio-motora con el entorno. A mi modo de ver, la importancia que Piaget y Vygotsky atribuyen a la interacción con el entorno físico y social para el desarrollo cognitivo pone de relieve el papel en el mismo del ciclo percepción-acción y de las funciones ejecutivas del cerebro en dicho ciclo.

A partir de los dos años de edad, el niño entra una tras otra en una serie de etapas adaptativas en las que, con la intervención de áreas asociativas corticales que maduran más tardíamente, la circularidad se hace de manera progresiva más amplia en ambos sentidos, el espacial y el temporal. De acuerdo con Vygotsky, Piaget nos dice que las influencias socioculturales adquieren un papel cada vez más decisivo en el aprendizaje y en el desarrollo de la cognición y la inteligencia infantiles. Según él, la lógica simbólica e intuitiva precede a la aparición del lenguaje.

En aquel proceso, el niño es cada vez más capaz de formar conceptos abstractos. *Pari passu*, primero la conducta y después el lenguaje, se encuentran cada vez más sujetos a la memoria: en las memorias perceptual y ejecutiva de categoría jerárquica cada vez más alta. Dicha memoria se forma en la jerarquía de áreas esbozada en la figura 8.5, a lo largo del gradiente de maduración cortical (mielinización) ilustrado en la figura 8.6. Al mismo tiempo, los factores socioculturales adquieren una creciente influencia, con lo que se desarrolla no sólo la inteligencia cognitiva sino también la inteligencia emocional del niño y del adolescente.

El desarrollo de la inteligencia emocional, como el de la inteligencia cognitiva, surge de un trasfondo evolutivo de memoria filética, la memoria de la especie. Así como las percepciones y las acciones tienen su base en la corteza sensorial y motora primaria, las emociones la tienen en las estructuras del cerebro que constituyen el sistema límbico. Dicho sistema contiene memoria filética de otro género, a saber: los rasgos y formas de conducta instintiva que la especie ha adquirido en el curso de la evolución para sobrevivir y defenderse en grupos. Entre esas cualidades filéticas de la conducta, hay dos de primer orden que la educación del niño tiene que proteger y favorecer para el bien de la sociedad: la *afiliación* y la *confianza mutua*. Ambas se manifiestan en la familia antes de hacerlo en la escuela. En la escuela, estas cualidades filéticas se traducen en la creación de círculos de amigos y en los equipos deportivos. En el adulto, ambas producen altruismo, civismo y relaciones sociales armónicas.

El control de los impulsos

El niño no puede ni quiere esperar. Su deseo del juguete, la golosina o el premio (cualquier cosa que estimule los circuitos generadores de dopamina del tronco cerebral) se tiene que satisfacer «ahora mismo». Por eso, una de las características más constantes de la niñez es la incapacidad de postergar la gratificación. Es la consecuencia de la falta de control inhibitorio, una de las funciones ejecutivas que sólo aparecen con el desarrollo de la corteza prefrontal. El control inhibitorio es sobre todo, aunque no de manera exclusiva, una función de la corteza prefrontal orbitaria.

El control inhibitorio tiene dos objetivos. El primero es biológico y consiste en la supresión de los impulsos instintivos, naturales pero a veces inoportunos, como pueden ser el hambre o el deseo de placer corporal. El otro objetivo, en este caso cognitivo, consiste en la supresión de la distracción o la interferencia externa cuando se tiene una tarea entre manos. El fallo de esta función inhibitoria, debido al retardo de la maduración de la corteza orbitaria, es una de las causas principales del trastorno de la atención, en especial de la atención ejecutiva (es decir, la atención dirigida a la acción). Ese trastorno de la atención, con hiperactividad y/o impulsividad (TDAH), es una enfermedad de origen genético que probablemente se debe al retardo en la maduración de la corteza órbito-frontal. Ocurre con una prevalencia del 5 al 7 por ciento en niños de edad escolar y puede persistir en la adolescencia y la edad adulta. Debido al desorden que ocasiona en la educación y la vida social del niño afectado, el TDAH suele suponer un problema de grandes dimensiones para padres y maestros.

La atención tiene dos componentes que se complementan uno al otro en la conducta, en el razonamiento y en el lenguaje. El primero es el llamado «foco de la atención»: la concentración intensa de la atención sobre un sector restringido del sensorio o de la motilidad. Este componente intensivo e *incluyente* de la atención tiene su origen en los límites fisiológicos del sistema nervioso y en la necesidad de economizar sus reservas para una mayor eficacia.

El segundo componente de la atención, que yo califico de *excluyente*, consiste en la inhibición de todo lo que no pertenece al ciclo percepción-acción del momento y que, por lo tanto, puede interferir con el logro de su objetivo. La interferencia puede ser interna, en forma de impulsos o memorias irrelevantes, o puede ser externa, en forma de distracciones sensoriales. En la actualidad, uno de los problemas más acuciantes de los niños en edad escolar es la distracción que conlleva el uso de juegos y teléfonos digitales. Ambos componentes de la atención ejecutiva, el incluyente y el excluyente, actúan en tándem sobre la sensación y la motilidad para obtener un mayor rendimiento de la conducta y del lenguaje. Sin embargo, cuando las circunstancias imponen interrupciones transitorias en el ciclo percepción-acción de conducta o lenguaje, ambos componentes actúan también sobre las representaciones internas. Entonces es cuando la atención ejecutiva se transforma en otra función ejecutiva, que tiene por objeto mediar contingencias a través del tiempo: la memoria operante.

Es imposible exagerar la importancia que tienen para el aprendizaje las dos funciones ejecutivas de la atención y la memoria operante. Un gran número de estudios documentan el déficit de estas funciones en los trastornos de la atención de la infancia, así como los efectos adversos de dicho déficit en el rendimiento escolar y en el ajuste social del niño. Para evitar estos problemas, varios sistemas educativos, en Europa y en América, han centrado sus esfuerzos en entrenar a los alumnos, sobre todo a los afectados por dicho déficit, en el ejercicio de la atención y de la memoria operante por medio de pruebas psicológicas estandarizadas.

El aprendizaje activo

> Educar es encender la llama, no llenar una vasija.
>
> Sócrates

> Fabricar cerebros originales: he aquí el gran triunfo del pedagogo.
>
> Santiago Ramón y Cajal

A un nivel más básico y general, es indudable que los sistemas educativos que cultivan el aprendizaje activo y creativo, debido al uso intensivo de las funciones ejecutivas, tienen una clara ventaja sobre los sistemas que se basan sobre todo en la memorización pasiva. Entendemos por aprendizaje activo aquel en el que el principal agente educativo es el niño mismo. El maestro o maestra (siempre debidamente preparado) es tan sólo el guía y testigo del proceso educativo. Se me ocurre una analogía apropiada para aquel guía y testigo: el obstetra (del latín *obstetrix,* la persona que está enfrente), que asiste el parto sin hacer nada, y sólo hace algo cuando es necesario.

La mayoría de los países, incluyendo España, utilizan la metodología pasiva en la educación pública, con resultados por lo general pobres. En cambio, los países que usan la metodología activa, donde el niño tiene iniciativa y autonomía en el proceso educativo, logran resultados mucho mejores. El informe trienal de

PISA (Programme for International Student Assessment) siempre documenta la ventaja de la metodología activa. PISA mide en todo el mundo (sesenta y cinco países) el rendimiento académico en matemáticas, ciencias y lectura de alumnos de quince años de edad o menores.

Finlandia es uno de los países que ha obtenido los mayores éxitos con la educación mediante el aprendizaje activo, tanto es así que se considera modélico a su sistema educativo. Conviene tener en cuenta, sin embargo, que hay muchos factores que contribuyen al éxito educativo en Finlandia, factores que no se dan en otros países: entre ellos, el equilibrio socioeconómico en el alumnado, las clases con límite de veinte alumnos, la intensiva y cuidadosa acreditación del profesorado y una excepcional conciencia pública del valor de la educación para la sociedad. En gran parte debido a estos factores, la educación mediante el aprendizaje activo ha obtenido en Finlandia un éxito que no se ha logrado en otros países con métodos semejantes (como el de Montessori) cuando son aplicados en la educación pública.

En España, gracias a la labor experimental de ciertas instituciones, en especial la Universidad Antonio de Nebrija, está surgiendo y ganando aceptación pública un vigoroso movimiento pedagógico que sostiene y promociona la educación de los niños mediante el aprendizaje activo. La base pragmática de ese movimiento consiste en lo esencial en enseñar al niño (es decir, a su cerebro) la habilidad de aprender con iniciativa, a «crear» conocimiento en su mente, a «aprender a aprender». Esto es justamente lo que la inteligencia artificial no puede hacer. El método que usan los investigadores de la nueva pedagogía consiste precisamente en adiestrar al niño, por sí mismo o en grupo, en el uso de las funciones ejecutivas (atención, memoria operante, planificación, toma de decisiones y control inhibitorio). Esas funciones ejecutivas constituyen la agenda (literalmente) de la corteza prefrontal. Los investigadores han demostrado, por ejemplo, que el entrenamiento en las funciones ejecutivas mejora el rendimiento escolar del niño, sobre todo en matemáticas.

En términos neurobiológicos, no es difícil entender cómo el aprendizaje activo funciona en el ciclo percepción-acción. Aparte de las funciones ejecutivas, juegan un papel importante las aferencias al cerebro de los efectos favorables que las acciones del alumno ejercen sobre él mismo y sobre los que las han de juzgar (figura 8.9). Este aprendizaje activo es para el niño agradable, aumenta su autoestima y atrae la aprobación de los maestros y de los otros estudiantes, en especial en sistemas, como el finlandés, en los que se da primacía a la cooperación sobre la competición.

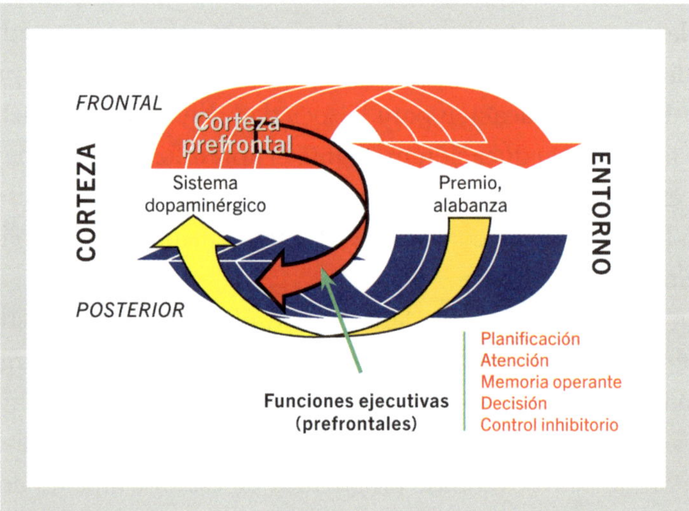

Figura 8.9. La realimentación positiva, en el ciclo percepción-acción, de las influencias placenteras y favorables (flecha amarilla) refuerza los ejercicios de aprendizaje activo por parte del alumno. El sistema dopaminérgico genera dopamina.

Hay que insistir, por lo tanto, en que mediante el aprendizaje activo el niño crea al mismo tiempo que aprende y adquiere nuevos conocimientos. En este contexto, el aprendizaje, aunque supervisado por el docente, se asemeja a la labor del artista o del científico. Tanto en el niño como en los artistas y científicos la aprobación, la alabanza y el premio activan los centros dopaminérgicos «del placer» que están en la base del cerebro. La dopamina, a través de la corteza prefrontal orbitaria, aumenta la motivación y activa las funciones ejecutivas, dando nuevo empuje al ciclo percepción-acción creativo y reforzando las acciones productivas. Así se perpetúa el círculo «virtuoso», positivo, del aprendizaje durante los años en los que la corteza prefrontal acelera su marcha hacia la madurez del adulto.

En los años de enseñanza secundaria y primera adultez, el ciclo percepción-acción se abre a nuevos objetivos, progresivamente más alejados en el futuro, y se abren múltiples ciclos, unos anidados dentro de otros, con un objetivo común. Los objetivos más relevantes del joven individuo, hombre o mujer, se hacen cada vez más generales y de mayor trascendencia vital. Las decisiones que lanzan y rigen un determinado ciclo están influidas por valores cada vez más elevados. Es entonces cuando a las funciones ejecutivas de control inhibitorio, atención y memoria operante (que tan importantes son en la enseñanza primaria) hay que añadir otras dos: la planificación y la toma de decisiones.

Con el desarrollo de la corteza prefrontal, el individuo es capaz de hacer planes cada vez más flexibles y con objetivos más lejanos. La estructuración de acciones en el tiempo es la quintaesencia común a todas las funciones ejecutivas prefrontales. En el caso concreto de la planificación, lo es por definición. Desde que autores alemanes y rusos publicaron la casuística clínica de los soldados con traumatismos en el lóbulo frontal durante la Primera Guerra Mundial (1914-1918), se sabe que el efecto más característico de una amplia lesión prefrontal es la incapacidad que tiene el paciente de hacer planes para el futuro. En realidad, el paciente sufre de *concretismo* o contracción temporal de su vida: vive aquí y ahora, sin perspectiva temporal tanto para el pasado como para el futuro. No hace uso del pasado para crear el futuro.

Los planes son decisiones que conllevan más decisiones. Con la toma de decisiones llegamos a otra función ejecutiva de la corteza prefrontal, también producto de su madurez. Sin embargo, como sucede con la planificación, las decisiones se nutren del pasado. Esto quiere decir que una decisión, sobre todo si es importante (la carrera, el matrimonio, el empleo, la universidad), está casi siempre sesgada, si no determinada, por una cantidad ingente de memorias y conocimientos (cógnitos) acumulados en el pasado. El hecho de que muchos de ellos sean inconscientes no les quita fuerza.

Como consecuencia de la maduración prefrontal, al individuo joven normal «se le abren pasado y futuro». Como el atleta que da unos pasos atrás para saltar más lejos hacia adelante, el individuo hace uso de la experiencia pasada para planificar su futuro. Es por ello por lo que la enseñanza superior, como la primaria, debe ser creativa. Motivación e imaginación siguen siendo esenciales, pues de ellas, con la ayuda de la memoria pasada, surge la «memoria del futuro» (Ingvar, 1985), que consiste, entre otras cosas, en los planes de estudio superior, la profesión y la carrera.

9
Lenguaje y libre albedrío

Del *lunedi* al *diumenge*

Un día, en San Diego, paseando después de desayunar, mi mujer y yo decidimos hablar una lengua distinta cada día de la semana. Hará de ello unos veinticinco años. Con mayor o menor fidelidad, hemos estado cumpliendo nuestro propósito hasta el día de hoy. Así es que el lunes es para nosotros *lunedi*, el martes es *mardi*, el miércoles es *miércoles*, el jueves es *Donnerstag*, el viernes es *Friday*, y el sábado y domingo son *dissabte* y *diumenge*. Además, al final de cada día solemos leer juntos un pedazo de literatura en la lengua del día. Para evitar el vano alardeo, me apresuro a afirmar que no hablamos ninguna lengua a la perfección. Ninguna, ni de lejos.

Lo que da mayor aliciente a nuestro multilingüismo es el placer de poder entrar, aunque sea de manera transitoria, en la cultura que ha dado su origen a cada lengua. Debido a nuestros viajes, amistades extranjeras y cambios de país de residencia, hemos experimentado un grado de inmersión en cada una de las culturas que sostienen las lenguas de nuestro repertorio. Esta inmersión ha tenido en nosotros mucho mayor impacto didáctico que la educación formal en la escuela (francés en el caso de Elisabeth, francés y alemán en el mío). Naturalmente, una de las ayudas decisivas a nuestro multilingüismo es el parentesco etimológico y fonético entre las lenguas, tanto del grupo latino como del anglosajón. Nos divertimos con los vocablos que en distintas lenguas tienen la misma etimología pero significado distinto. Esto ocurre con mucha frecuencia entre el italiano y el catalán.

No obstante, como medio de comunicación netamente humano, el lenguaje trasciende la cultura. Esta añade al lenguaje dimensiones sociales y emocionales, pero siempre sobre un sistema cognitivo común a todas las lenguas. El estudio de este sistema constituye la ciencia de la *lingüística.* Su objeto de estudio consiste esencialmente en definir las normas por las que las palabras y las frases transmiten significado. A excepción de términos onomatopéyicos, cuya fonética se asemeja al sonido del objeto que significan, el origen de las palabras es arbitrario en todas las lenguas. No así el significado de las frases, que depende del orden y la sintaxis de las palabras, incluyendo los términos auxiliares y definitorios, como verbos, preposiciones y conjunciones. En resumen, el significado se encuentra en la estructura gramatical de las frases.

Es precisamente por haber sido el primero en enfatizar y profundizar en ese aspecto estructuralista del lenguaje que Ferdinand de Saussure ha sido llamado el «padre de la lingüística» moderna y del estructuralismo. A decir verdad, el estructuralismo había sido ya aplicado a otras disciplinas antes de Saussure. En esencia, postula que todo sistema consta de partes, y que la función del sistema deriva única y exclusivamente de las relaciones entre las partes. Este postulado se aplica a una multitud de sistemas, naturales y teóricos, entre ellos la Gestalt, el psicoanálisis y, por supuesto, el sistema nervioso. La originalidad de Saussure consistió en aplicarlo al lenguaje, y de manera específica al significado de las palabras y frases de una lengua, donde las partes que se relacionan son los fonemas, los morfemas, las palabras y las frases.

Noam Chomsky, el segundo gran lingüista del siglo XX, llegó a un concepto análogo aplicado a las lenguas según su gramática, pero va más allá. Además de postular la jerarquía de las lenguas, postula una gramática innata que, con un número limitado de reglas, lleva aquella jerarquía potencialmente a una producción lingüística infinita. Es la que él llama «gramática generativa».

FERDINAND DE SAUSSURE (1857-1913)

Nació en Ginebra, donde se educó. Amplió estudios en la Universidad Humboldt de Berlín y posteriormente en Leipzig (Universidad Calvino), donde estudió sánscrito y el origen de las lenguas indoeuropeas. Sus estudios sobre el estructuralismo entran dentro del terreno más amplio de la *semiología* o teoría de los signos, que él cultivó con tesón a lo largo de su vida, aunque sorprendentemente su producción literaria fue relativamente escasa. Lo más importante de su obra fue resumido y publicado póstumamente por sus discípulos.

Con su estudio de la semiología y estructura de la frase, Saussure llega al concepto crucial de la organización jerárquica del lenguaje.

Figura 9.1. Ferdinand de Saussure.

NOAM CHOMSKY

Judío-ucraniano de origen, Chomsky nació en Filadelfia en 1928, hijo de un doctor en lengua hebrea y una maestra de la misma lengua. Desde 1945 estudió filosofía, lingüística y matemáticas en la Universidad de Pensilvania. Continuó sus estudios en la Universidad de Harvard, donde se doctoró. Desde 1961 ha sido profesor de lingüística en el Instituto Tecnológico de Massachusetts (MIT).

A lo largo de su larga carrera académica, Chomsky ha militado a favor de una multitud de causas políticas. Se considera a sí mismo un socialista liberal. Sus causas más notables, por las que se ha hecho uno de los más controvertidos intelectuales de América, han sido la lucha contra el capitalismo y su defensa del pueblo palestino.

Su primer trabajo importante en el campo de la lingüística data de 1957, cuando tenía 29 años de edad. Se basa en su tesis doctoral y se titula *Estructuras sintácticas.* Curiosamente, a pesar de su título, ataca en él el estructuralismo. También ataca el conductismo de Skinner y cualquier otra doctrina psicológica que sugiera asociacionismo. Ya en fecha remota comenzó su apego a la idea de que el lenguaje es genético, no un producto del aprendizaje, y que hay en el cerebro un «órgano del lenguaje». Por supuesto, nadie ha encontrado tal órgano, aunque hay zonas de la corteza mayormente involucradas en el significado y otras en la producción del lenguaje.

La gramática innata

La marca indeleble que Chomsky ha dejado en la lingüística moderna es su afirmación de la existencia, en el cerebro, de un sistema gramatical innato, *gramática universal generativa*, que confiere al ser humano una capacidad ilimitada para construir lenguaje novedoso. Su inferencia se basa en la rapidez con la que un niño normal adquiere la habilidad de producir de manera espontánea lenguaje gramatical correcto y original, sin necesidad de imitación o aprendizaje. Chomsky sostiene que este hecho nos obliga a postular principios gramaticales universales innatos que permiten al niño, y posteriormente al adulto, lograr una capacidad generativa lingüística potencialmente infinita.

Uno de los principios simples del sistema gramatical innato que postula Chomsky es la *recursividad.* Cuando se refieren a ella, Chomsky y la mayoría de sus intérpretes resultan un tanto difíciles de entender. Parte del problema es que intentan equiparar o reducir aquella propiedad del lenguaje a una característica especial de los sistemas computacionales complejos. De todos modos, aparte de su presunto innatismo, aquí nos interesa poner de relieve la recursividad. En su forma más simple (aquí Chomsky y otros coinciden), la recursividad es la capacidad de formar oraciones subordinadas dentro de una oración principal; y otras dentro de aquellas, y así potencialmente *ad infinitum.* Todo ello sin desvirtuar ninguna oración, sea principal o subordinada, y permitiendo el regreso a la misma para completarla o convertirla en el origen de otras. Si añadimos tiempo, objetivo, significado, realimentación y un interlocutor, nos encontramos de manera inevitable frente al ciclo percepción-acción, tal como lo he descrito en estas páginas. Lo más notable es la presencia de ciclos anidados dentro de ciclos, tal como he postulado que ocurre, no sólo en el lenguaje, sino en la conducta en general. Así es, a mi modo de ver, como la lingüística se convierte en neurolingüística y penetra en el cerebro, aunque no exactamente de la manera en la que Chomsky concibió originalmente su «órgano del lenguaje».

Los dos caminos de la neurolingüística

Tres son los elementos fundamentales de la expresión verbal como medio de comunicación: el signo o palabra, la sintaxis y el significado o semántica. Descubrir sus bases estructurales y dinámicas en el cerebro es el principal objetivo de la neurolingüística, que se sostiene hoy en día en dos metodologías, una antigua y la otra moderna, ambas con ventajas y limitaciones. La primera consiste en el estudio de trastornos de lenguaje producidos por lesiones cerebrales (afasias y agnosias); la segunda consiste en el uso de las técnicas de imagen funcional.

La primera pregunta que nos hacemos es: ¿cómo y dónde se representan la palabra y su significado en el sistema nervioso? Las dos metodologías citadas apuntan a la misma respuesta: a una red neuronal de la corteza con significado cognitivo semántico, a saber, un cógnito semántico. La palabra, pues, en sentido neural, sería una red cognitiva cortical que asocia las propiedades físicas o conceptuales de un objeto o sujeto, una de las cuales es el símbolo verbal o escrito que lo identifica.

Del mismo modo que existen categorías de entidades en el mundo que nos rodea, así como de los términos que usamos para designarlas, también existen categorías de los cógnitos que las representan. Tanto los cógnitos como sus símbolos o palabras forman jerarquías, como las forman las percepciones, memorias y acciones que las crearon mediante la experiencia y el aprendizaje. Cuanta más altura semántica tiene el cógnito de una palabra, mayor es la probabilidad de que se formase a través de múltiples usos del mismo en situaciones semejantes (con lo cual está más firmemente anclado en la memoria). Es más, a través de sus conexiones con el mismo término en otra lengua, se amplía la base neuronal en la que se ha formado. Por esto, con su traducción a otra lengua, el término y su cógnito obtienen vías asociativas adicionales de acceso.

El incremento asociativo que contribuye a crear distintas lenguas en relación con la firmeza de un cógnito se debe a que cada lengua añade al cógnito su propio contexto, su propia cultura. En general, la resiliencia de una memoria aumenta con la riqueza del contexto en el que se adquiere. Lo mismo ocurre con un término y el contexto junto al que se adquirió: aquel contexto puede incluir su imagen escrita, o el mismo vocablo, hablado o escrito, en otra lengua.

Siguiendo este razonamiento nace la hipótesis de que el bilingüismo y el multilingüismo favorecen el desarrollo cognitivo de un individuo y la estabilidad de su reserva cognitiva. Un número considerable de estudios epidemiológicos en Japón, Estados Unidos y Canadá indican que, en individuos de edades avanzadas, el bilingüismo y multilingüismo protegen el cerebro de la demencia o retrasan su inicio. Lo cual parece indicar que el hablar varias lenguas aumenta la reserva cognitiva de un individuo, haciéndole menos o más tardíamente susceptible a la enfermedad degenerativa. Mi esposa y yo nos aferramos a ese *wishful thinking* a sabiendas de que aquí no hay garantía ninguna y de que nuestra memoria ya no es lo que era antes de entrar en nuestra torre de Babel.

El lenguaje hablado es un claro ejemplo de acción motriz formada y modulada en el ciclo percepción-acción. En su desarrollo, el hablante vierte de manera secuencial los tres elementos (signo, gramática y semántica) en su aparato vocal, mientras se escucha a sí mismo. Cada elemento revierte sobre el sistema auditivo para la verificación o corrección, y como señal para proseguir. De este modo el ciclo se va repitiendo, autorregulado a través de frases, monólogos y discursos.

Los intentos de localizar el lenguaje en la corteza cerebral tropiezan con el mismo obstáculo con el que tropieza la localización cortical de la memoria. Es un obstáculo que deriva directamente de la distribución masiva de ambos sustratos, el de la memoria y el del lenguaje. Es más, los dos sustratos son uno y el mismo: el cógnito. Los mismos cógnitos que forman parte del contenido semántico del lenguaje forman también parte del contenido de la memoria y del conocimiento (memoria semántica). Lo cual quiere decir que la distribución cortical del contenido del lenguaje, como la de la memoria, es jerárquica y no puede ser definida con más precisión que la de las categorías de memoria perceptual en la figura 8.5.

Así mismo, la memoria de los cógnitos ejecutivos del lenguaje está jerárquicamente organizada en corteza frontal, sus cógnitos enlazados con los perceptuales de corteza posterior por medio de largas fibras nerviosas recíprocas que forman la infraestructura dinámica del ciclo percepción-acción del lenguaje. En todo caso, estrechamente engarzadas en este ciclo hay dos áreas en el hemisferio izquierdo que, más que otras, son críticas para la comprensión y la producción de lenguaje: una es el área de Wernicke en corteza posterior y la otra el área de Broca en corteza frontal (figura 7.2). La primera está íntimamente involucrada en la comprensión y la segunda en la producción de lenguaje. Enfermos con lesión de área de Wernicke hablan mucho (logorrea) y entienden poco. Enfermos con afasia de Broca, entienden todo pero hablan poco, pues tienen dificultad para articular las palabras; se «comen» artículos y preposiciones, por lo que se ha dicho que su lenguaje es «telegráfico».

La predicción interna y el lenguaje

Con mi énfasis en su circularidad, he dejado atrás un factor esencial del lenguaje hablado: la predicción interna. De modo semejante a lo que ocurre con respecto a la música, el sujeto precede cada palabra y cada frase con «un escuchar interno», en su mente, de lo que va a decir. Es una cualidad del lenguaje hablado, el cual, cuando es complejo y con una dimensión temporal sustancial, requiere de la intervención de la corteza prefrontal: se trata de la atención ejecutiva anticipada.

El diálogo entre dos personas, A y B, consiste en dos ciclos percepción-acción dinámicamente engarzados entre sí, en cada uno de los cuales el «entorno» está constituido por el otro interlocutor. El interlocutor A comienza el diálogo con una frase declarativa, interrogativa o exclamativa. B analiza la frase en su corteza y emite su respuesta, que A analiza en su propia corteza, contestando a su vez. Y así los dos interlocutores continúan el diálogo hasta que lo terminan, ya sea por mutuo acuerdo, desavenencia o cualquier otro motivo. Los dos hablantes, con sus dos ciclos entrelazados, han trazado y retrazado, metafórica y simbólicamente, un «8» recostado.

Fue el neuropsicólogo ruso Alexander Luria el primero en situar en la corteza de los lóbulos frontales las funciones ejecutivas (atención, memoria operante, planificación, toma de decisiones y control inhibitorio) que tan importantes son para el ciclo percepción-acción.

Subordinó todas estas funciones a una función más general, que definió como la organización temporal de la conducta, en particular del lenguaje hablado.

ALEXANDER LURIA (1902-1977)

Luria nació en Kazan, a unos setecientos kilómetros al este de Moscú, en una familia en la que había muchos médicos. Su padre era profesor de medicina en la Universidad de Kazan, y su madre, dentista. Cuando era todavía un estudiante de psicología, Luria fundó la Sociedad Psicoanalítica de Kazan y tuvo varios contactos epistolares con Freud. A los veintiún años obtuvo un puesto en el Instituto de Psicología Experimental de Moscú, donde se asoció con Lev Vygotsky, el experto en la psicología del desarrollo. Luria y Vygotsky formaron una fuerte alianza intelectual que adquirió gran fama entre los jóvenes investigadores rusos y vino a llamarse el Círculo Vygotsky-Luria.

A poco de terminar la Segunda Guerra Mundial, Luria se hizo con el título de doctor en ciencias médicas. Inmediatamente después de la guerra, el gobierno soviético puso a su cargo cerca de ochocientos enfermos hospitalizados que habían sufrido daños cerebrales traumáticos en el frente. Con este material clínico a su disposición, desarrolló una buena parte de sus meticulosos estudios neuropsicológicos y de rehabilitación. En relación con estas actividades, creó una batería de novedosas pruebas psicológicas, algunas de las cuales están todavía en uso.

Ya desde antes de la guerra, Luria estuvo vivamente interesado en los aspectos estructurales y semánticos del lenguaje, en buena parte debido a la influencia de Vygotsky. El estudio de los heridos de guerra le condujo a un interés particular en los efectos de lesiones de los lóbulos frontales, que eran extremadamente frecuentes entre los combatientes. Aquí es donde se encontró con el trastorno del lenguaje que Jackson había descrito en el siglo XIX (capítulo 1), y que había denominado un defecto del habla «proposicional». Luria lo llamó «afasia dinámica frontal». Según él, esta afasia se caracterizaba por una disminución de la expresión verbal, tanto espontánea como provocada, y un empobrecimiento general del lenguaje, con pérdida de fluidez en el habla y escasez de frases subordinadas. En resumidas cuentas, Luria concluyó que se trataba de un trastorno de organización que consideró paradigmático de lo que le ocurría al paciente en otras esferas del quehacer.

Es más, Luria dio un giro personal al trastorno frontal y a la función alterada en el mismo. Interpretó correctamente el déficit estructural del lenguaje en el enfermo con lesión frontal como un caso particular del fallo de la organización temporal de las acciones (lo que yo llamo la «sintaxis de la acción»). Pero fue más allá. Hizo del lenguaje el organizador de todas las funciones cognitivas.

Figura 9.2. Alexander Luria.

—

La música

Como a otros muchos, a mi mujer le gusta hablar de la música como una forma de lenguaje. En realidad, se han escrito libros sobre el «lenguaje de la música». Ordinariamente, la expresión se refiere a los aspectos descriptivos de la música, como son las emociones que suscita o los aspectos de la naturaleza que nos evoca. Considera, lector, la *Sinfonía pastoral* de Beethoven que tiene ambos efectos. Pero además, la música, como el lenguaje, tiene una estructura temporal, una prosodia y una «sintaxis» de sonidos, la cual define la melodía, como la sintaxis de palabras define la frase. Con razón los músicos hablan de «fraseo». Todas las composiciones musicales, incluso aquella, tienen estructura, sintaxis y prosodia, aunque estas sean difíciles de adivinar en algunas composiciones modernas.

La música tiene dos propiedades estructurales que acentúan su paralelismo con el lenguaje: recursividad y equivalencia perceptual. La primera está en evidencia en las melodías anidadas dentro de otras, así como en las fugas. En ambos casos, una variación se aparta del tema principal para regresar a su fin al mismo. La equivalencia perceptual es evidente en el hecho de que una variación puede apartarse del tema, a veces mucho, sin que aquel pierda en ella su identidad. Aunque variemos el ritmo, tonalidad o instrumentación de los cuatro primeros acordes de la *Quinta sinfonía,* estos no dejan de ser identificados por el oyente como el característico comienzo de la obra magistral de Beethoven. La identidad de la pieza se pierde, sin embargo, si el tempo se reduce por debajo, o se aumenta por encima, de ciertos niveles. El canto no sólo asimila el lenguaje sino que también mantiene identidad melódica tanto si la voz cantante es de soprano, tenor, barítono, contralto o bajo.

En resumen y en sentido muy amplio, la música es un «modo de decir» como el lenguaje. Como el lenguaje, puede «decir» lo mismo de muchos modos. El placer que nos produce el escucharla deriva no sólo de la estética de la armonía y el ritmo del sonido sino también de los sentimientos que nos evoca. En esto se aproxima a otra forma de lenguaje: la poesía.

Unida con ritmo a la danza, la música probablemente emerge en el ser humano de lo más profundo de su memoria ancestral biológica (filética) compartida con otras especies animales. Por otra parte, la música, singularmente en el humano, se convierte en la forma más sublime de expresión artística con dimensión temporal.

Como es de suponer, debido al paralelismo entre lenguaje y música en términos de estructura temporal, así como contenido cognitivo y emocional, ambas actividades comparten el mismo sustrato nervioso. Estudios de lesiones corticales y de resonancia magnética funcional involucran mayormente a la corteza del hemisferio cerebral izquierdo en el lenguaje y el derecho en la música. La percepción de ambos involucra más a la corteza posterior que a la corteza frontal, mientras que en su ejecución es al revés, siempre dentro del ciclo percepción-acción. El compositor de música, como el orador, indudablemente utiliza su corteza prefrontal para llevar a cabo su obra creadora, sobre todo si esta es excepcionalmente original y compleja.

Jordan y la Universidad de Stanford

En un viernes de junio de 1891, el tren procedente de Indiana entraba en la estación de Menlo Park, California, a unos cuarenta kilómetros al sur de San Francisco. Del tren descendió al andén un hombre bigotudo de dos metros de altura, ancho de hombros, con un niño de dos años en un brazo y una maleta en el otro. Venía acompañado de su esposa encinta y de dos niños más. Era David Starr Jordan, elegido por el senador Leland Stanford y su esposa Jane para asumir el cargo de primer presidente de la nueva Universidad de Stanford. La elección no había sido fácil.

Leland Stanford, oriundo del estado de Nueva York, amasó una considerable fortuna en California con el desarrollo del ferrocarril y la extracción de oro en la sierra. Fue gobernador y posteriormente senador del estado. En 1884, durante un viaje con su familia a Italia, su único hijo murió en Florencia a causa de la fiebre tifoidea. Perdido su hijo y sin posibilidad de tener otro, Leland y Jane Stanford decidieron fundar una universidad *in memoriam* y en honor póstumo a su hijo: la Universidad Leland Stanford Junior, destinada, según ellos, «a los hijos de California». Se edificaría en un terreno que Stanford había comprado para la cría de caballos, cerca de un poblado indio, que había sido descubierto mucho tiempo atrás por el explorador español Gaspar de Portolá.

El establecimiento y la construcción de la universidad fueron lentos y estuvieron llenos de obstáculos. Una buena parte de los problemas se originó en la falta de apoyo y reconocimiento públicos de la empresa. La prensa de San Francisco la ridiculizaba y los comercios de poblaciones vecinas no veían los beneficios de un incierto público estudiantil. Por aquel entonces se estaba estableciendo la bien dotada Universidad (pública) de California, en Berkeley, cerca de San Francisco, y no parecía que la nueva universidad de los señores Stanford pudiera competir con aquella ni de lejos.

Ya antes de que se terminase la construcción de su universidad, los Stanford iniciaron la búsqueda de su primer presidente. Su idea era atraer a una persona de gran prestigio académico, de la categoría de las que regían las grandes universidades del este de Estados Unidos (Harvard, Yale y Princeton), en la llamada Ivy League. En su búsqueda involucraron a varios intelectuales célebres con amplias conexiones académicas, entre ellos los hermanos James: William, el filósofo y psicólogo, y Henry, el escritor. En todas partes recibieron rechazo e incluso desprecio. Nadie quería dirigir una nueva universidad en lo que alguien llamó «país indio».

A falta de algo mejor, los Stanford vieron en David Starr Jordan (figura 9.3), a la persona que buscaban: un hombre joven, de cuarenta años de edad, que estaba muy interesado en el puesto, por lo que los Stanford pensaron que posiblemente «crecería con la universidad», y esta con él.

Figura 9.3. David Starr Jordan.

No se les escapaba a los Stanford el hecho de que Jordan era un progresista radical, de ideas muy controvertidas, pacifista aunque revolucionario, y que había sido aficionado a los discursos fogosos desde lo alto de los tejados. De todos modos, a Leland Stanford le atraía la juventud de Jordan, su entusiasmo, y el hecho de que ambos habían crecido en el agro de Nueva York.

Para asegurarse del acierto de la selección de Jordan, y para hacerle una oferta formal, los Stanford tomaron el tren y fueron a verle en Bloomington (Indiana). La entrevista fue cordial y marcada por el deseo de adaptación mutua. Además, no había tiempo que perder: la universidad, aún sin terminar, se abría en otoño de aquel mismo año, cuando Jordan, si aceptaba la oferta, asumiría el cargo de presidente. Los Stanford le ofrecieron por la mañana un sueldo de 10.000 dólares y él regresó por la tarde para aceptar la oferta.

Jordan representaba en aquel tiempo una elección de presidente de universidad muy poco convencional. Su especialidad era la ictiología, el estudio de los peces, y la mayoría de sus copiosas publicaciones tratan de este tema. Ya desde temprana edad, los peces eran lo que más le aproximaba a la naturaleza, su gran amor. Era un darwinista hasta la médula. Le fascinaban también las montañas y diez años antes de viajar a Stanford, había escalado el Matterhorn.

Ya desde el principio de su presidencia, Jordan cultivó la camaradería con los estudiantes, a los que llevaba a menudo de excursión a la sierra. En 1931 fue uno de los fundadores del Sierra Club. Por motivos que desconozco Jordan Hall, en el centro del campus de Stanford, alberga el Departamento de Psicología, que no suele ser considerada una de las ciencias naturales (figura 9.4). Es un hecho curioso que, me parece, esconde un singular significado.

El método educativo de Jordan era abiertamente liberal, a favor de manera incondicional de la igualdad entre sexos en lo que a la selección del profesorado se refería. Intentaba que los profesores se dedicaran tanto o más a la investigación que a la enseñanza y era claramente partidario del aprendizaje activo, tal como lo he descrito en el capítulo anterior. Dejaba que cada miembro de la facultad

Figura 9.4. Jordan Hall, hoy sede del Departamento de Psicología, en la Universidad de Stanford.

siguiera sus intereses allá donde le llevaran. La suya era la filosofía del quehacer científico que yo he llamado «individualismo ilustrado». Era individualismo liberal, reminiscente del de la ilustración del Siglo de las Luces, caracterizado por la independencia intelectual, la razón y el escepticismo. En la ciencia moderna, en la que debido a su complejidad se imponen la colaboración y el trabajo de equipo, hay que añadir la responsabilidad social y la ayuda mutua. Pero siempre respetando la libertad intelectual.

No sé con certeza si Jordan usó el término de «individualismo ilustrado» en alguna ocasión. Lo que sí sé es que fue un practicante ardiente del mismo y que gracias a ello obtuvo un enorme impacto en Stanford y en otras instituciones de California (si bien es verdad que, ocasionalmente, le condujo a ideas equivocadas, como la eugenesia). También sé que el individualismo ilustrado encajaba de manera admirable en el espíritu «de frontera» que en su tiempo impregnó todas las instituciones de enseñanza superior en el Oeste.

Posiblemente el individualismo ilustrado de Jordan reflejaba el progresismo liberal que ha invadido la enseñanza superior en California en los últimos ciento y pico de años. De lo que no cabe duda, a mi modo de ver, es de que el individualismo ilustrado es una de las claves del éxito y originalidad mostrado por todas las instituciones científicas de la costa occidental norteamericana, desde Vancouver hasta la frontera con México. No olvidemos que Stanford y Palo Alto, la ciudad que la universidad engendró a su lado, fueron el núcleo inicial de Silicon Valley, la cuna de la tecnología digital. Allí, en un garaje, dos estudiantes, Hewlett y Packard, inventaron la máquina electrónica que fue la semilla de la inmensa empresa que lleva sus nombres.

La libertad es la esencia del individualismo ilustrado y del éxito que muchos hemos logrado en esa colección de universidades e instituciones científicas de la Costa Oeste: British Columbia, Oregón, Washington, Berkeley, San Francisco, Stanford, Davis, Los Ángeles, Caltech, Irvine, San Diego, y otras. Nos rige la libertad individual, a diferencia de lo que rige a los científicos en otras universidades e instituciones de Norteamérica, Europa, China y Japón, donde la administración y financiación de la ciencia se ajustan a una estructura jerárquica. No es que aquí cada uno de nosotros trabaje por su cuenta completamente aislado de los demás. Nos gusta dedicarnos sobre todo a cultivar *nuestras* ideas y a explorar *nuestras* hipótesis, pero nos juntamos con otros cuando nos conviene, sobre todo si compartimos con ellos ideas, hipótesis o métodos. Nuestras colaboraciones científicas se autoorganizan por afinidad y comunidad de intereses, no para cumplir los designios de ninguna autoridad científica o administrativa superior.

A lo largo de mi vida de científico en la Universidad de California he tenido la buena fortuna de haber gozado de plena libertad como investigador. Aparte de mi esfuerzo personal, ese privilegio tiene dos causas. Una es el *esprit du temps* progresista del oeste, del que he hablado antes y del que surgieron, en la Universidad de California en Los Ángeles (UCLA), dos instituciones dedicadas al cerebro, de las que he sido miembro desde su fundación: el Brain Research Institute (BRI) y el Neuropsychiatric Institute (NPI), el último ahora llamado Semel Institute. La otra causa es que el jefe (*chairman*) de mi departamento clínico, de psiquiatría, siempre me ha apoyado y siempre ha protegido también mi independencia.

¿Qué es el libre albedrío?

Después de realzar mi independencia como investigador, me parece oportuno entrar ahora en el segundo tema de este capítulo: el libre albedrío y el papel del cerebro en él. Trataré del asunto con cierta brevedad; lo hice *in extenso* en un libro que se publicó en 2014: *Cerebro y libertad*. Sin embargo, sería una descortesía al estimado lector si aquí simplemente le refiriese a otra publicación mía sin ofrecerle la esencia de mi argumento acerca de la neurobiología de una facultad tan netamente humana y tan decisiva para nuestra convivencia y el futuro de nuestra sociedad. Empecemos con una definición clara y sin ambigüedad: libre albedrío es la capacidad de elegir entre opciones de acción y de información —información procedente del interior o exterior del organismo— para iniciar o modificar la acción. Mi posición de principio es que esta capacidad dual radica en el cerebro y elude la necesidad de un yo inmaterial pensante, consciente y que decide. La experiencia consciente de libre albedrío que precede y acompaña la elección libre es un epifenómeno de la actividad cerebral que precede y acompaña dicha elección. En cualquier caso es el cerebro el que elige y decide. La conciencia de libertad será tanto mayor cuanto mayor sea el número de opciones o alternativas posibles, tanto de acción como de información.

El filósofo metafísico objetará que necesitamos postular una entidad sobre el cerebro y separada del mismo, que decida lo que este tiene que hacer en un momento dado. Esta postura suele defenderse a partir de la experiencia subjetiva, consciente, de que *yo* sé lo que quiero hacer y por qué. *Yo* rijo a mi cerebro. Sin embargo, tanto el filósofo como el neurocientífico saben que postular en el cerebro o fuera de él un *yo* en control de la voluntad o de la acción libre conduce de manera inevitable a las falacias de petición de principio y regresión infinita. Ambas desafían sin respuestas convincentes a las siguientes preguntas lógicas: si el *yo* o «centro de la voluntad» rige al cerebro, ¿quién o qué rige al *yo*? ¿Quién o cuál es la «autoridad» superior a la que el *yo* obedece? A falta de causalidad de arriba abajo, es una marcha fútil en búsqueda de un ejecutivo supremo e inaccesible.

La solución al enigma, el lector ya lo habrá adivinado, está en el ciclo percepción-acción, donde no hay un origen fijo y donde el acto libre puede iniciarse en cualquier parte del mismo: en el mundo exterior, físico o social, en el mundo de los instintos y los afectos, en los cógnitos de la corteza posterior, que son fuente de la imaginación perceptual, o en los de la corteza frontal, fuente de imaginación ejecutiva. Cualquier definición que se adopte del ciclo percepción-acción tiene que respetar el hecho de que este, en sentido amplio, es un principio ubicuo de adaptación del organismo al medio interno y/o externo. Con repetición del ciclo en el curso de la vida, se producen cambios súbitos o incrementales en la composición de los cógnitos corticales, de modo que algunos cógnitos adquieren la categoría de principios o hábitos, los cuales pueden sesgar, si no determinar, *inconscientemente* nuestra conducta. De ahí que, por ejemplo, un juicio o acto de conducta moral puede ser inconsciente sin dejar de ser *voluntario*, si el término «voluntario» admite la posibilidad de que el juicio o el acto sea sesgado o determinado por la educación y el buen ejemplo de otros seres humanos.

Mi definición de libertad o libre albedrío, fundada en la *elección*, también puede ser rechazada por el pensador determinista, que se suele basar en una versión más o menos saneada del «demonio de Laplace». Este demonio imaginario nos asegura que la libertad es una ilusión y que si él pudiera conocer todas las condiciones iniciales de un organismo viviente (como es el ser humano con su cerebro), entonces podría predecir el curso de su vida, desde su nacimiento hasta su muerte. Este argumento ignora los avatares impredecibles, el azar, y también la conducta y el razonamiento de otros seres humanos, como podemos observar en los juegos. También ignora el papel fundamental de las probabilidades y las posibilidades de elección, que pueden extenderse al infinito. En resumidas cuentas, la libertad está sujeta a tantos factores y a unos márgenes de probabilidad tan amplios que podría decirse, como dijo William James, el gran psicólogo de Harvard, que está sujeta a un «determinismo blando».

En suma, la libertad se define plausiblemente como la capacidad de nuestro cerebro de elegir alternativas de información y de acción con objetivos agradables o provechosos. Negar su existencia y tacharla de «ilusión» es a todas luces absurdo, pero decir que es en todo caso *relativa* es una verdad de sentido común.

Por supuesto, la libertad absoluta no tiene sentido, pues tiene obvios límites. Algunos de estos límites son simplemente naturales: no podemos volar porque no tenemos alas ni correr hacia atrás porque nuestros sistemas nervioso y locomotor no nos lo permiten. Otros límites a la libertad son la penuria económica y la enfermedad incapacitante, bien sea esta física o mental; y otros son el accidente, el desastre natural, la coerción política y el confinamiento judicial o por motivos de salud pública (*v. g.*, pandemia).

El neurocientífico determinista nos dirá que en la libertad, como en todo fenómeno cerebral, hay una causalidad reducible a elementos básicos, como son la neurona, el gen, la molécula, y el quantum. Sin embargo, tal reduccionismo en neurociencia cognitiva es ilusorio y equívoco, por el simple hecho de que toda la cognición, incluso la que lleva al acto voluntario, está definida y codificada en el cerebro en términos relacionales. Todo es algo en razón de las relaciones entre sus partes. La psicología de la Gestalt se funda en este hecho. Y en lo mismo se funda nuestro cógnito o red cognitiva en la corteza cerebral. La dinámica cerebral de la libertad, es decir, de la capacidad de elegir, se asienta en una premisa principal: todo el cerebro o cualquiera de sus partes puede intervenir en la elección. La libertad humana está basada, sobre todo, en la actividad de la corteza cerebral, y dentro de ella, sobre todo la de la corteza prefrontal. Pero este protagonismo prefrontal no debe interpretarse como si se tratara de un «ejecutivo central» autónomo. Sin salirse del ciclo percepción-acción, la corteza prefrontal ejerce sus funciones ejecutivas bajo un sinfín de influencias de otras cortezas y de las estructuras subcorticales.

Para acomodar la libertad humana, sin embargo, hay que ensanchar el ciclo percepción-acción en dos dimensiones. Una es la expansión del «entorno», que incluye el entorno interno formado por la memoria, por la experiencia pasada, que está a su vez constituida, entre otras cosas, por la historia, los valores y los principios, en una palabra, por la «circunstancia» de Ortega. Es una expansión del ciclo percepción-acción al pasado. La otra dimensión es la expansión del ciclo al futuro. Téngase en cuenta que el lóbulo frontal alberga en su corteza la «memoria del futuro» y que todas las funciones ejecutivas prefrontales (atención ejecutiva, planificación, memoria operante, control inhibitorio y toma de decisiones) tienen una perspectiva futura.

Esas funciones son, entre otras cosas, la base de la imaginación y de la creatividad, por lo tanto de dos cualidades específicas del ser humano, las cuales, añadidas al lenguaje, nos hacen singularmente dotados para la libertad. Así se explica cómo el don de la libertad emerge de la extraordinaria evolución de la corteza prefrontal. Pero no dejemos de lado el hecho fundamental biológico de que la libertad funciona dentro del ciclo percepción-acción (figura 9.5), añadiendo a dicho ciclo otro ciclo interno, que yo llamo el «hemiciclo de la libertad».

Al nivel de los mecanismos cerebrales, la contribución evolutiva más crítica de la corteza prefrontal a la libertad consiste en el control cognitivo interno de la acción y del lenguaje que ejercen sus funciones ejecutivas, todas ellas prospectivas y preadaptativas. Son estas funciones, dentro del ciclo percepción-acción, las que confieren futuro y libertad a la conducta, al razonamiento y al lenguaje.

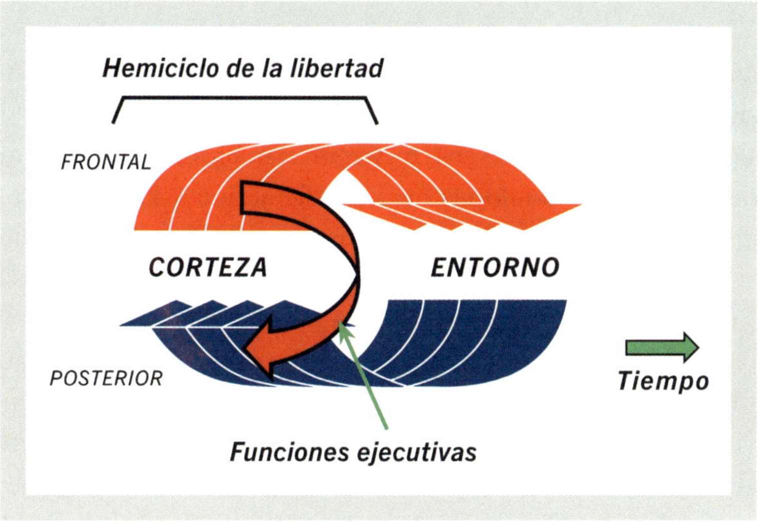

Figura 9.5. Hemiciclo de la libertad, constituido por la experiencia pasada y por las funciones ejecutivas (atención, memoria operante, planificación, toma de decisiones y control inhibitorio) dentro del ciclo percepción-acción.

Y son estas las funciones que en el proceso educativo el niño tiene que desarrollar —activamente— para formar su futuro como ciudadano libre en beneficio propio y de la sociedad en que ha de vivir.

La inteligencia artificial

Aquí me parece apropiado terminar este capítulo con un comentario sobre el impacto de la inteligencia artificial (IA) en la actualidad, sobre todo como expansión de la libertad humana. En este sentido es asombroso constatar que sus artilugios pueden realizar una gran cantidad de tareas con mucha más velocidad y precisión que el cerebro humano. Este hecho por si solo ha dado pie a muchas preguntas relacionadas con la semejanza entre un «supercerebro» artificial y el cerebro biológico. ¿Puede el ser humano construir un cerebro artificial que funcione como el suyo, o inclusive mejor que el suyo? Es una realidad innegable que en todos los ámbitos de la industria, la ciencia, la educación, la medicina, el transporte, las finanzas y el comercio, las máquinas «inteligentes» han facilitado enormemente el quehacer humano, entre otras cosas aumentando las opciones de acción y la eficiencia de las mismas. Con ello podemos afirmar que la IA aumenta inconmensurablemente la libertad humana. Por otro lado, es un hecho del mundo contemporáneo que la IA, al desplazar con eficiencia y economía a incontables trabajadores, se ha convertido en una causa de desempleo en una multitud de industrias manufactureras y en la agricultura. En este sentido ha reducido la libertad de mucha gente.

La herramienta principal de la IA es el ordenador digital, el computador electrónico. Es el cerebro del robot y de la asamblea industrial que, como el cerebro humano, recoge información por medio de sensores y la procesa para la ejecución de determinadas tareas para las que ha sido programado. Un hecho importante: como el cerebro humano, el servomecanismo electromecánico recoge datos acerca de los efectos de sus acciones para autorregularse y gobernar sus acciones futuras. ¿Y cómo no? Este es exactamente el mecanismo cibernético que es la esencia de nuestro ciclo percepción-acción. Para completar el símil, y habida cuenta de que el ordenador, como el cerebro, guarda y utiliza memoria para sus operaciones, nos preguntamos: ¿hay en el ordenador algo semejante al cógnito? Aquí el símil nos falla, porque si bien el «chip» digital puede servirnos como unidad básica de memoria, es imposible concebir un «chip» o una asamblea de los mismos formando una red plástica que sea *modificable con la experiencia y capaz de retenerla para novedoso uso futuro.* El ordenador sólo hace lo que se le ha programado que haga y no puede aprender a hacerlo por experiencia —es decir, no puede crear cógnitos ejecutivos nuevos—. Es posible que pueda jugar al ajedrez y derrotar a Kaspárov debido a su capacidad para calcular estrategias y probabilidades mucho mejor que el cerebro humano, pero no puede crear por sí solo un juego totalmente nuevo basándose en su memoria.

Mucho se ha escrito acerca de las operaciones cognitivas del ordenador comparándolas con las funciones del cerebro humano. Está ampliamente demostrado que el ordenador, gracias a su capacidad prácticamente infinita de cálculo y memoria, puede realizar con mucha más agilidad y precisión que el humano el razonamiento lógico, tanto inductivo como deductivo. Pero la memoria del ordenador, a diferencia de la humana, no es ni plástica ni asociativa, por lo que no puede crear ni crearse. Sólo la memoria de internet, enlazando entre sí millones de ordenadores alrededor del mundo, es auténticamente asociativa, y sólo plástica en la medida en que una red inmensa de operadores humanos lo permita.

Para terminar, el artilugio electrónico no tiene un «sistema límbico», por lo que le falta el afecto, la espiritualidad, la confianza, el altruismo, la intuición, la conciencia moral y la inteligencia emocional. Con todo lo dicho, pues, tenemos que concluir que la IA expande enormemente la libertad del industrial, del médico, del investigador, del ingeniero, del educador y del ejecutivo. Pero sólo la libertad humana puede crear, apreciar y elegir lo bueno, lo amable, lo estético, lo justo, lo útil y lo humanitario en su sentido más amplio.

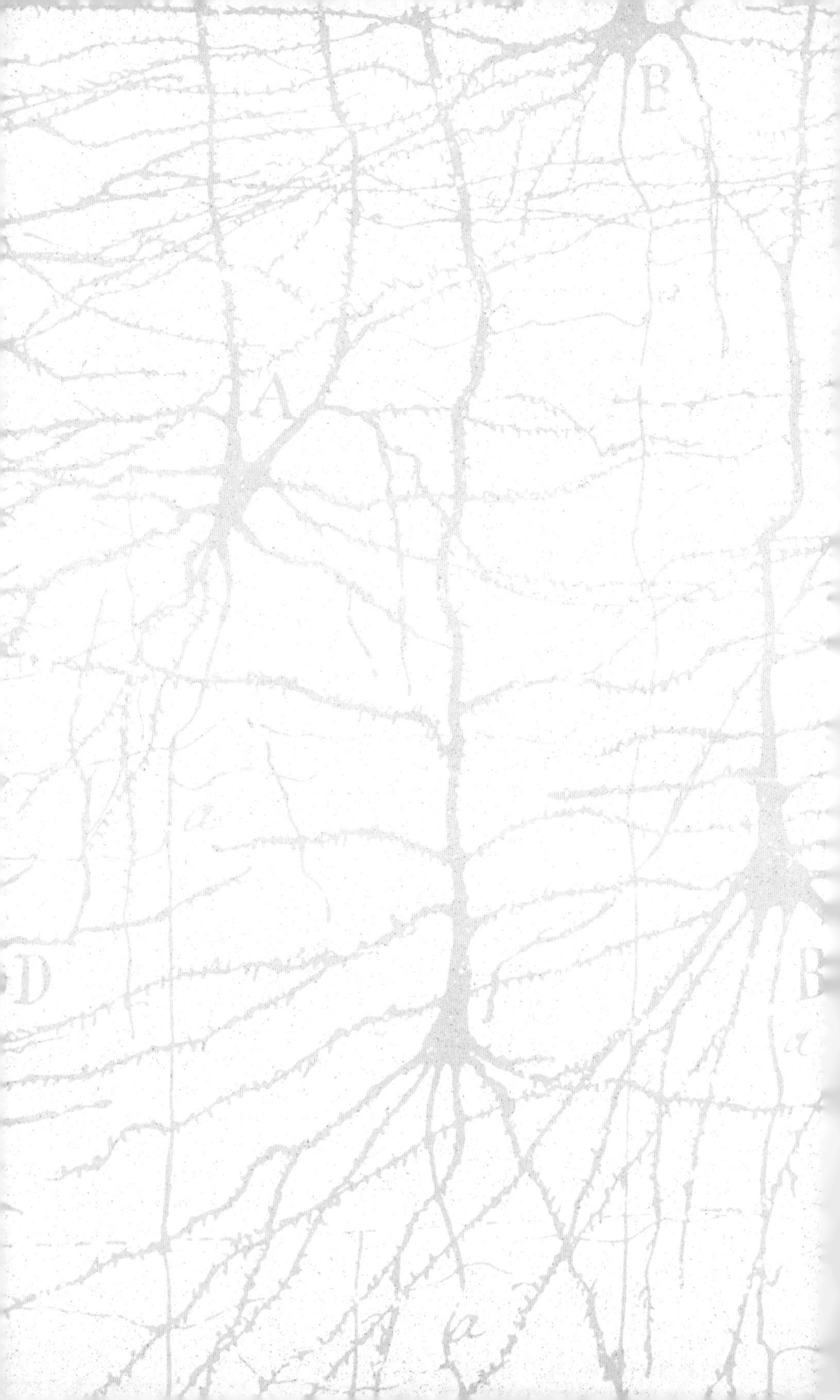

B
A
a
D
B
a
a

Epílogo

Con su último capítulo, este libro da fin al relato de mi biografía científica, anidado dentro del relato más amplio que es la historia de la neurociencia de la mente. Trazar las relaciones entre ambos me ha sido relativamente fácil y natural, entre otras cosas porque en el curso de mi vida he presenciado muy de cerca cómo la neurociencia de mi tiempo reavivaba y llenaba de sentido las ideas de los grandes pensadores de antaño. Ahora, terminada mi labor, es el momento de despedirme del estimado lector. Lo haré citando brevemente los lugares de mayor afinidad entre mis trabajos y las ideas de aquellos pensadores, y añadiendo un también breve comentario final acerca del estado actual de nuestra ciencia y de su futuro.

Dos son los principios generales de la neurociencia de la mente en los que el lector habrá descubierto una mayor afinidad entre mi trabajo y las teorías de mis antecesores y contemporáneos. Los introduje ya en el primer capítulo, respaldados por cuatro personajes históricos cuyas ideas entraron muy pronto en mi vida y en mi modo de pensar. El primer principio es la estructura reticular, asociativa y jerárquica de la memoria y del conocimiento (ambos son la esencia de la cognición) en la corteza cerebral (Cajal, Jackson).

El segundo principio es la función integradora del sistema nervioso, dedicado al ajuste sensorio-motor y emocional del individuo al medio ambiente y al medio interno (Sherrington, Uexküll).

Ambos principios, naturalmente solapados aquí y allá, forman el armazón de mi libro. Lo demás es el contexto biográfico de mi trabajo de investigador guiado por aquellos principios. Si el lector encuentra a faltar a otros autores y hechos, es porque, a pesar de sus méritos, no inspiraron mi trabajo científico ni mi labor de médico.

La neurociencia de la mente es como un gran tapiz, que hay que mirar a cierta distancia para apreciar bien. Si se mira demasiado de cerca se nos pierde el esplendor de los colores, las perspectivas y los claroscuros. En la cognición, como en la emoción, la relación lo define todo de un extremo al otro. El código de la memoria, como el de la percepción y el de cualquier otra función cognitiva, es un código relacional. Es información entretejida y definida por las relaciones entre estímulos, entre eventos, entre acciones, entre memorias, entre palabras, y por lo tanto entre sus respectivos sustratos nerviosos.

Resulta una pura y distante analogía, aunque sugestiva, que en Flandes, mientras los artesanos tejían aquellos espléndidos tapices, un español, Juan Luis Vives, formulara su teoría asociativa de la textura de la memoria. Pasarían casi cuatro siglos antes de que otro español, Santiago Ramón y Cajal, formulara en Barcelona la teoría reticular de la memoria. Y pasaría medio siglo más antes de que Hebb y Hayek formularan la red cognitiva de la corteza que yo llamo «cógnito».

Hablo, pues, de un código relacional de todo lo cognitivo y de todo lo emocional en el cerebro humano. Aquí, sin embargo, es donde la neurociencia tropieza con la ley fundamental de la física experimental: el reduccionismo, que es un artículo de fe de todas las ciencias «duras». El reduccionismo es el proceso científico que consiste en reducir toda causalidad física a sus elementos y mecanismos más elementales: en biología, estos pueden ser, por ejemplo, el gen, la célula o la molécula orgánica y sus vicisitudes. Como sabemos, el código relacional del cerebro sapiente o sintiente está muy por encima de aquellos elementos y mecanismos. Todo lo que sea reducir nuestra metodología por debajo de la red y el sistema desvirtúa la información relevante en aquellos, así como los mecanismos, basados en relaciones, que tratamos de entender. Es como tratar de entender lo que dice una carta escrita estudiando la composición química de la tinta.

El segundo de los principios del que trato en mi libro es el de la interacción dinámica del sistema nervioso con el medio interno y el medio circundante. Es una interacción de profunda raíz biológica (homeostasis) que tiene como objetivo la adaptación del organismo a cambios internos o ambientales que amenazan su integridad o que lo apartan de sus objetivos vitales. Es una integración en esencia cibernética, por cuanto se retroalimenta por los efectos de la regulación nerviosa (u hormonal) sobre el medio. En organismos superiores, con el desarrollo de la corteza cerebral, la interacción adaptativa se convierte en el ciclo percepción-acción. Con ello, el ciclo adaptativo adquiere enorme envergadura y un amplio campo de operaciones, en el espacio y en el tiempo.

La información que el ciclo percepción-acción procesa no se limita a los estímulos sensoriales y las acciones que estos provocan, sino que se extiende a la memoria de los mismos y a las implicaciones emocionales, afectivas y sociales que conllevan. Con ello, el ciclo percepción-acción deja de ser puramente adaptativo, y se hace preadaptativo: proyecta hacia el futuro posibles cambios, los predice y prepara al organismo para los mismos, antes de que ocurran. Esto es una propiedad fundamental que el ciclo ha adquirido gracias a la evolución de la corteza prefrontal.

Esta corteza, pues, se convierte no sólo en el regulador supremo del ciclo sino que, por medio de sus funciones ejecutivas (todas ellas prospectivas en el tiempo) se convierte en una fuente de creación y de imaginación. El penúltimo capítulo trata de cómo la capacidad proactiva de la corteza prefrontal para inventar lo novedoso sirve como guía para la didáctica moderna, estimulando, ya en la escuela primaria, el aprendizaje activo, en lugar de la memorización pasiva. El aprendizaje activo hace al niño capaz de «aprender a aprender» y con ello llegar al razonamiento autóctono, a la deducción y al conocimiento nuevo. Parece increíble que hoy en día sean contados los países, como Finlandia, que han descubierto las virtudes del aprendizaje activo en la escuela elemental.

De la primacía de la corteza prefrontal en el ciclo percepción-acción surge la literalmente infinita capacidad de crear lenguaje nuevo y acciones nuevas. De su posición estratégica en el circuito recurrente entre las cortezas perceptual y ejecutiva (hemiciclo de la libertad), situado en la interfase entre el organismo y el mundo exterior, surge la acertada caracterización de la corteza prefrontal como el «órgano de la libertad».

El avance de la ciencia se basa en dos métodos de razonamiento lógico. Uno es el método inductivo, que consiste en hacer múltiples observaciones de fenómenos que comparten ciertas propiedades comunes para llegar, de este modo, a leyes y conclusiones generales. El otro es el método deductivo, que consiste en la aplicación de leyes a casos particulares. Ambos métodos, con sus ventajas y desventajas, se usan de manera habitual combinados. No obstante, la investigación científica moderna, en todos los campos, suele usar una combinación especial de los dos métodos que se denomina «método hipotético-deductivo». Consiste en la siguiente secuencia:

1. Observación de fenómenos;
2. hipótesis deductiva para explicarlos;
3. hipótesis puesta a prueba experimentalmente;
4. verificación, rechazo o modificación de la hipótesis.

Este es, de manera aproximada, el proceso mediante el que, partiendo de observaciones de descarga celular persistente durante la memoria operante en varias regiones de la corteza cerebral, pudimos llegar al concepto de red cognitiva (cógnito), representativa de la memoria permanente. Los factores de modalidad sensorial o motora en aquella memoria se aclararon en el curso de varios años (con la adición del método criogénico de lesión reversible).

Con los avances de nuevas metodologías, el inmenso campo de la neurociencia cognitiva se abrirá a numerosas y fértiles líneas de investigación futura. Una de ellas es la genética. La investigación de las influencias del genoma humano sobre la neurogénesis del cerebro, en especial en la corteza cerebral, nos esclarecerá enigmas como el origen de diferencias intelectuales innatas entre individuos. La misma línea de investigación esclarecerá la causa de trastornos en ambos extremos de vida, como el autismo y las demencias.

Complementando la investigación genética, se profundizará en el desarrollo epigenético de funciones cognitivas como la atención, la inteligencia y la memoria. Se conferirá énfasis especial al desarrollo y potenciación de las funciones ejecutivas de la corteza prefrontal, que juegan un papel crucial en la educación del niño.

Por último, una vez establecida la naturaleza reticular de la memoria y del conocimiento, se aplicarán a su estudio funcional las nuevas técnicas y algoritmos tomográficos del cerebro humano. Las investigaciones de mapeo de redes neuronales en el primate, que tan útiles nos han sido para poner en evidencia conceptos como el de cógnito, nos llevarán, por medio del conexionismo funcional, al «conectomo viviente» en la cognición humana, algo que de momento parece utópico.

En mi opinión, los científicos no sólo deberíamos exponer nuestros conocimientos, sino también intentar contagiar nuestra pasión por la ciencia, a la que hemos dedicado nuestras vidas, y de esa manera animar a nuevos investigadores para que continúen nuestra obra. Es el objetivo que me ha guiado en la redacción de este libro.

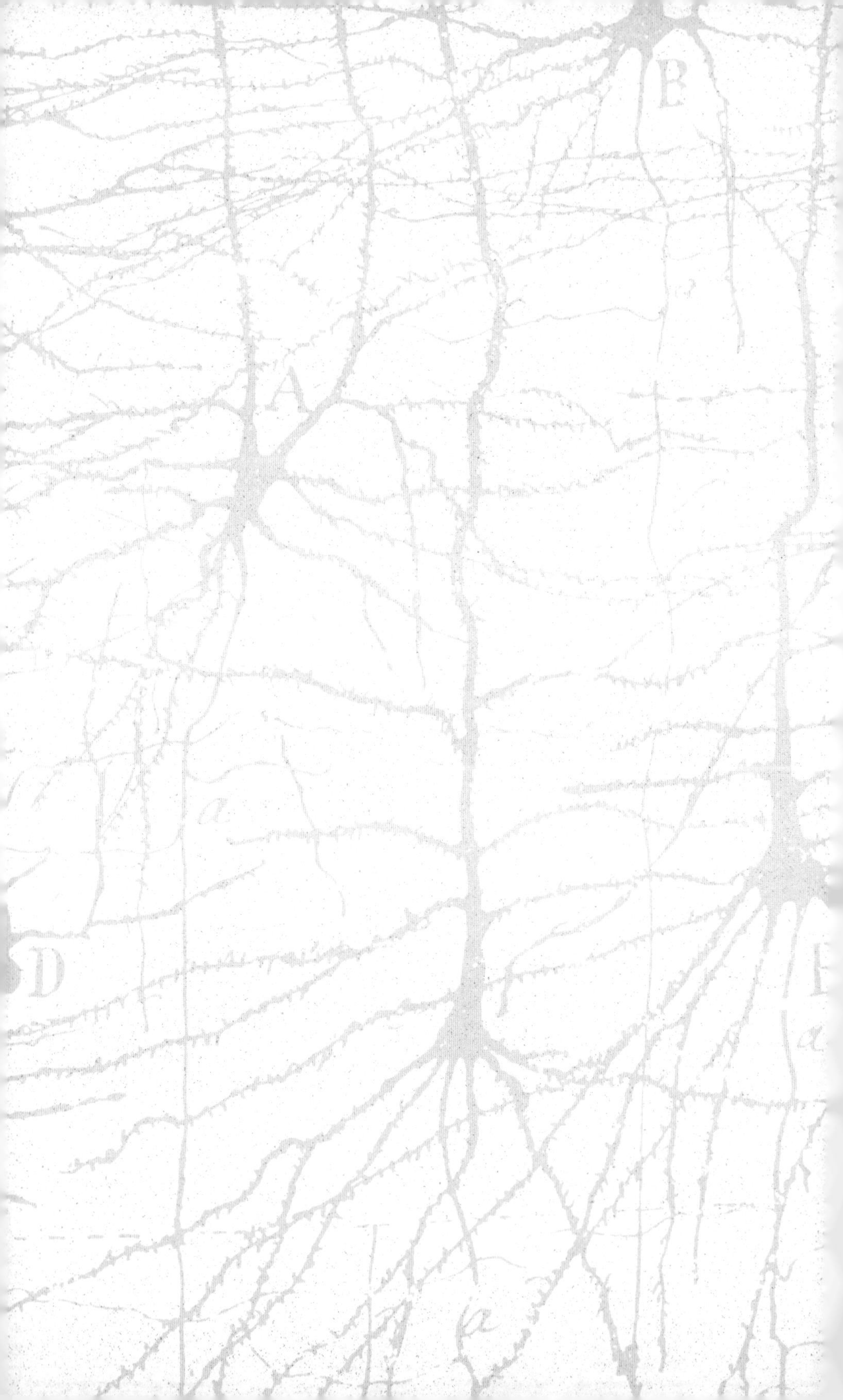

B
A
a
D
a
a

Agradecimientos

Durante casi toda mi vida científica he gozado de la compañía de Elisabeth, mi querida esposa, y hacia ella siento mi más sincero agradecimiento. Con paciencia, comprensión y buen humor, siempre me ha proporcionado el tranquilo ambiente doméstico necesario para solaz y estudio. Nuestros intereses comunes se centran no tanto en la ciencia como en la literatura, las lenguas y la música. Y naturalmente en los hijos y nietos que llenan de alegría nuestra vida.

Tres fueron los profesores de universidad españoles que mayor influencia tuvieron sobre mi formación en psiquiatría: mi propio padre, Joaquín Fuster Pomar, Ramón Sarró Burbano y Santiago Montserrat Esteve. A ellos he agradecido siempre la educación que me dieron en fenomenología psiquiátrica y en patología psicosomática, valiosa educación que me ha servido durante toda mi vida profesional y académica.

Luego debo dar las gracias a los administradores universitarios de la UCLA, que velaron por mis intereses y me proporcionaron el ambiente propicio para mis trabajos científicos y mi labor académica. Cinco de ellos merecen mención especial: el que fuera decano de la Escuela de Medicina, Sherman Mellinkoff, y los directores del Brain Research Institute, Horace Magoun y Jack French, así como del Neuropsychiatric Institute, Jolyon West y Peter Whybrow. A Peter debo la idea de escribir este libro y sus principales directrices. Robert Livingston, Keth Killam y Donald Lindsley me proporcionaron los medios y entrenamiento iniciales para la investigación en neurofisiología de la conducta.

Muchos son los científicos con los que he tenido provechosas discusiones, personales o por correspondencia, acerca de mis ideas y trabajos. Mencionaré especialmente a John Eccles, Arnold Scheibel, Friedrich Hayek, Eric Kandel, Patricia Goldman-Rakic, Larry Squire, Javier DeFelipe, Carlos Belmonte, Fernando Reinoso-Suárez, Carmen Cavada y Francis Crick. Con este último y con Terry Sejnowski fuimos cofundadores del Club Helmholtz, en cuyas reuniones durante más de dos décadas aprendí casi todo lo que sé acerca de psicofísica.

Mi más profundo agradecimiento como científico lo debo a todos aquellos que me han ayudado directamente a hacer todo lo que he logrado hacer en el laboratorio y en los servicios clínicos. Entre ellos debo citar a mis asistentes técnicos, Bill Bergerson (electrónica) y Brad Lubell (computación digital), y a una multitud de estudiantes y colaboradores: especialmente, en listado alfabético: Gary Alexander, Allen Ardestani, Wes Ashford, Richard Bauer, Louis Baxter, Mark Bodner, Steve Bressler, Otto Creutzfeldt, Richard Docter, Jane Erb, Simon Haykin, Eric Halgren, Albert Herz, John Jervey, Kevin Koch, Jim Kroger, Andy Leuchter, Dieter Lux, Phil May, Keith Posley, Javier Quintana, Carl Rosenkilde, Waleed Shindy, Germán Sierra-Marcuño, Germán Sierra-Paredes, Max Straschill, Barbara Swartz, Arthur Toga, Arthur Uyeda, Alessandro Villa, Sam Weinberg, Matthew Wright, Javier Yajeya, Yongdi Zhou y David Zipser.

En 2003, con mi esposa, hicimos un donativo a la UCLA para la fundación de la cátedra Joaquín Fuster en neurociencia cognitiva. Esta es una posición académica, establecida a perpetuidad, que está actualmente ocupada por la profesora Susan Bookheimer, una investigadora de fama mundial dedicada a la aplicación de modernas técnicas de imagen cerebral al estudio de funciones cognitivas en salud y enfermedad. La universidad también ha establecido el Laboratorio Joaquín Fuster de Neurociencia Cognitiva, actualmente bajo la dirección de la profesora Michele Basso. Agradezco las contribuciones de estas dos investigadoras y sus respectivos equipos a nuestro conocimiento del sustrato cerebral de la mente humana.

Por último agradezco los comentarios sobre el manuscrito de este libro por parte de mis hijos Lisa y Marcos, y de Luciano Barajas, Rosa Tutzó y José Antonio Marina. Hago extensivo mi agradecimiento a mi asistenta Carmen Cox que me ayudó con la bibliografía y búsqueda de textos originales.

B
A
a
D
a

Referencias bibliográficas

1. Niño feliz mientras España sufre

DeFelipe, J., *El jardín de la neurología*, Madrid, Consejo Superior de Investigaciones Científicas, 2014.

Dobzhansky, T., «Nothing in biology makes sense except in the light of evolution», *The American Biology Teacher*, 35 (1973), pp. 125-129.

Jackson, J. H., *Selected Writings*, Nueva York, Basic Books, 1958.

Ramón y Cajal, S., *Textura del sistema nervioso del hombre y de los vertebrados*, vols. I y II, Madrid, Moya, 1899, 1904.

—, *Recuerdos de mi vida*, Madrid, Pueyo, 1923.

Roy, C. S., y Sherrington, C. S., «On the regulation of the blood-supply of the brain», *Journal of Physiology*, 11 (1890), pp. 85-108.

Sherrington, C. S., *The Integrative Action of the Nervous System*, Nueva York, Charles Scribner Sons, 1906.

Uexküll, J. von., *Theoretical Biology*, Nueva York, Harcourt, Brace & Co., 1926.

2. Educación en la «Nueva España»

Del Nero, V., «*De anima et vita* in the Context of Vives's Opus», *A Companion to Juan Luis Vives*, Charles Fantazzi (ed.), Leiden-Boston, Brill, 2008, pp. 277-315.

Ehrenfels, Ch. von, *Über Gestaltqualitäten*, Leipzig, Reisland, 1890.

Hayek, F. A., *The Sensory Order*, Chicago, University of Chicago Press, 1952.

Helmholtz, H. von., *Selected Writings of Hermann Helmholtz*, R. Kahl (ed.), Middletown, Wesleyan University Press, 1971.

Koffka, K., *Principles of Gestalt Psychology*, Nueva York, Harcourt, Brace & Company, 1935.

Köhler, W., *The Mentality of Apes*, Nueva York, Harcourt, Brace & Company, 1925.

Trimble, M. y Hesdorffer, D., «Music and the brain: the neuroscience of music and musical appreciation», *BJPsych International*, 14 (2017), pp. 28-31.

Vives, J. L., *De anima et vita*, Basilea, Robert Winter, 1538.
Wertheimer, M., «Estudios experimentales sobre la visión del movimiento», *Zeitschrift der Psychologie*, 61 (1912), pp. 161-265.

3. Otro médico en la familia

Bertalanffy, L. von., *General System Theory*, Nueva York, George Braziller, 1969.
Cannon, W., *The Wisdom of the Body*, Nueva York, Norton, 1932.
Fuster, J. M., *Memory in the Cerebral Cortex. An Empirical Approach to Neural Networks in the Human and Nonhuman Primate*, Cambridge, MIT Press, 1995.
Gross, C. G., «Claude Bernard and the constancy of the internal environment», *The Neuroscientist*, 5 (1998), pp. 380-385.
Jaspers, K., *Psicopatología general*, traducción del original (1913), Madrid, Fondo de Cultura Económica, 2014.
Selye, H., *The Stress of Life*, Nueva York, McGraw-Hill, 1956.
Wiener, N., *Cybernetics or Control and Communication in the Animal and the Machine*, Cambridge, MIT Press, 1961.

4. América

Fuster, J. M., «Effects of stimulation of brain stem on tachistoscopic perception», *Science*, 127 (1958), p. 150.
—, «Excitation and inhibition of neuronal firing in visual cortex by reticular stimulation», *Science*, 133 (1961), pp. 2011-2012.
James, W., *The Principles of Psychology*, reeditado en Nueva York por Dover Publications, 1950.
Healy, D., *The Creation of Psychopharmacology*, Cambridge, Harvard University Press, 2002.
Hess, W. R., *The Functional Organization of the Diencephalon*, Nueva York, Grune & Stratton, 1957.

5. Interludio bávaro

Eccles, J. C., *The Physiology of Synapses*, Berlín, Springer, 1964.
Frankl, V., *El hombre en busca de sentido*, Barcelona, Herder, 2013.
Fuster, J. M., Creutzfeldt, O. D. y Straschill, M., «Intra-cellular recording of neuronal activity in the visual system», *Z. vergl. Physiol.*, 49 (1965), pp. 605-622.
Hayek, F. A., *The Sensory Order*, Chicago, University of Chicago Press, 1952.
Lorenz, K., *Evolución y modificación de la conducta*, Madrid, Siglo XXI Editores, 1986.

Monod, J., *Chance and Necessity*, Nueva York, Knopf, 1971. (Hay trad. al castellano: *El azar y la necesidad*, Barcelona, Tusquets, 1981.)
Rof Carballo, J., *Cerebro interno y mundo emocional*, Barcelona, Labor, 1952.

6. Mi regreso a California

Freud, S., *Introducción al psicoanálisis*, Madrid, Alianza, 2011.
Fuster, J. M. y Uyeda, A. A., «Reactivity of limbic neurons of the monkey to appetitive and aversive signals», *EEG and Clinical Neurophysiology*, 30 (1971), pp. 281-293.
Jung, C. G., *Introducción a la psicología analítica*, Madrid, Trotta, 2017.
Klüver, H. y Bucy, P. C., «An analysis of certain effects of bilateral temporal lobectomy in the rhesus monkey, with special reference to "psychic blindness"», *J. Psychol.*, 5 (1938), pp. 33-54.
May, P. R., Fuster, J. M., Haber, J. y Hirschman, A., «Woodpecker drilling behavior. An endorsement of the rotational theory of impact brain injury», *Archives of Neurology*, 36 (1979), pp. 370-373.

7. Mi debut en los lóbulos frontales y las células con memoria

Bauer, R. H., y Fuster, J. M., «Delayed-matching and delayed-response deficit from cooling dorsolateral prefrontal in monkeys», *Journal of Comparative and Physiological Psychology*, 90 (1976), pp. 293-302.
Broca, P., «Rémarques sur la siège de la faculté du langage articulé, suivi d'une observation d'aphémie», *Bull. Anat. Soc.* (París), 2 (1861), pp. 330-357.
Cowan, N., «What are the differences between long-term, short-term, and working memory?», *Progress Brain Res.*, 169 (2008), pp. 323-338.
Funahashi, S., Bruce, C. J., y Goldman-Rakic, P. S., «Mnemonic coding of visual space in the monkey's dorsolateral prefrontal cortex», *Journal of Neurophysiology*, 61 (1989), pp. 331-349.
Fuster, J. M., *The Prefrontal Cortex*, 5.ª edición, Londres, Academic Press, 2015.
—, y Alexander, G. E., «Neuron activity related to short-term memory», *Science*, 173 (1971), pp. 652-654.
—, y Jervey, J., «Inferotemporal neurons distinguish and retain behaviorally relevant features of visual stimuli», *Science*, 212 (1981), pp. 952-955.
—, y Urban, H., «Juicio crítico de la leucotomía en Austria», *Med. Contemp.* (Lisboa), 72 (1954), pp. 643-647.
—, Bodner, M., y Kroger, J. K., «Cross-modal and cross-temporal association in neurons of frontal cortex», *Nature*, 405 (2000), pp. 347-351.
Jacobsen, C. F., «Functions of the frontal association area in primates», *Arch. Neurol. Psychiatry*, 33 (1935), pp. 558-569.
Luria, A. R., *Higher Cortical Functions in Man*, Nueva York, Basic Books, 1966.

8. Memoria y educación

Baddeley, A., «Working memory», *Phil. Trans. R. Soc. Lond.*, B302 (1983), pp. 311-324.
Dehaene, S., *Apprendre!*, París, Odile Jacob, 2018.
Flechsig, P., *Anatomie des Menschlichen Gehirns und Rückenmarks auf Myelogenetischer Grundlage*, Leipzig, Thieme, 1920.
Fuster, J. M., «Psicohigiene del estudio en la escuela de enseñanza primaria», *Revista Española de Pedagogía*, 58 (1957), pp. 142-149.
—, *Memory in the Cerebral Cortex. An Empirical Approach to Neural Networks in the Human and Nonhuman Primate*, Cambridge, MIT Press, 1995.
—, «The prefrontal cortex. An update: time is of the essence», *Neuron*, 2 (2001), pp. 319-333.
—, «El paradigma reticular de la memoria cortical», *Revista de Neurología*, 50, supl. 3 (2010), pp. S3-10.
—, *Cortex and Mind. Unifying Cognition*, Nueva York, Oxford University Press, 2003.
Hayek, F., *El orden sensorial*, Madrid, Unión Editorial, 2004.
Ingvar, D. H., «"Memory of the future". An essay on the temporal organization of conscious awareness», *Human Neurobiology*, 4 (1985), pp. 127-136.
Marina, J. A. y Pellicer, C., *La inteligencia que aprende. Teoría de la inteligencia ejecutiva*, 2.ª edición, Madrid, Santillana, 2018.
Piaget, J., *The Origins of Intelligence in Children*, Nueva York, International Universities Press, 1952.
—, *The Construction of Reality in the Child*, Nueva York, Basic Books, 1954.
Saussure, F., *Curso de lingüística general*, A. Riedlinger, C. Bally y A. Sechehaye (comps.), Buenos Aires, Losada, 1965.
Scoville, W. B. y Milner, B., «Loss of recent memory after bilateral hippocampal lesions», *Journal of Neurology, Neurosurgery and Psychiatry*, 20 (1957), pp. 11-21.

9. Lenguaje y libre albedrío

Chomsky, N., *Reflexiones sobre el lenguaje*, Barcelona, Ariel, 1979.
Fuster, J. M., *Cerebro y libertad*, Barcelona, Ariel, 2014.
James, William, *Principios de psicología*, México, Fondo de Cultura Económica, 1989.
Luria, A. R., *Higher Cortical Functions in Man*, Nueva York, Basic Books, 1966.
Ortega y Gasset, J., *Meditaciones del Quijote*, Madrid, Cátedra, 2005.

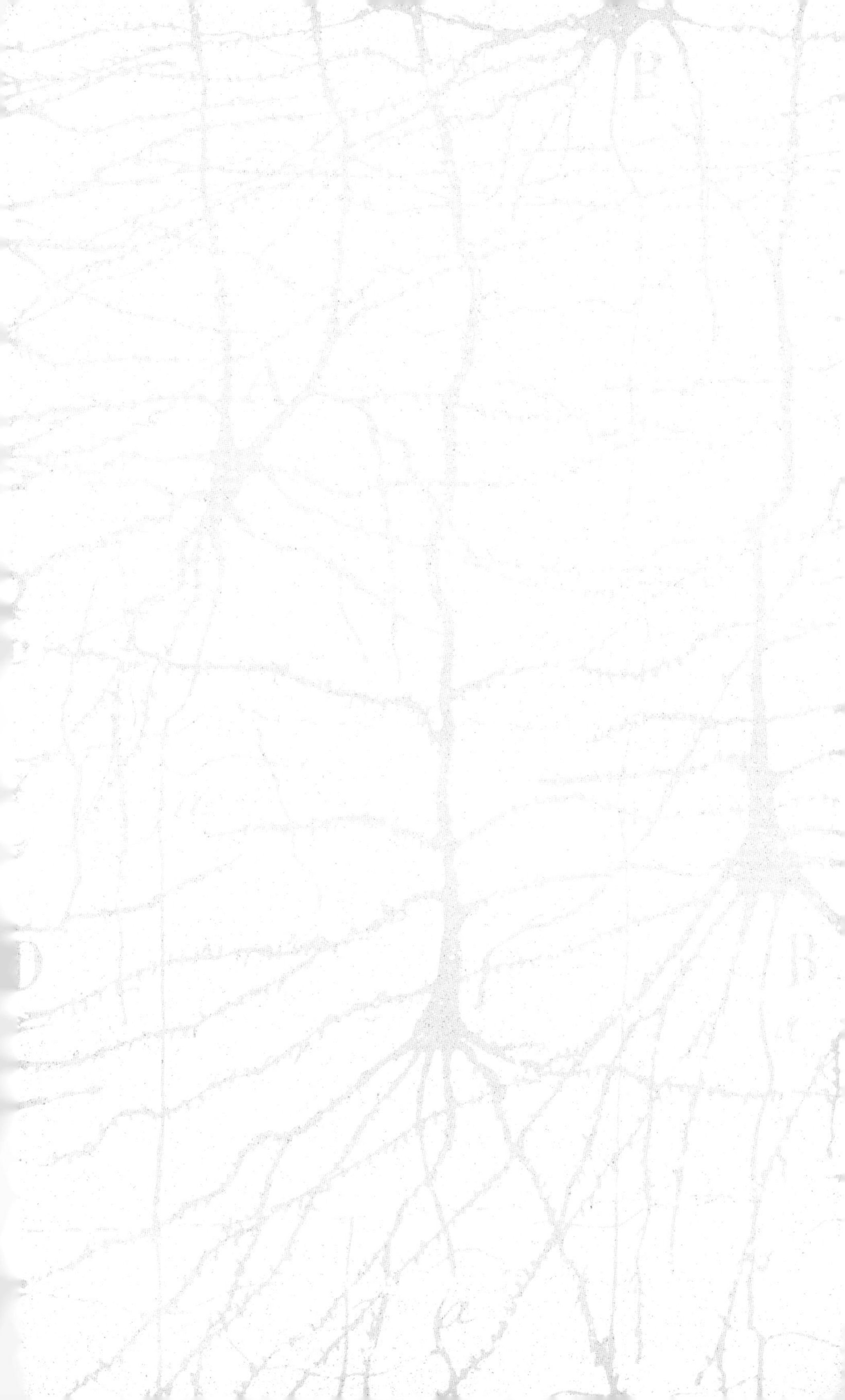
D
B

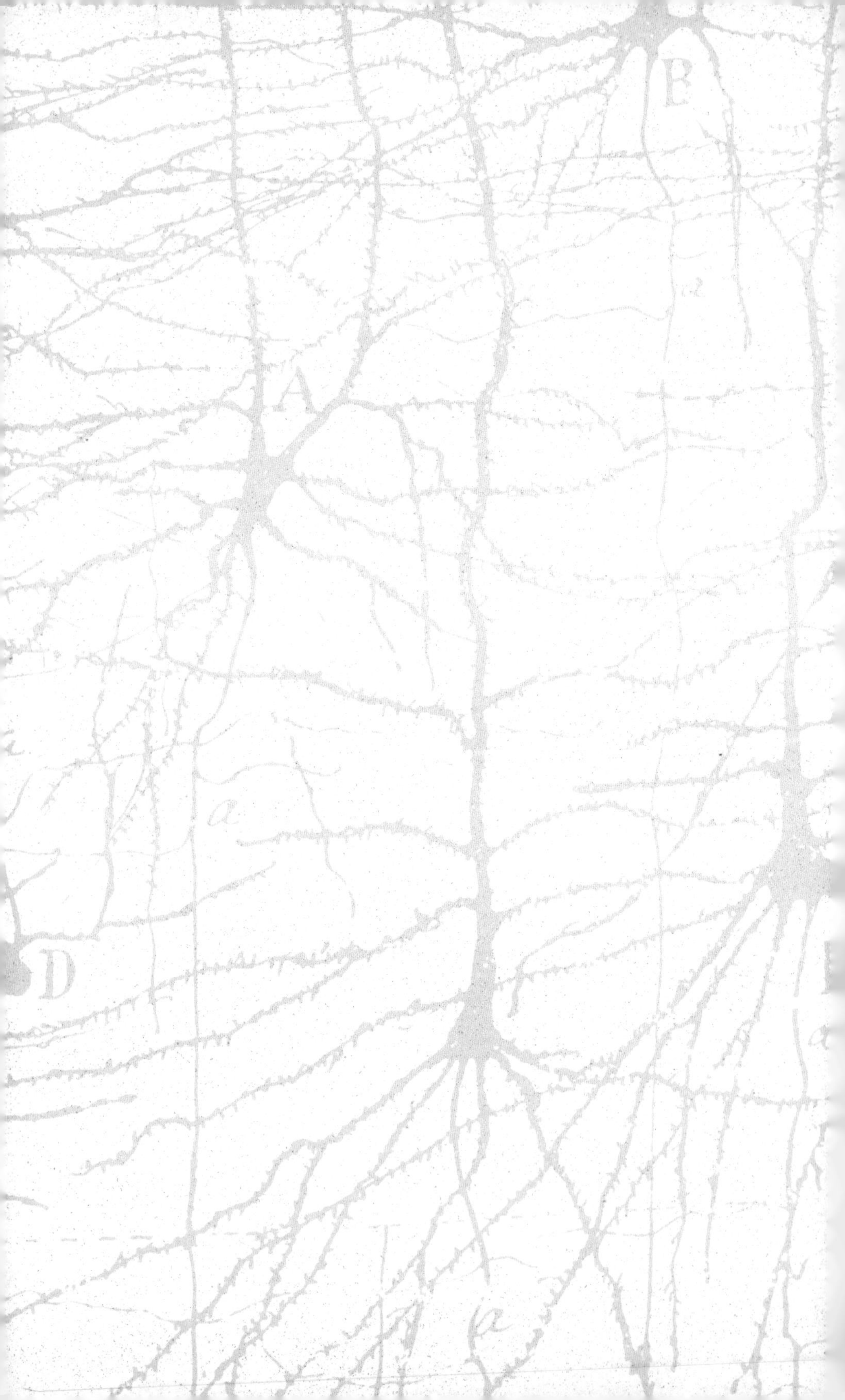

B
A
a
D
a

Índice

Prólogo, de José Antonio Marina, 7

1- Niño feliz mientras España sufre, 13

2- Educación en la «Nueva España», 43

3- Otro médico en la familia, 67

4- América, 95

5- Interludio bávaro, 131

6- Mi regreso a California, 159

7- Mi debut en los lóbulos frontales y las células con memoria, 187

8- Memoria y educación, 223

9- Lenguaje y libre albedrío, 261

Epílogo, 285
Agradecimientos, 291
Referencias bibliográficas, 295

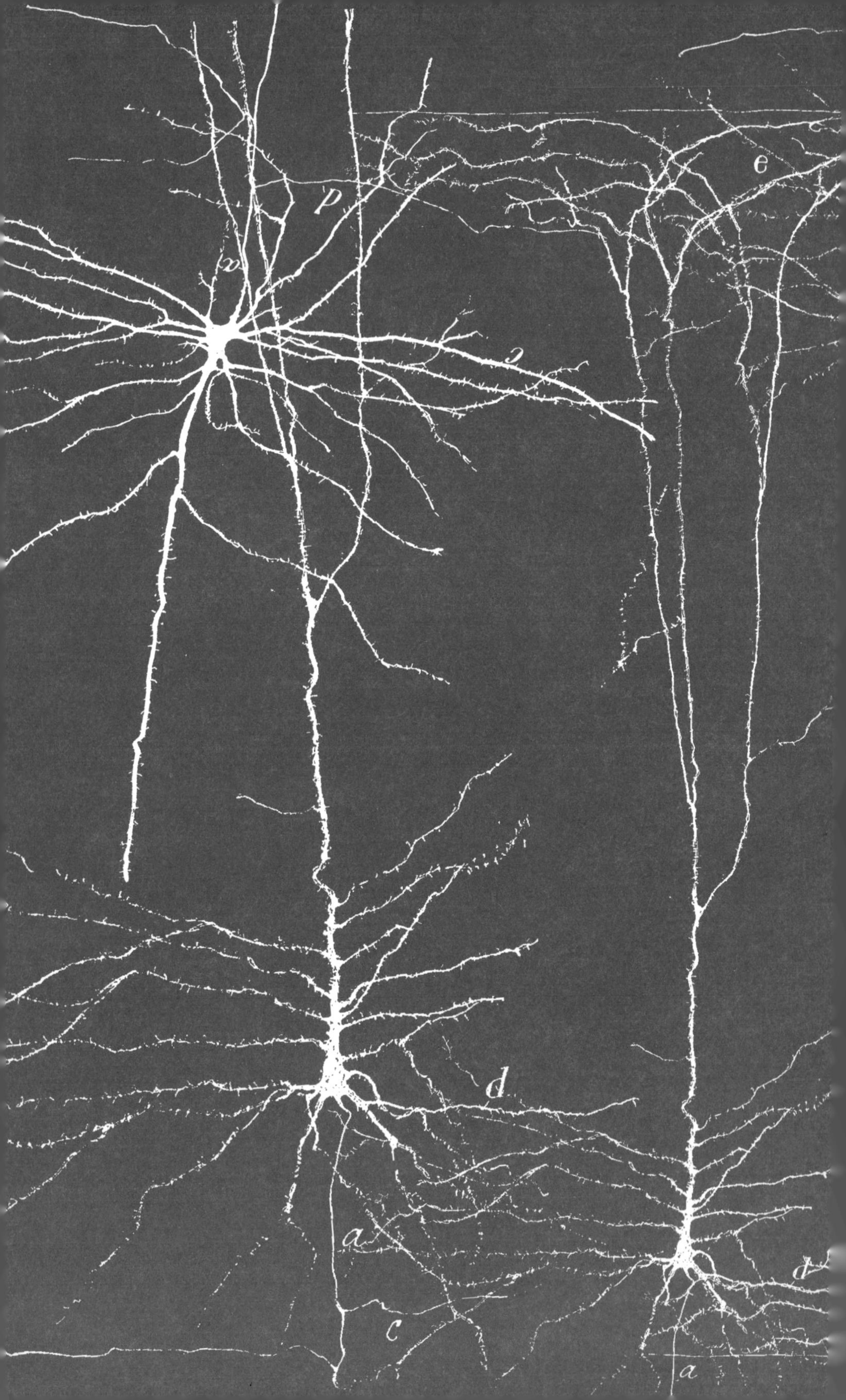
p
x
e
d
a
c
d
a